Python

深度学习（第2版）

[保]伊万·瓦西列夫
[意]詹马里奥·斯帕卡尼亚
[英]丹尼尔·斯莱特
[英]彼得·罗兰茨
[美]瓦伦蒂诺·佐卡 著

杨 轩 译

中国水利水电出版社
www.waterpub.com.cn
·北京·

内容提要

　　《Python 深度学习（第 2 版）》系统地讲解了机器学习、深度学习、强化学习理论知识，揭秘了各种神经网络架构如卷积神经网络、循环神经网络、长短期记忆网络和胶囊网络背后的原理和实际应用；讲解了如何使用高性能的算法和常用的 Python 框架来进行训练，以及如何解决计算机视觉、自然语言处理和语音识别等领域的问题；还讲解了生成模型方法以及如何使用变分自编码器和生成式对抗网络来生成图像；最后深入研究强化学习的新发展领域，并介绍了一些先进热门游戏 Go、Atari 和 Dota 背后的算法。学习完本书，读者可以精通深度学习理论及其在现实世界中的应用。

　　《Python 深度学习（第 2 版）》一书面向数据科学从业者、机器学习工程师以及对深度学习感兴趣的读者，也适合作为高校计算机专业的教材使用。

北京市版权局著作权合同登记号　图字：01-2020-0569 号

Original English language title: Python Deep Learning Second Edition -（978-1-78934-846-0）by Ivan Vasilev, Gianmario Spacagna, Daniel Slater, Peter Roelants, Valentino Zocca, Coryright ©2019 Packt Publishing

Translation Copyright @2021 China Water & Power Press

All rights reserved

图书在版编目（CIP）数据

Python深度学习 ： 第2版 / （保）伊万·瓦西列夫等
著 ； 杨轩译. -- 北京 ： 中国水利水电出版社, 2022.1
书名原文: Python Deep Learning Second Edition
ISBN 978-7-5170-9986-4

Ⅰ. ①P… Ⅱ. ①伊… ②杨… Ⅲ. ①软件工具—程序
设计②机器学习 Ⅳ. ①TP311.561②TP181

中国版本图书馆 CIP 数据核字(2021)第 193988 号

书　　名	Python 深度学习（第 2 版） Python SHENDU XUEXI（DI 2 BAN）	
作　　者	[保]伊万·瓦西列夫　　[意]詹马里奥·斯帕卡尼亚　　[英]丹尼尔·斯莱特 [英]彼得·罗兰茨　[美]瓦伦蒂诺·佐卡　著 杨轩 译	
出版发行	中国水利水电出版社 （北京市海淀区玉渊潭南路 1 号 D 座　　100038） 网址：www.waterpub.com.cn E-mail: zhiboshangshu@163.com 电话：（010）62572966-2205/2266/2201（营销中心）	
经　　售	北京科水图书销售中心（零售） 电话：（010）88383994、63202643、68545874 全国各地新华书店和相关出版物销售网点	
排　　版	北京智博尚书文化传媒有限公司	
印　　刷	涿州市新华印刷有限公司	
规　　格	190mm×235mm　16 开本　16.5 印张　379 千字	
版　　次	2022 年 1 月第 1 版　　2022 年 1 月第 1 次印刷	
印　　数	0001—3000 册	
定　　价	89.80 元	

前　言

关于本书

随着商业和消费者对人工智能需求的激增，深度学习对于满足当前和未来的市场需求比以往任何时候都更为重要。你通过本书可以探索深度学习，并学习如何将机器学习应用到自己的实际项目中。

本书将带领你了解深度学习、深度神经网络以及如何使用高性能算法和常用的 Python 框架来训练它们，将探索各种神经网络架构，如卷积神经网络、循环神经网络、长短期记忆网络和胶囊网络；你将学习如何解决计算机视觉、自然语言处理和语音识别领域的问题；还将学习生成模型方法，如使用变分自编码器和生成式对抗网络来生成图像；当深入研究强化学习的新发展领域时，你将了解到最先进的算法，这些算法是热门游戏 Go、Atari 和 Dota 背后的主要组件。

学习完本书，你可以精通深度学习理论及其在现实世界中的应用。

关于作者

伊万·瓦西列夫于 2013 年在 GPU 支持下开始研究第 1 个开源 Java 深度学习库。该库后被一家德国公司收购并继续开发。伊万·瓦西列夫还曾在深度神经网络医学图像分类和分割领域担任机器学习（Machine Learning，ML）工程师和研究员；从 2017 年起，开始专注于金融机器学习；现正在研究 Python 开源算法交易库，该库提供了用于试验各种机器算法的基础架构。伊万·瓦西列夫拥有圣索非亚大学圣克里门特·奥赫里德斯基分校的人工智能硕士学位。

詹马里奥·斯帕卡尼亚是"倍耐力"的高级数据科学家，负责处理物联网（IoT）和网联车应用的传感器和遥测数据。他与轮胎机械师、工程师和业务部门紧密合作，以便分析和制定混合动力、物理驱动和数据驱动的汽车模型。他的主攻专业方向是为数据产品构建机器学习系统和端到端解决方案。他拥有都灵理工学院的远程信息处理硕士学位，以及斯德哥尔摩 KTH 的分布式系统软件工程学位。在加入倍耐力之前，他曾在零售和商业银行（Barclays）、网络安全（Cisco）、预测性营销（AgilOne）中工作，并偶尔从事自由职业。

丹尼尔·斯莱特从 11 岁开始编程，为 ID 软件公司的 Quake 游戏开发模组。他对游戏的痴迷使他成为热门游戏"冠军足球经理"的开发人员。然后，他进入金融领域，致力于风险和高性能消息系统。目前他是 Skimlinks 的一名大数据工程师，负责了解在线用户的行为。他用业余时间训练 AI 击败计算机游戏。他在技术会议上谈论深度学习和强化学习，其博客地址为 www.danielslater.net。他在该领域的工作已被 Google 引用。

彼得·罗兰茨拥有库鲁汶大学计算机科学硕士学位，主修人工智能。他致力于将深度学习应用于各种问题，如光谱成像、语音识别、文本理解和文档信息提取。他目前在 Onfido 担任数据提取研究小组的组长，主要负责从官方文档中提取数据。

瓦伦蒂诺·佐卡拥有博士学位，先后从美国马里兰大学和罗马大学毕业，获得数学学士学位，并在华威大学学习了一个学期。之后他在被波音公司收购的 Autometric 公司从事高级立体三维地球可视化软件的高科技项目研究，该软件具有头部跟踪功能。他在那里开发了许多数学算法和预测模型，并使用 Hadoop 实现了多个卫星图像可视化的自动化程序。他曾在美国人口普查局、美国和意大利的企业担任独立顾问。目前，他居住在纽约，并担任一家大型金融公司的独立顾问。

读者对象

本书面向数据科学从业者、机器学习工程师以及对深度学习感兴趣并在机器学习和 Python 编程方面具有基础知识的读者。如果你有数学背景，并且理解微积分和统计学的概念，将更容易理解和使用本书。

内容概览

第 1 章"机器学习导论"介绍整本书中使用的基本机器学习概念和术语。它将概述当今流行的机器学习算法和应用，以及在整本书中使用的深度学习库。

第 2 章"神经网络"介绍神经网络的数学知识。你将了解它们的架构，如何进行预测（这是前馈部分）以及如何使用梯度下降和反向传播（通过导数解释）来训练它们。本章还将介绍如何将神经网络的操作表示为矢量操作。

第 3 章"深度学习基础"解释使用深度神经网络（而不是浅层神经网络）背后的原理。它将概述最常用的深度学习库和深度学习的实际应用。

第 4 章"基于卷积神经网络的计算机视觉"介绍有关卷积神经网络（用于计算机视觉任务的最常用的神经网络类型）。本章你将学习它们的架构和构建块（卷积层、池化层和胶囊层），以及如何将卷积网络用于图像分类任务。

第 5 章"高级计算机视觉"在第 4 章的基础上进行介绍，并涵盖更多高级计算机视觉主题。你不仅可以学习如何对图像进行分类，还可以学习如何检测对象的位置并分割图像的每个像素以及高级卷积网络体系结构和有用的迁移学习实用技术。

第 6 章"使用 VAE 和 GAN 生成图像"介绍生成模型（与之相对的是判别模型）。你将了解两种最常用的无监督生成模型方法 VAE 和 GAN，以及它们的一些惊艳的应用。

第 7 章"循环神经网络和语言模型"介绍最常用的循环网络架构：长短期记忆和门控循环单元。本章将学习具有循环神经网络的 NLP 范例以及解决 NLP 问题的最新算法和架构。此外，还将学习从语音到文本识别的基础知识。

第 8 章 "强化学习理论" 介绍强化学习（一个单独的机器学习领域）的主要范例和术语。读者将了解最重要的强化学习算法，还将学习深度学习和强化学习之间的联系。本章将使用玩具示例更好地解释强化学习的概念。

第 9 章 "游戏深度强化学习" 介绍强化学习算法在现实世界中的一些应用，如玩棋盘游戏和计算机游戏。本章将学习如何结合本书前几章的知识，在某些流行游戏上创造出比人类玩家技术更高的计算机玩家。

第 10 章 "自动驾驶深度学习" 介绍自动驾驶汽车使用的传感器，以便它们可以创建环境的 3D 模型，其中包括摄像头、雷达传感器、超声波传感器、激光雷达以及精确的 GPS 定位。本章将介绍如何应用深度学习算法来处理这些传感器的输入。例如，通过行车摄像头使用实例分割和对象检测可以检测行人和车辆。本章还将概述车辆制造厂商（如奥迪、特斯拉等）用来解决此问题的一些方法。

充分挖掘本书

为了最大限度地理解并使用本书，你应提前熟悉 Python，并理解微积分和统计的一些基本知识。本书的示例代码最好在能够运行 PyTorch、TensorFlow 和 Keras 的 NVIDIA GPU 的 Linux 机器上运行。

下载示例代码和彩图文件

读者使用手机微信扫一扫功能扫描下面的二维码，或者在微信公众号中搜索 "人人都是程序猿"，关注后输入 Py9986，即可获取本书代码包和图片资源链接，根据提示下载即可。

本书的代码包和图片资源还在 GitHub 上托管，网址为 https://github.com/PacktPublishing/Python-Deep-Learning-Second-Edition。如果代码和图片有更新，它将在现有的 GitHub 存储库中进行更新。

使用约定

本书有许多文本约定。代码文本：表示文本、数据库表名、文件夹名称、文件名、文件扩展名、路径名、用户输入和 Twitter 句柄中的代码。示例：使用五维向量 x = (100, 25,3, 2, 7)来参数化此房屋。

代码块格式如下：

```
import torch
torch.manual_seed(1234)
hidden_units = 5
net = torch.nn.Sequential(
    torch.nn.Linear(4, hidden_units),
    torch.nn.ReLU(),
    torch.nn.Linear(hidden_units, 3)
)
```

 此图标表示警告或重要说明。

 此图标表示提示和技巧。

保持联系

有关本书的反馈，你可发送电子邮件至 *zhiboshangshu@163.com* 并在邮件主题中注明本书书名。

你也可加入读者交流群 762769072，与其他读者一起学习交流。

目　　录

第 *1* 章

机器学习导论

"为何机器学习（CS229）成为斯坦福大学最受欢迎的课程？因为机器学习正在不断吞噬着整个世界。"——《福布斯》Laura Hamilton

随着机器学习（Machine Learning，ML）技术在各领域的应用和普及，数据科学家也正受到许多不同行业的追捧。机器学习可以从数据中获取不易发现的知识以便作出决策。

本章将介绍各种机器学习的方法、技术以及它们在实际问题中的一些应用。此外，本章还将介绍 Python 中可用于机器学习的主要开源包之一——PyTorch。这将为后面的章节重点介绍一种使用神经网络的特定类型的机器学习方法奠定基础。该方法旨在模拟大脑功能。本章重点关注深度学习（Deep Learning，DL），深度学习使用了比 20 世纪 80 年代更先进的神经网络。这不仅是理论最新发展的结果，也是计算机硬件快速发展的结果。本章将总结机器学习的概念及其应用，使读者能更好地理解深度学习与常用的传统机器学习技术之间的区别。

本章将涵盖以下内容：

- 机器学习概述。
- 机器学习算法。
- 神经网络。

1.1　机器学习概述

机器学习通常与大数据（Big Data）和人工智能（Artificial Intelligence，AI）等术语联系在一起。然而，两者都与机器学习有很大的不同。为了理解机器学习概念及其应用，首先需要理解大数据的概念以及机器学习如何应用于大数据。

大数据用于描述由于收集和存储的数据大量增加而创建的巨型数据集。例如，通过摄像头、传感器或互联网社交网站生成的数据集。

据估计，仅谷歌一家公司每天就可以处理 20 PB 以上的信息，而且这个数字只会增加。据 IBM 估计，每天会创建 2.5 EB 数据，并且世界上 90%的数据是在过去两年中创建的。

显然，仅凭人类无法理解并分析如此庞大的数据集，但机器学习技术可以分析这些巨型数据集。机器学习是用于处理大规模数据的工具，非常适合处理具有许多变量和特征的复杂数据集。在大数据集上应用机器学习技术可以得到最佳效果，从而提高分析和预测能力，这是许多机器学习技术（尤其是深度学习）的优势之一。换言之，机器学习技术（尤其是深度学习神经网络）在访问大型数据集时学习效果最佳。通过大型数据集，机器学习技术可以发现隐藏在数据中的模式和规律。

另一方面，机器学习的预测能力可以很好地适应人工智能系统。机器学习可以被比作人工智能系统的大脑。人工智能可以定义为一个能与其环境交互的系统（尽管这个定义可能不是唯一的）。此外，人工智能机器配备传感器（感知其所处的环境），以及用于与环境建立联系的工具。因此，机器学习类似一个大脑，它使机器能够分析通过其传感器获取的数据，从而作出适当的响应。Siri 就是一个简单的案例，Siri 通过麦克风接收命令并通过扬声器或显示屏输出回答，为此，Siri 需要理解所讲的内容。同样，自动驾驶汽车将配备摄像头、GPS 系统、声呐和激光雷达，但是所有信息都需要进行处理以提供正确的响应（加速、制动或转弯）。机器学习是通向响应的信息处理方法。

上面讲解了机器学习的概念，那深度学习又是什么呢？目前，深度学习只是机器学习的一个子领域。深度学习方法有一些共同的特点，该方法最流行的代表是深度神经网络（Deep Neural Network，DNN）。

1.2　机器学习算法

正如日常所见，"机器学习"这个术语以一种通用的方式使用，指用于从大型数据集合中推断模式的通用技术，可以说是一种基于分析已知数据所学到的知识对新数据进行预测的能力。

机器学习算法大致可以分为两大类，但通常还会增加一类。具体分类如下：

- 监督学习（Supervised Learning）。
- 无监督学习（Unsupervised Learning）。
- 强化学习（Reinforcement Learning，RL）。

1.2.1 监督学习

监督学习算法是机器学习算法的第一类，它使用先前标记的数据学习其特征，从而对相似但未标记的数据进行分类。下面通过一个示例解释此概念。

假设一个用户每天都会收到大量的电子邮件，其中，一些是重要的商务/工作电子邮件，一些是未经请求的无用邮件，也称为垃圾邮件。将大量已标记为垃圾或非垃圾的电子邮件[称为训练数据（Training Data）]提供给监督机器算法，机器将尝试预测电子邮件是否为垃圾邮件，并将预测结果与原始目标标签进行比较。如果预测值与目标值不同，机器将调整其内部参数，以便下次遇到此样本时可以正确分类；相反，如果预测是正确的，参数将保持不变。向算法提供的训练数据越多，算法也会越好（这条规则有一些警告，在下面会提及）。

在上面示例中，电子邮件只有两个类别（垃圾邮件或非垃圾邮件），但是相同的原理适用于任意数量类别的任务。例如，针对一组分类标签为"个人""商务/工作""社交""垃圾邮件"电子邮件进行的训练。

事实上，谷歌的免费电子邮件服务 Gmail 允许用户选择的类别多达 5 种，这些类别的标签如下：

- 主要：包括人与人之间的对话。
- 社交：包括来自社交网络和媒体共享网站的消息。
- 推广：包括市场营销、优惠和折扣。
- 动态：包括账单、银行对账单和收据。
- 论坛：包括来自在线组和邮件列表的消息。

在某些情况下，结果不一定是离散的，并且可能无法将数据分类成有限数量的类别。例如，根据预先确定的健康参数预测寿命。在这种情况下，结果是一个连续函数，即一个人预期的寿命，此时将不是分类，而是回归。

理解监督学习的一种方法是假设正在构建一个函数 f，f 定义在一个数据集上，该数据集包含特征信息。在电子邮件分类的示例中，这些特征可以是特定的单词，这些单词可能比垃圾邮件中的其他单词出现得更频繁。使用明确的相关性词汇很可能被识别为垃圾邮件，而不是商务/工作电子邮件；相反，使用诸如会议、商务或演讲之类的词汇更可能被识别为商务/工作电子邮件。如果可以访问元数据，则可以使用发送者的信息作为特征。每封电子邮件都会有一组相关的特征,每个特征都会有一个值(在本例中,该值是特定单词在电子邮件正文中出现的次数)。然后，机器学习算法将寻求将这些值映射到表示类集合的离散范围，或者映射到实值（如果是回归情形）。f 函数的定义如下：

$$f：特征空间 \rightarrow 类（离散值或实值）$$

在后面的章节中将讨论分类或回归问题的示例，其中一个问题是手写数字的分类（即著名的 Modified National Institute of Standards and Technology，MNIST 数据集）。当给定一组表示 0～9 的图像时，机器学习算法将尝试将每张图像归类到 10 种类别中，其中每种类别对应于 10 个数字中的 1 个。每张图像的大小为 28×28（=784）像素。如果将每个像素视为一个特征，则该算法将使用 784 维特征空间对数字进行分类。

图 1.1 所示为 MNIST 数据集中的手写数字示例。

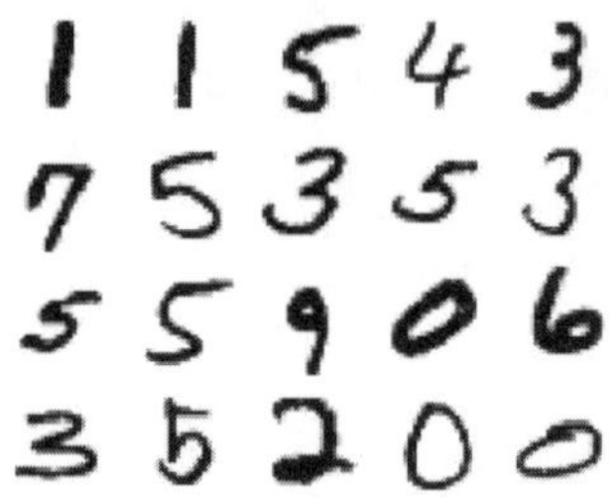

图 1.1   MNIST 数据集中的手写数字示例

下面将讨论一些常用的经典监督算法。以下并不是每种机器学习方法的详细列表或描述，关于机器学习的方法详细情况请参见 Sebastian Raschka 的《Python 机器学习》一书（网址为 https://www.packtpub.com/big-data-and-business-intelligence/python-machine-learning）。

1．线性回归和逻辑回归

回归算法（Regression Algorithms）是一种监督型算法，它使用输入数据的特征预测值，例如，给定某些特征（面积、年龄、浴室数量、楼层数和位置等）预测房屋的价格。回归算法试图找到最适合输入数据集的函数的参数值。

在线性回归算法中，目标是通过在最接近目标值的输入数据上为函数找到合适的参数以使代价函数（Cost Function）最小。代价函数是计算误差的函数，用来度量真实值与预测值的差距。代价函数通常用均方误差（MSE）来表示，此处取期望值与预测结果之差的平方。所有输入样本的总和给出了算法的误差，并表示了代价函数。

假设有一栋建于 25 年前的 100m^2 的房屋，有 3 个卫生间和 2 个楼层。该房屋所在城市被划分为 10 个不同的街区，分别用 1～10 的整数表示，该房屋位于 7 表示的区域。使用一个五维向量 $x=(100,25,3,2,7)$ 参数化此房屋。假设这栋房屋的估价是 100 000 元。目标是创建一个函数 f，使得 $f(x)=100\ 000$。

在线性回归中，这意味着求得一个权重向量 $w=(w_1,w_2,w_3,w_4,w_5)$，使得点积 $x \cdot w = 100\ 000$，即 $10 \cdot w_1 + 25 \cdot w_2 + 3 \cdot w_3 + 2 \cdot w_4 + 7 \cdot w_5 = 100\ 000$ 或 $\sum_{i=1}^{5} w_i \cdot x_i = 100\ 000$。如果有 1000 栋房屋，则对

每栋房屋重复相同的过程，理想情况下，希望找到一个向量 w，它可以预测实际值，这个值足够接近每栋房子的真实价格。训练线性回归模型的最常见方法如以下伪代码所示：

```
使用一些随机值初始化向量 w
循环：
  E = 0                        # 用 0 初始化代价函数 E
  for 循环遍历训练集的每个样本/目标对（x_i,t_i）：
      E += (w_i × x_i - t_i)²    # t_i 是房屋的实际价格
  MSE = E / 样本总数            # 均方误差
  基于 MSE 使用梯度下降法更新权重 w
直到 MSE 低于阈值
```

首先，迭代训练数据以计算代价函数 MSE。一旦有了 MSE 的值，将使用梯度下降算法更新 w。为此，将计算代价函数对每个权重 w_i 的导数。这样便可以得到代价函数相对于 w_i 的变化（增加或减少），然后将相应地更新 w_i。在第 2 章中将讲解训练神经网络和线性/逻辑回归的共同点。

上面演示了如何用线性回归解决回归问题。再思考一个问题：尝试确定房屋价格是被高估了，还是被低估了。在这种情况下，如果房价是一个输入参数，而不是上面示例中的目标值，则目标数据将分类成[1,0]——1 表示高估，0 表示低估。这个问题可以使用逻辑回归（Logistic Regression）解决。它类似于线性回归，但与线性回归的区别是在线性回归中，输出是 $\vec{x} \cdot \vec{w}$，而此处的输出将是一个特殊的 Logistic 函数 $\sigma(\vec{x} \cdot \vec{w})$，它的特性是所有值都在（0:1）区间。Logistic 函数可以视为概率，结果越接近 1，则房屋被高估的可能性就越大，反之则越小。它的训练与线性回归相同，但是函数的输出在区间（0:1），并且标签为 0 或 1。

逻辑回归并不是一种分类算法，但可以将其转化为分类算法，只需要引入一个规则，即可根据 Logistic 函数输出确定分类。例如，如果 $\sigma(\vec{x} \cdot \vec{w})$ 的值大于 0.5，则房屋价格被高估，否则，被低估。

2．支持向量机

支持向量机（Support Vector Machine，SVM）是一种监督机器学习算法，主要用于分类。它是分类算法中常用的核方法。支持向量机试图找到一个超平面（Hyperplane）以将数据集中的样本分开。

超平面是高维空间中的平面。例如，一维空间中的超平面是一个点，而在二维空间中，它是一条线。分类可以看作一个寻找超平面的过程，而这个超平面可将不同的数据点组分开。一旦定义了特征，数据集中的每个样本（在示例中是一封电子邮件）都可以看作特征多维空间中的一个点。该空间的一个维度表示一个特征的所有可能值。点（样本）的坐标是该样本的每个特征的特定值。机器学习算法的任务是绘制一个超平面以将不同类别的点分开。在示例中，超平面将垃圾邮件与非垃圾邮件分开。

在图 1.2 中可以观察到二维特征空间（x 轴和 y 轴）中的两类点，即红色（浅色）和蓝色（深色）。如果某个点的 x 值和 y 值都小于 5，则该点为蓝色；在其他情况下，点为红色。在图 1.2（a）的这种情况下，这些类是线性可分的，这意味着可以使用超平面将它们分开。相反，图 1.2（b）中的类是线性不可分的。

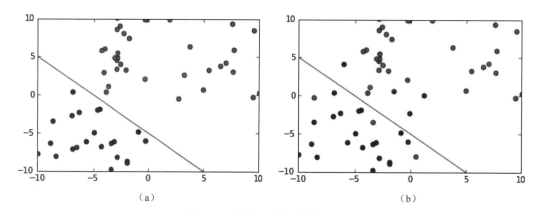

图 1.2　线性可分与非线性可分

支持向量机试图找到一个超平面，使其与点之间的距离最大化。换言之，支持向量机从所有可能分离样本的超平面中寻找一个与所有点的距离最大的超平面。此外，支持向量机还可以处理非线性可分的数据。有两种方法：引入软间隔（Soft Margin）或使用核技巧（Kernel Trick）。

软间隔的工作原理是允许存在一些错误分类的元素，同时保留了算法的最大预测能力。在实践中，最好不要过拟合机器学习模型，可通过放宽一些支持向量机来实现。

核技巧以不同方式解决同一问题。假设有一个二维特征空间，类是非线性可分的。核技巧可使用一个核函数，通过给数据添加更多维度以转换数据。在示例中，转换后的数据将是三维的。二维空间中的非线性可分类将在三维空间中线性可分，这样问题便解决了。

在图 1.3（a）中可以观察到在应用核函数之前底部的非线性可分离集合。在图 1.3（b）中，应用核函数后，可以观察到相同的数据集，并且数据可以线性分离。

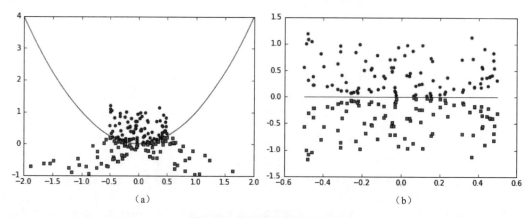

图 1.3　应用核函数前后对比

3．决策树

另一种常用的监督算法是决策树（Decision Tree）。决策树以树的形式创建分类器，它由决策节点和叶节点组成，决策节点对特定属性执行测试；叶节点指示目标属性的值。对新样本进行分类时，从树的根节点开始，沿着节点向下导航，直到到达叶节点。

该算法的一个经典应用是鸢尾花数据集，该数据集由 3 种不同类型的鸢尾花（山鸢尾、维吉尼亚鸢尾和杂色鸢尾）的各 50 个样本数据构成。创建此数据集的 Ronald Fisher 测量了这些花的 4 种不同特征，具体如下：

● 花萼长度。
● 花萼宽度。
● 花瓣长度。
● 花瓣宽度。

根据这些特征的不同组合，创建一个决策树以确定每朵花所属的种类。图 1.4 定义了一个决策树，该决策树将仅使用其中两个特征（花瓣长度和宽度）对几乎所有的花进行正确分类。

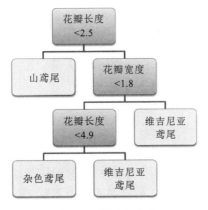

图 1.4　鸢尾花分类

对新样本进行分类时，从树的根节点（花瓣长度）开始。如果样本满足条件，就向左转到叶节点，表示山鸢尾类。如果未满足条件，直接转到一个新节点（花瓣宽度）。这个过程一直持续到达一个叶节点。决策树可以使用不同的方法构建，在后面的章节中将会讲解。

近年来，决策树有两大改进：第一种是随机森林（Random Forest），它是一种集成方法，结合了多棵树的预测；第二种是梯度提升机（Gradient Boosting Machine），它创建了多个顺序决策树，每棵树都试图改善前一棵树的误差。由于这些改进，决策树在处理某些类型的数据时变得非常常用，它们是 Kaggle 竞赛中最常用的算法之一。

4．朴素贝叶斯

朴素贝叶斯（Naive Bayes）不同于许多其他机器学习算法，大多数机器学习技术都试图评

估某个事件 Y 在给定条件 X 下的概率 $p(Y \mid X)$。例如，一张写有数字的图片（即具有特定像素分布的图片）数字为 5 的概率是多少？如果像素分布接近其他标记为 5 的样本的像素分布，则图片为 5 的概率将很高；否则，概率很低。

有时已有相反的信息，假设已知事件 Y 及其概率，样本是 X。朴素贝叶斯定理指出 $p(X \mid Y) = p(Y \mid X) p(X) / p(Y)$，其中 $p(Y \mid X)$ 表示给定 Y 条件下 X 的概率，这也是朴素贝叶斯被称为生成方法（Generative Approach）的原因。例如，在已知概率情况下，计算某个像素配置代表数字 5 的概率。假设有一个数字 5，那么随机像素配置可能与给定的像素配置相匹配。

这一点在医学检测领域是最容易理解的，如对一种特定的疾病（癌症）进行测试。假设测试结果呈阳性，求病人患上癌症的概率。大多数测试都有一个可靠值，即对患有癌症的人进行测试时，测试呈阳性的概率百分比。通过反转 $p(X \mid Y) = p(Y \mid X) p(X) / p(Y)$ 表达式，得到以下结果：

$$p(\text{癌症}|\text{测试=阳性}) = p(\text{测试=阳性}\backslash\text{癌症})\, p(\text{癌症})/p(\text{测试=阳性})$$

假设测试的可靠率是 98%，这意味着，如果测试为阳性，则 98% 的病例也会为阳性。相反，如果这个人没有癌症，则测试结果将为阴性。接下来对这种癌症作一些假设：

● 这种特殊的癌症只影响老年人。

● 50 岁以下的人中只有 2% 的人患这种癌症。

● 对 50 岁以下的人进行的测试，只有 3.9% 的人呈阳性（本可以从数据中得出这一事实，但为了简单起见，此处提供了这条信息）。

此处提出一个问题：如果一项检查的癌症准确率达到 98%，当一个 45 岁的人进行检测，结果呈阳性，那么此人患癌症的概率是多少？使用上述公式，计算过程如下：

$$p(\text{癌症}|\text{测试=阳性}) = 0.98 \times 0.02 / 0.039 = 0.50$$

将此分类器称为朴素，因为它假设不同事件的独立性以计算其概率。例如，如果存在两个测试而不是一个，则分类器将假定测试 2 的结果不知道测试 1 的结果，并且两个测试相互独立。这意味着参加测试 1 不能改变测试 2 的结果，因此测试 2 的结果不会因测试 1 而产生偏差。

1.2.2　无监督学习

无监督学习是机器学习算法的第二类。它不需要预先标记数据，而是让算法得出结论。在无监督学习中，最常见、最简单的案例就是聚类，是一种尝试将数据分离为子集的技术。

为了说明这一点，将垃圾邮件或非垃圾邮件分类视为一个无监督学习问题。在有监督的情况下，每个电子邮件都有一组特征和一个标签（垃圾邮件或非垃圾邮件）。在此处，将使用相同的特征集，但电子邮件没有标签，取而代之的是，当给定一组特征时，要求算法将每个样本放入两个独立的组（或簇）中的一个。然后，该算法将尝试以类内相似度（即同一簇中的样本之间的相似度）高而不同簇之间的相似度低的方式合并样本。不同的聚类算法使用不同的度量衡量相似性。对于一些更高级的算法，不必指定簇数。

图 1.5 显示了如何将一组点分成三个子集。

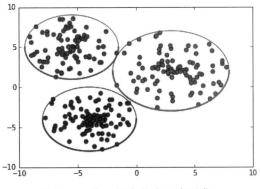

图 1.5　将一组点分成三个子集

　　深度学习也使用无监督技术，尽管与聚类不同。在自然语言处理（Natural Language Processing，NLP）中，使用无监督（或半监督，取决于询问的对象）算法表示单词向量，最常用的方法是 word2vec。对于每个单词，在文本中使用其周围的单词（或其上下文），并将其提供给简单的神经网络。网络产生一个数值向量，其中包含有关单词的大量信息（由上下文得出）；然后，将这些向量（而不是单词）用于各种 NLP 任务，如情感分析或机器翻译。在第 7 章中将介绍 word2vec。

　　无监督学习的另一个有趣应用是生成模型（Generative Model），与判别模型不同，它是使用一个特定领域的大量数据（如图像或文本）训练生成模型，并且该模型将尝试生成与用于训练的数据相似的新数据。例如，生成模型可以将黑白图像着色，改变图像中的面部表情，甚至根据文本描述合成图像。在第 6 章中将研究两种流行的生成技术：变分自编码器（Variational Autoencoders，VAE）和生成式对抗网络（Generative Adversarial Networks，GAN）。

　　StackGAN 技术示例如图 1.6 所示。

文字说明	这只鸟是蓝白相间的，还有一个短小鸟喙。	这只鸟有一对棕色翅膀和黄色腹部。	一只白色的鸟长着一个黑色的冠和黄色的鸟喙。	这只鸟带有白黑和棕色的花纹，还有一个棕色的鸟喙。	这只小鸟有短小的鸟喙，还有微红、棕色和灰色相间的腹部。	这是一只小的黑色的鸟，胸部是白色的，翅膀是白色的。	这只小鸟有白、黑和黄色的花纹，还有一个黑色短小的鸟喙。
第一种状态的图片	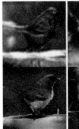						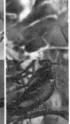
第二种状态的图片							

图 1.6　StackGAN

图 1.6 描述了 StackGAN（*Text to Photorealistic Image Synthesis with Stacked Generative Adversarial Networks*）的作者如何利用监督学习和无监督 GAN 相结合的方法再根据文本描述生成真实图像。

K-means

K-means 是一种聚类算法，它将数据集的元素分组到 k 个不同的簇中（名称中 k 的由来）。以下是其工作原理：

（1）从特征空间中选择 k 个随机点，称为质心（Centroids），代表 k 个簇的中心。

（2）将数据集的每个样本（即特征空间中的每个点）指定给距离质心最近的簇。

（3）对于每个簇，通过取簇中所有点的平均值以重新计算新质心。

（4）对于新质心，重复（2）和（3），直到满足停止条件为止。

前面的方法对随机质心的初始选择很敏感，最好用不同的初始选择来重复。一些质心也可能不靠近数据集中的任何点，从而将聚类的数量 k 减少。最后，值得一提的是，如果在鸢尾花数据集中使用 K-means 且 $k=3$，可能会得到不同的样本分布，而不是之前介绍的决策树的分布。这再次验证了为每个问题仔细选择和使用正确的机器学习方法是多么重要。

接下来介绍一个使用 K-means 聚类的实际案例。例如，一个比萨配送点计划在一个城市开设 4 家新加盟店，现在需要选择店铺位置。该问题可以使用 K-means 解决（见图 1.7）。

（1）查找经常订购比萨的位置，这些将成为数据点。

（2）随机选择 4 个店铺位置。

（3）通过使用 K-means 聚类，确定 4 个最佳位置，以使到每个收货地点的距离最小。

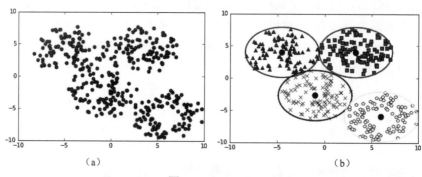

图 1.7 K-means

图 1.7（a）为经常配送比萨的地点分布，图 1.7（b）中的椭圆形表示新加盟店的位置及其相应的配送区域。

1.2.3 强化学习

强化学习算法是机器学习算法的第三类。下面将通过强化学习流行的应用之一解释其概念：

教机器如何玩游戏。机器（或代理）与游戏（或环境）是如何交互的？代理的目标是在游戏中获胜，为此，代理将采取可以更改环境状态的行动，环境向代理提供奖励信号以帮助代理决定其下一步行动。赢得游戏将提供最大的奖励。使用正式术语表述，即代理的目标是使其在整个游戏过程中获得的总奖励最大化，如图 1.8 所示。

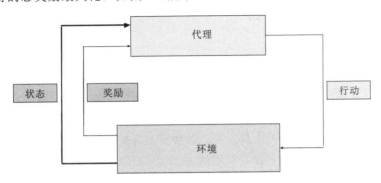

图 1.8　强化学习系统中不同元素之间的相互作用

　　在强化学习中，代理采取行动，从而改变环境状态。代理使用新状态和奖励确定其下一步行动。

　　将一盘棋想象成一个强化学习问题，此处的环境包括棋盘和棋子的位置。代理的目标是击败对手。代理在捕获对手的棋子时获得奖励，如果代理"将"住对手，将赢得最大的奖励；相反，如果对手捕获了棋子或"将"住代理，奖励则是负的。然而，作为双方更大策略的一部分，玩家将采取既不捕获一枚棋子，也不"将"住对方首领的行动，那么代理就不会得到任何奖励。如果它是一个监督学习问题，必须为每一步行动提供标签或奖励。强化学习的情况并非如此。本书将演示如何使用强化学习允许代理使用其先前经验，以便在这种情况下采取新行动并从中获得经验。

　　有时不得不牺牲一枚棋子以实现更重要的目标（如占据棋盘上处于优势的位置）。在这种情况下，代理必须足够聪明，才能将短期损失视为长期收益。在更极端的情况下，假如代理与世界国际象棋冠军对决时运气不佳，代理在这种情况会输的可能性非常大。但是，如何知道哪些行动是错误的，并导致代理损失？国际象棋属于这样一类问题：为了获取成功，应从整体上考虑游戏，而不是仅看每一步行动的直接后果。强化学习提供了一个框架帮助代理在复杂的环境中可追寻导航和进行学习。

　　采取自由行动产生了一个有趣的问题。假设代理已经学习了一种成功下棋的策略。经过几场比赛，对手可能会猜到并设法破坏此策略。代理现在将面临以下两难境地：要么遵循当前的策略，使风险变得可预测；要么尝试新行动，让对手措手不及，但也有可能变得更糟。一般而言，代理使用的策略是给予自己一定的奖励，但是代理的最终目标是使总奖励最大化。修改后的策略可能会获得更多奖励，但如果代理不尝试找到这样的策略，代理存在的意义则不是很大。强化学习的挑战之一是在利用（遵循当前策略）和探索（尝试新行动）之间进行权衡。本书将学习在两者之间找到正确平衡的策略。此外，本书还将讲解如何将深度神经网络与强化学习相结合，该结合近年来在强化学习领域非常流行。

前面的内容仅以游戏为例简单地说明了一下，但是，许多现实问题可能属于强化学习领域，如自动驾驶汽车。车辆保持在自己的车道内行驶并遵守交通规则，则可以获得正奖励；如果它未正常行驶，则获得负奖励。强化学习另一个有趣的应用是管理股票投资组合，代理的目标是使投资组合价值最大化，奖励直接来自投资组合中股票的价值。

Q-learning

Q-learning（Q 学习）是一种偏策略的时序差分强化学习算法。此处不解释名词含义，先了解算法的工作原理。以之前介绍的国际象棋游戏为例，棋盘布局（棋子的位置）是环境的当前状态。在此处，代理可以通过移动棋子采取行动，从而将状态更改为新状态。将一盘棋表示为一张图，不同的棋盘布局中的棋子是图的点，每种布局可能移动的路线是边。为了进行移动，代理从当前状态 s 沿着边到新状态 s'。基本的 Q 学习算法使用 Q 表帮助代理决定作出何种行动。Q 表的行表示每种棋盘布局，列表示代理可以采取的所有可能行动（移动）。表格的单元格 $q(s, a)$包含累积的期望奖励，称为 Q 值。如果代理从当前状态 s 采取行动，则它是代理在游戏剩余时间内将获得的潜在总奖励。首先，Q 表被初始化为一个任意值。有了这些知识，接下来了解 Q 学习的工作原理，伪代码如下：

```
使用任意值初始化 Q 表
对于每个状态序列：
    观察初始状态 s
    对于本状态序列的每一步：
        使用基于 Q 表的策略选择新行动 a
        观察奖励 r 并进入新状态 s'
        使用贝尔曼方程更新 Q 表中的 q(s, a)
    直到本状态序列的终止状态
```

一个状态序列（Episode）以随机的初始状态开始，当达到终止状态时结束。在本例中，一个状态序列指一盘完整的国际象棋。

出现的问题是：代理的策略如何确定下一步将采取什么行动？为此，该策略必须考虑当前状态下所有可能行动的 Q 值。Q 值越高，行动越有吸引力。但是，该策略有时会忽略 Q 表（对现有知识的利用），而选择另一个随机行动以找到更高的潜在奖励（探索）。一开始，代理会采取随机行动，因为 Q 表中包含的信息不多。随着时间的推移，Q 表逐渐填满，代理在与环境交互时会变得更加灵活。

利用贝尔曼方程（Bellman Equation），在每个新行动后更新 $q(s, a)$。贝尔曼方程超出了本章的介绍范围，本书将在后面的章节中详细介绍它。现在，只需知道更新后的值 $q(s, a)$是基于新收到的奖励 r，以及新状态 s'的最大可能 Q 值 $q(s', a')$。

该示例旨在帮助读者了解 Q 学习的基本原理，但是读者可能已经注意到了以下问题。如果将所有可能的棋盘布局和移动组合存储在 Q 表中，这张表将变得巨大无比，无法容纳进当今的计算机内存中。所幸的是，有一个解决方案：使用神经网络替换 Q 表，神经网络将告诉代理在每种状态下的最优行动。近年来，这种发展使强化学习算法能够在 Go、Dota 2 和 Doom 等游戏上发挥超凡性能。本书将讲解如何将 Q 学习和其他强化学习算法应用于某些任务。

1.2.4　机器学习组件

到目前为止，本章已经讲解了三大类机器学习算法。然而，要解决机器学习问题，还需要一个系统，而机器学习算法只是系统中的一部分。该系统包含以下几个重要方面：

- 学习者（Learner）：是一种与学习理念相结合的算法。算法的选择取决于要解决的问题，因为不同的问题适合的机器学习算法不同。
- 训练数据（Training Data）：是原始数据集，可以有标签，也可以没有标签。重要的是要有足够的样本数据让学习者理解问题的结构。
- 表示（Representation）：是根据所选特征表示数据的方式，这样就可以将数据提供给学习者。例如，为了对手写数字图像进行分类，将图像表示为一组数值，图像的每个单元格将包含一个像素的颜色值。选择良好的数据表示对于获得更好的结果非常重要。
- 总目标（Goal）：表示从数据中掌握导致当前问题的原因。这与总目标非常相关，并有助于学习者判断应使用什么、如何使用以及使用哪种表示形式来达到总目标。例如，总目标可能是清除邮箱中不需要的电子邮件，而这个总目标定义了学习者的目标（在此处是对垃圾电子邮件的检测）。
- 目标（Target）：表示正在学习的内容以及最终输出。目标可以是未标记数据的分类、根据隐藏模式或特征的输入数据表示、用于未来预测的模拟器或对外部刺激以及策略的响应（在强化学习情况下）。

再次强调：机器学习算法不是问题的精确数学解，它只是近似值。后面将讲解定义为从特征空间（输入）到类的函数以及某些机器学习算法（如神经网络）如何在理论上以任意程度逼近任何函数。以上定理被称为万能近似定理（Universal Approximation Theorem），但它并不意味着可以得到问题的精确解。此外，通过更好地理解训练数据，可以更好地解决问题。

通常，使用经典机器学习算法可以解决的问题可能需要在部署之前对训练数据进行彻底的理解和处理。解决机器学习问题的步骤如下：

- 数据收集：意味着收集尽可能多的数据。在监督学习情况下，这也包括正确的标记标签。
- 数据处理：意味着清理数据，如删除冗余或高度相关的特征，甚至填充缺失的数据，以及理解定义训练数据的特征。
- 创建测试用例：通常，数据可以分为三个集合。
  - ◆ 训练集（Training Set）：该训练集用来训练机器学习算法。
  - ◆ 验证集（Validation Set）：使用此验证集评估训练期间未知数据的算法的准确性。在训练集上训练一段时间算法后，使用验证集检查其性能。如果对结果不满意，调整算法的超参数，然后再次重复该过程。验证集还可以帮助确定何时停止训练。

◆ 测试集（Test Set）：当在训练或验证周期中完成算法调优时，将只使用一次测试集进行最终评估。测试集类似于验证集，因为算法在训练期间没有使用它。然而，当在验证数据上力图改进算法时，可能会不经意地引入偏差，这可能会使结果偏向于验证集，而不能反映实际性能。因为只使用一次测试，所以这将为算法提供更客观的度量。

深度学习算法成功的原因之一是它通常比经典方法需要更少的数据处理。经典算法必须对每个问题应用不同的数据处理和提取不同的特征。深度学习可以对大多数任务应用相同的数据处理流程。与经典的机器学习算法相比，使用深度学习可以提高工作效率，并且不需要太多的领域知识。

创建测试和验证数据集有许多优点。如前所述，机器学习算法只能产生所需结果的近似值。通常，数据集包含有限数量的变量，而且可能有许多变量超出了控制范围，如果只使用单个数据集，模型最终可能会记住数据，并在它所记住的数据上产生一个非常高的精度值，然而，这一结果在其他类似但未知的数据集上可能无法重现。机器学习算法的关键目标之一是其泛化能力。这就是需要同时创建两个测试集的原因：一个用于在训练期间调整模型选择的验证集，另一个仅在过程结束时用于确认所选算法有效性的最终测试集。

为了理解选择有效特征和避免记忆数据的重要性，这在文献中也被称为过拟合（Overfitting）。

过拟合是指作出与现有数据完美吻合的预测，但不能推广到更大的数据集，过拟合是试图理解噪声（没有任何实际意义的信息）并使模型适应小扰动的过程。

为了进一步解释过拟合，尝试使用机器学习预测一个球从地面抛向空中（不是垂直抛）直到它再次到达地面的轨迹（物理学指出该轨迹是抛物线形状）。一个好的机器学习算法能观察到成千上万次这样的抛投，并得出该轨迹是抛物线形状。但是，如果将球的轨迹放大可观察到由于空气中湍流引起的小波动，球并没有保持稳定的轨迹，而是会受到较小的干扰，这种小干扰就是噪音。一个试图对这些小干扰建模的机器学习算法将看不到全局，并会产生一个令人不满意的结果。换言之，过拟合是使机器学习算法看到树，却忘记森林的过程，如图 1.9 所示。

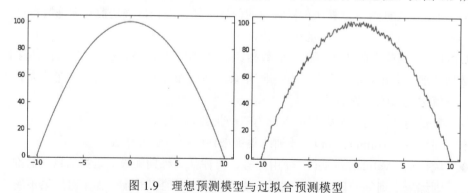

图 1.9　理想预测模型与过拟合预测模型

以上就是将训练数据与验证和测试数据分开的原因。如果验证和测试数据的准确性与训练数据的准确性不相似，则可以很好地表明模型过拟合。同时也需要确保不会犯相反的错误——模型欠拟合。在实践中，如果希望在训练数据上使预测模型尽可能准确，则欠拟合的风险要小得多，并且要注意避免过拟合。

欠拟合的情况示例如图 1.10 所示。

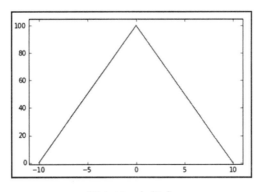

图 1.10   欠拟合

1.3   神经网络

1.2 节介绍了一些流行的经典机器学习算法。本节将介绍神经网络（Neural Networks，NNs），这是本书的重点。

神经网络的第一个示例为感知器，它是 Frank Rosenblatt 于 1957 年发明的。感知器是一种分类算法，与逻辑回归非常相似。它有权重 w，输出的是输入和权重的点积 $\vec{x} \cdot \vec{w}$ 的函数 $f(\vec{x} \cdot \vec{w})$（或 $f(\sum_i w_i \cdot x_i)$）。

唯一的区别是 f 是一个简单的阶跃函数，如果 $\vec{x} \cdot \vec{w} > 0$，那么 $f(\vec{x} \cdot \vec{w}) = 1$，否则 $f(\vec{x} \cdot \vec{w}) = 0$，其中对 Logistic 函数的输出应用了类似逻辑回归规则。感知器是一个简单的单层前馈神经网络示例，如图 1.11 所示。

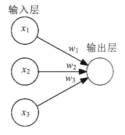

图 1.11   带有三个输入单元（神经元）和一个输出单元（神经元）的简单感知器

感知器刚开始时非常有前途，但是人们很快发现它具有严重的局限性，因为它仅适用于线性可分的类。1969 年，Marvin Minsky 和 Seymour Papert 证明了它甚至无法学习诸如 XOR 之类的简单逻辑运算。这导致人们对感知器的兴趣明显下降。

然而，其他的神经网络可以解决这个问题。经典的多层感知器具有多个相互连接的感知器，如以不同的顺序层（输入层、一个或多个隐藏层和输出层）组织的单元。一层的每个单元都连接到下一层的所有单元。首先，信息被提供给输入层，然后使用它计算第一个隐藏层的每个单元的输出（或激活）y_i。向前传播，即将输出作为网络中下一层的输入（因此是前馈），以此类推，直到输出为止。训练神经网络最常用的方法是将梯度下降法与反向传播法相结合。

带有一个隐藏层的神经网络的示例如图 1.12 所示。

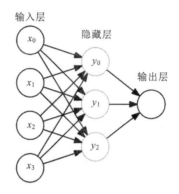

图 1.12　带有一个隐藏层的神经网络

将隐藏层视为输入数据的抽象表示。隐藏层是神经网络用自身的内部逻辑理解数据特征的方式。然而，神经网络是不可解释的模型，这意味着如果人们观察到隐藏层的输出 y_i，将无法理解它。对人们而言，输出只是一个数值向量。为了弥补网络表示和人们感兴趣的实际数据之间的差距，因此需要输出层。隐藏层可以看作一个转换器，被用来理解网络的逻辑，同时，通过转换得到人们感兴趣的实际目标值。

万能近似定理指出，带有一个隐藏层的前馈网络可以表示任何函数。对于具有一个隐藏层的网络没有理论上的限制，但是在实践中，使用这种架构只能取得有限的成功。第 3 章将介绍如何使用深度神经网络实现更好的性能，以及它们相对于浅层神经网络的优势。目前，所学的神经网络知识可以用于解决简单的分类任务。

PyTorch 简介

本节简要介绍神经网络中的 PyTorch（PyTorch 1.0 版）。

PyTorch 是一个开源的 Python 深度学习框架，主要由 Facebook 开发，最近发展势头迅猛。它提供了用于构建神经网络的图形处理单元（GPU）、加速多维数组（或张量）运算和图形计算。本书将选择使用 PyTorch、TensorFlow 和 Keras 讲解 Python 的深度学习。

PyTorch 开发步骤如下：

（1）创建一个简单的神经网络以对鸢尾花数据集进行分类。创建一个简单的神经网络，代码如下：

```
import pandas as pd

dataset = pd.read_csv('https://archive.ics.uci.edu/ml/machine-learning-
databases/iris/iris.data',
    names=['sepal_length', 'sepal_width', 'petal_length',
'petal_width', 'species'])

dataset['species'] = pd.Categorical(dataset['species']).codes

dataset = dataset.sample(frac=1, random_state=1234)

train_input = dataset.values[:120, :4]
train_target = dataset.values[:120, 4]

test_input = dataset.values[120:, :4]
test_target = dataset.values[120:, 4]
```

（2）以上代码是样例代码，可下载鸢尾花数据集 CSV 文件，将其加载到 Pandas DataFrame 中。然后，对 DataFrame 行进行调整，划分为 NumPy 数组，train_input/train_target（花属性/花类）用于训练数据，test_input / test_target 用于测试数据。

（3）将使用 120 个样本进行训练，30 个样本进行测试。如果对 Pandas 不熟悉，可以把它看作 NumPy 的高级版。定义第一个神经网络，代码如下：

```
import torch

torch.manual_seed(1234)

hidden_units = 5

net = torch.nn.Sequential(
    torch.nn.Linear(4, hidden_units),
    torch.nn.ReLU(),
    torch.nn.Linear(hidden_units, 3)
)
```

（4）接下来使用前馈网络。该网络带有一个包含五个单元的隐藏层、一个被称为整流器或线性整流（Rectified Linear Unit，ReLU）的激活函数（这是另一种激活类型，简单地定义为 $f(x)=\max(0,x)$），以及一个带有三个单元的输出层。输出层有三个单元，而每个单元对应于一类鸢尾花。对目标数据将使用独热编码（One-Hot Encoding）。这意味着每个类别的花都将表示为一个数组（Iris Setosa = [1, 0, 0]、Iris Versicolour = [0, 1, 0]和 Iris Virginica = [0, 0, 1]），并且该数组的一个元素将是输出层的一个单元的目标。当网络对新样本进行分类时，将通过取激活值最高的单元确定类别。

（5）torch.manual_seed(1234)能够保证每次使用相同的随机数据，以确保结果的再现性。

（6）选择优化器和损失函数，代码如下：

```
# 选择优化器和损失函数
criterion = torch.nn.CrossEntropyLoss()
optimizer = torch.optim.SGD(net.parameters(), lr=0.1, momentum=0.9)
```

（7）通过 criterion 变量定义将使用的损失函数，在本例中，使用交叉熵损失。损失函数将测量网络输出与目标数据之间的差距。

（8）然后，定义学习率为 0.1，动量为 0.9 的随机梯度下降（Stochastic Gradient Descent，SGD）优化器。SGD 是梯度下降算法的一种变体。第 2 章将详细介绍损失函数和 SGD。现在，开始训练网络，代码如下：

```
# 训练网络
epochs = 50

for epoch in range(epochs):
    inputs = torch.autograd.Variable(torch.Tensor(train_input).float())
    targets = torch.autograd.Variable(torch.Tensor(train_target).long())

    optimizer.zero_grad()
    out = net(inputs)
    loss = criterion(out, targets)
    loss.backward()
    optimizer.step()

    if epoch == 0 or (epoch + 1) % 10 == 0:
        print('Epoch %d Loss: %.4f' % (epoch + 1, loss.item()))
```

（9）epochs 为 50，表示将在训练数据集上迭代 50 次。

1）在 NumPy 数组 train_input 和 train_target 中分别创建 torch 变量（inputs 和 targets）。

2）将优化器的梯度置零，以防止先前迭代产生累积。通过 net(inputs)将训练数据输入神经网络，通过 criterion(out, targets)计算网络输出与目标数据之间的损失函数。

3）通过网络反向传回损失值，这样做是为了计算每个网络权重如何影响损失函数。

4）优化器以减少未来损失函数值的方式更新网络权重。

当运行训练时，输出结果如下：

```
Epoch 1 Loss: 1.2181
Epoch 10 Loss: 0.6745
Epoch 20 Loss: 0.2447
Epoch 30 Loss: 0.1397
```

```
Epoch 40 Loss: 0.1001
Epoch 50 Loss: 0.0855
```

从图 1.13 中可以观察到损失函数在每个 epoch 值处如何减小，显示了网络是如何逐步学习训练数据的。

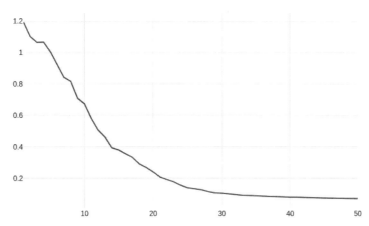

图 1.13　损失函数随着 epoch 的增加而减小

（10）接下来查看模型的最终精度，代码如下：

```
import numpy as np

inputs = torch.autograd.Variable(torch.Tensor(test_input).float())
targets = torch.autograd.Variable(torch.Tensor(test_target).long())

optimizer.zero_grad()
out = net(inputs)
_, predicted = torch.max(out.data, 1)

error_count = test_target.size - np.count_nonzero((targets ==
predicted).numpy())
print('Errors: %d; Accuracy: %d%%' % (error_count, 100 *
torch.sum(targets == predicted) / test_target.size))
print('Errors: %d; Accuracy: %d%%' % (error_count, 100 *
torch.sum(targets == predicted) / test_target.size))
```

通过将测试集输入网络并手动计算误差，输出结果如下：

```
Errors: 0; Accuracy: 100%
```

该程序能够正确分类所有的 30 个测试样本。

尝试网络的不同超参数可以查看精度和损失函数如何工作。此外，还可以尝试更改隐藏层中的单元数、在网络中训练的 epochs 值以及学习率。

1.4　小结

本章首先介绍了机器学习算法的概念及其重要性，介绍了机器学习算法的主要类别以及一些受欢迎的经典机器学习算法；然后介绍了一种称为神经网络的特殊类型的机器学习算法，它是深度学习的基础；最后讲解了一个编程示例，其中使用了流行的机器学习库解决特定的分类问题。

第 2 章

神经网络

第 1 章介绍了基本的机器学习概念和算法，研究了主要的机器学习范式以及一些流行的经典机器学习算法，最后简单演示了神经网络。本章将正式介绍神经网络的概念，详细描述神经元的工作原理以及了解如何堆叠多层以创建深度前馈神经网络，最后学习如何训练网络。

本章将涵盖以下内容：

● 神经网络的重要性。

● 神经网络概述。

● 训练神经网络。

最初，神经网络的灵感来自生物学大脑（因此得名）。然而，随着时间的推移，人们不再试图模仿大脑的工作方式，而是专注于为特定任务（包括计算机视觉、自然语言处理和语音识别）找到合适的模型。换个思路：在以前的很长一段时间，设计飞机的灵感来自鸟类的飞行，但是，最终人类创造的飞机和鸟类飞行是完全不同的。目前，神经网络还远不及大脑，也许未来的机器学习算法会更像大脑，但现在并非如此。因此，本书的其余部分将不使用大脑来类比神经网络。

2.1 神经网络的重要性

神经网络已存在多年，并且经历了多次发展，但一直处于"失宠"状态。最近，神经网络已稳步超过其他的许多相互竞争的机器学习算法。此次复苏是由于计算机速度变快，越来越多的应用开始使用图形处理单元（GPU），而不是传统的计算处理单元（CPU）；此外，神经网络还使用了更好的算法和神经网络设计以及越来越大的数据集。为了理解其成功之处，先来了解 ImageNet 大规模视觉识别挑战赛（网址为 http://image-net.org/challenges/LSVRC/，或 ImageNet）。参赛者使用 ImageNet 数据库训练其算法，该数据库包含超过 1000 个类别的 100 万张高分辨率彩色图像（一个类别可能是汽车图像，另一个类别可能是人、树等图像）。挑战的任务之一是将这些类别中的未知图像分类。2011 年，前 5 名获胜者的准确率达到 74.2%。在 2012 年，Alex Krizhevsky 及其团队使用卷积网络（一种特殊的深度网络）参加了比赛，并以 84.7%的准确率跻身前 5 名。从那时起，后面的获胜者均使用了卷积网络，现在前 5 名的准确率为 97.7%。深度学习算法在其他领域表现得也相当出色。例如，Google Now 和苹果的 Siri 助手都依赖于深度网络进行语音识别，而 Google 则将深度学习用于翻译引擎。

下面将使用带有一层或两层的简单网络讲解，读者可以将简单网络视为玩具示例（不是很深的网络）。了解简单网络的工作原理非常重要，原因如下：

● 了解神经网络的理论将有助于理解本书的其余部分，因为现在使用的大多数神经网络都有共同的原理。理解简单网络意味着会更容易理解深层网络。

● 了解一些基础知识总归有益处。当面对一些新知识（甚至本书中未讲解的知识）时，良好的基础将会提供很多帮助。

通过上述内容，希望读者可以明白本章的重要性。第 3 章将重点介绍深度学习。

2.2 神经网络概述

神经网络可以描述为处理信息的数学模型。正如第 1 章中所讲，这是描述任何机器学习算法的好方法，但是本章给出了神经网络的上下文特定含义。神经网络不是一个固定程序，而是一个模型，一个处理信息或输入的系统。神经网络的特点如下：

● 信息处理以最简单的形式发生在称为神经元（Neurons）的简单元素上。

● 神经元是相互连接的，它们之间通过连接链交换信号。

● 神经元之间的连接链可以变强或变弱，它决定了信息的处理方式。

● 每个神经元都有一个内部状态，该状态由其他神经元的所有传入连接决定。

● 每个神经元都有一个不同的激活函数（Activation Function），该函数根据其状态进行计算，并确定其输出信号。

对神经网络的描述更常用的是作为数学运算的计算图。

从以上内容可以确定神经网络的两个主要特点，具体如下：

● 神经网络架构：它描述神经元之间的一组连接（即前馈、循环、多层或单层等）、层数和每层中的神经元数。

● 学习：通常定义为训练。训练神经网络最常见但并非唯一的方法是随机梯度下降和反向传播。

2.2.1 神经元概述

神经元是一种数学函数，它接受一个或多个输入值，并输出单个数值，如图 2.1 所示。

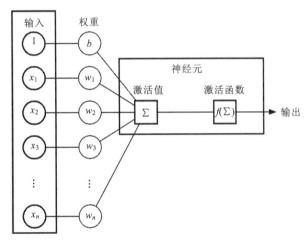

图 2.1 神经元的不同元素

神经元定义如下：

$$y = f\left(\sum_i x_i w_i + b\right)$$

（1）计算输入 x_i 和权重 w_i 的加权和 $x_i w_i$（也称为激活值）。此处，x_i 是表示输入数据的数值，或者是其他神经元的输出（如果神经元是神经网络的一部分）。

● 权重 w_i 是表示输入强度或神经元之间连接强度的数值。

● 权重 b 是一个称为偏置（bias）的特殊值，其输入始终为 1。

（2）使用加权和的结果作为激活函数 f 的输入，激活函数也称为传递函数（Transfer Function）。激活函数有很多类型，但都必须满足非线性这一必要条件，这一点将在本章后面解释。

读者可能已经注意到神经元与逻辑回归、感知器非常相似，可以将神经元当作这两种算法的通用版。如果用 Logistic 函数或阶跃函数作为激活函数，则神经元分别变成逻辑回归或感知器。另外，如果不使用任何激活函数，神经元就会变成线性回归。本例并不限制使用何种激活函数，但是，正如稍后所述，在实践中很少不使用激活函数。

前面定义的激活值可以解释为向量 w 和向量 x 之间的点积：$y = f(\vec{x} \cdot \vec{w} + b)$。如果 $\vec{x} \cdot \vec{w} = 0$，向量 x 将垂直于权重向量 w。因此，使得 $\vec{x} \cdot \vec{w} = 0$ 的所有向量 x 在特征空间 R_n 中定义了一个超平面，其中 n 是 x 的维数。

为了更好地理解，现在考虑一种特殊的情况，激活函数是 $f(x) = x$，且仅有一个输入值 x，神经元的输出变为 $y = wx + b$，它是一个线性方程。这表明在一维输入空间中，神经元定义了一条直线。如果对两个或更多的输入进行同样的可视化处理，会发现神经元为任意维度的输入定义了一个平面或一个超平面。

从图 2.2 中可以看出，偏置 b 的作用是使超平面偏离坐标系的中心。如果不使用偏置，神经元的表征能力将受限。

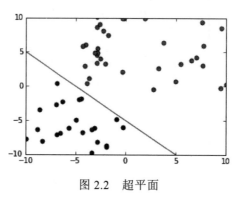

图 2.2　超平面

在第 1 章已了解到感知器（即神经元）只适用于线性可分的类，因为它定义了一个超平面。为了克服此限制，需要将神经元组织成一个神经网络。

2.2.2　层概述

神经网络可以有无限数量的神经元，这些神经元组织在相互连接的层中。输入层表示数据集和初始条件。例如，如果输入是灰度图像，则输入层中每个神经元的输出是图像中一个像素的强度。由于这个原因，通常不会将输入层算作其他层的一部分。当谈及单层网络时，实际上是指它是一个简单的网络，除了输入层外，它只有一个层，即输出层。

与到目前为止所讲解的示例不同，输出层可以有多个神经元。这在分类中特别有用，其中每个输出神经元代表一个类别。例如，MNIST 数据集有 10 个输出神经元，其中每个神经元对应于 0~9 的一个数字。这样就可以利用单层网络对每幅图像上的数字进行分类。通过取激活函数值最高的输出神经元确定数字。如果是 y_7，则网络将认为该图像显示的数字为 7。

图 2.3 所示为单层前馈网络。图 2.3 中显式地表示了神经元之间每个连接的权重 w，但是，通常连接神经元的边会隐式地表示权重。权重 w_{ij} 将第 i 个输入神经元与第 j 个输出神经元相连。第一个输入 1 是偏置单元，权重 b_1 是偏置权重。

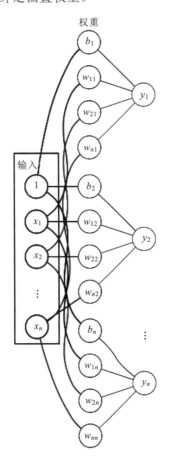

图 2.3　单层前馈网络

在图 2.3 中，左侧的神经元表示带有偏置 b 的输入，中间的列表示每个连接的权重，右侧的神经元表示给定权重 w 的输出。

一层的神经元可以连接到其他层的神经元，但不能连接到同一层的其他神经元。在本例中，输入神经元仅连接到输出神经元。

但是，为什么一开始就需要将神经元分层组织？一种理解是神经元可以传达有限的信息（仅一个值）。但是，当将神经元分层组合时，它们的输出会构成一个向量，而不是单个激活，现在可以考虑整个向量。通过这种方式便可以传达更多的信息，这不仅是因为向量有多个值，还因为它们之间的相对比值携带额外的信息。

2.2.3　多层神经网络

正如之前多次所讲的，单层神经网络只能对线性可分类进行分类。但是，在输入和输出之间可以引入更多的层，这些额外的层称为隐藏层。图 2.4 所示为一个具有两个隐藏层的三层全连接的神经网络。输入层有 k 个输入神经元，第一个隐藏层有 n 个隐藏神经元，第二个隐藏层有 m 个隐藏神经元。在本例中，输出是两个类 y_1 和 y_2。最上面是常开（always-on）偏置神经元。一层中的一个单元连接到上一层和下一层中的所有单元（因此称为全连接）。每个连接都有自己的权重 w，为了简单起见，不再对其进行描述。

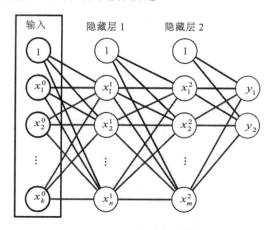

图 2.4　多层顺序网络

但是不限于图 2.4 所示的顺序层的网络。神经元及其连接可以形成有向循环图。在有向循环图中，信息不能从同一神经元传递两次（无回路），并且仅在一个方向上从输入流到输出。此外，还可以在层中选择性组织神经元；因此，这些层也组织在有向循环图中。图 2.4 中的网络只是其各层顺序连接的图的特例。图 2.5 所示为一个有效的神经网络，具有两个输入层、两个输出层和随机互连的隐藏层。为了简单起见，将多重权重 w 表示为一条线，以将各层连接起来。

　　有一类特殊的神经网络称为循环网络（Recurrent Networks），它代表有向循环图（可以有回路）。第 8 章将详细介绍循环网络。

本节介绍了神经网络的最基本类型（即神经元），并逐步将其扩展为分层组织的神经元图，以及通过另一种方式思考神经网络。神经元有精确的数学定义。因此，由神经元组成的神经网络也是一个数学函数，其中输入数据表示函数自变量，网络权重 w 是其参数。

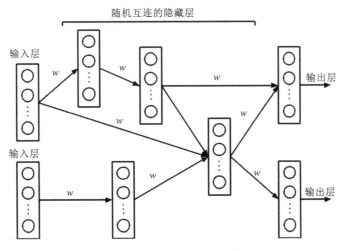

图 2.5　有效的神经网络

2.2.4　不同类型的激活函数

现在已知多层神经网络可以对线性不可分的类进行分类，要做到这一点，还需要满足一个条件。如果神经元没有激活函数，它们的输出将是输入的加权和，这是一个线性函数。整个神经网络，也就是神经元的组合，变成了线性函数的组合，这仍是一个线性函数。这表明，即使添加了隐藏层，网络仍然相当于一个简单的线性回归模型，有其所有的局限性。为了把网络变成一个非线性函数，需要对神经元使用非线性激活函数。通常，同一层的所有神经元具有相同的激活函数，但不同层的神经元可能具有不同的激活函数。最常见的激活函数如下：

- $f(a) = a$：此函数允许激活值通过，称为恒等函数。

- $f(a) = \begin{cases} 1, a \geqslant 0 \\ 0, a < 0 \end{cases}$：此函数激活神经元。如果激活高于某个值，则称为阈值激活函数。

- $f(a) = \dfrac{1}{1+\exp(-a)}$：此函数是常用的函数之一，因为其输出限制在 0~1，并且可以随机地将其解释为神经元激活的概率。此函数通常称为 Logistic 函数或 Logistic Sigmoid。

- $f(a) = \dfrac{2}{1+\exp(-a)} - 1 = \dfrac{1-\exp(-a)}{1+\exp(-a)}$：此激活函数称为双极 Sigmoid，它只是将 Logistic 函数重新缩放并转换为（-1，1）范围。

- $f(a) = \dfrac{\exp(a)-\exp(-a)}{\exp(a)+\exp(-a)} = \dfrac{1-\exp(-2a)}{1+\exp(-2a)}$：此激活函数称为双曲正切（或 tanh）。

- $f(a) = \begin{cases} a, a \geqslant 0 \\ 0, a < 0 \end{cases}$：此激活函数可能最接近其生物学对应物。它是恒等和阈值函数的混合，即 ReLU。ReLU 有多种变体，如噪声 ReLU、带泄露 ReLU 和 ELU（指数线性单元）。

在神经网络的初始阶段广泛使用恒等函数或阈值函数，如感知器或 Adaline（自适应线性神经元），但后来失去了使用动力，便开始使用 Logistic 函数、双曲正切或 ReLU 及其变体。后三种激活函数在以下方面有所不同：

- 范围不同。
- 导数在训练中表现不同。

Logistic 函数的范围是（0,1），这是它作为随机网络（即带有基于概率函数激活的神经元的网络）的首选函数的原因之一。双曲函数与 Logistic 函数非常相似，但是其范围为（-1,1）。ReLU 的范围为（0,∞）。

接下来观察三个函数中每个函数的导数（或梯度），这对于网络的训练很重要。这类似于第 1 章介绍的线性回归示例，我们试图沿着与函数导数相反的方向以使其最小化。

对于 Logistic 函数 f，导数为 $f(1-f)$，而如果 f 为双曲正切，则其导数为 $(1+f)(1-f)$。

只要注意到关于 $\dfrac{1}{1+\exp(-a)}$ 函数的激活 a 的导数，就可以快速计算 Logistic 函数的导数，如下所示：

$$f'(a) = \frac{\exp(-a)}{(1+\exp(-a))(1+\exp(-a))} = \frac{1}{1+\exp(-a)}\frac{(1+\exp(-a))-1}{1+\exp(-a)}$$

$$= \frac{1}{1+\exp(-a)}\left(\frac{1+\exp(-a)}{1+\exp(-a)} - \frac{1}{1+\exp(-a)}\right) = f(1-f)$$

如果 f 是 ReLU，则导数十分简单，即 $f'(a) = \begin{cases} 1, a \geq 0 \\ 0, a < 0 \end{cases}$。本书的后面将介绍深层网络出现梯度消失的问题，并且 ReLU 的优势在于其导数是恒定值，并且随着 a 的变大不会趋于零。

2.2.5 综合案例

如前所述，多层神经网络可以对线性可分类进行分类。事实上，万能近似定理表明，在 $\mathbf{R}^n$ 紧致子集上的任意连续函数都可以通过具有至少一个隐藏层的神经网络来逼近（见图 2.6）。这个定理的形式证明太复杂了，此处无法完成，本书将尝试用一些基本数学知识给出直观的解释。图 2.6（b）将实现一个近似方脉冲函数的神经网络，它是一种简单的阶跃函数。由于一系列阶跃函数可以逼近 $\mathbf{R}$ 紧致子集上的任何连续函数，它将解释万能近似定理成立的原因。

图 2.6（a）中显示了一系列阶跃函数逼近的连续函数，图 2.6（b）则显示了单个方脉冲阶跃函数。

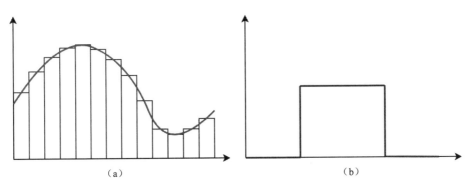

（a）　　　　　　　　　　　　　　　　（b）

图 2.6　万能逼近定理

为此，将使用 Logistic Sigmoid 激活函数。如前所述，Logistic Sigmoid 定义为 $1/(1+\exp(-a))$，其中 $a(x)=\sum_i w_i x_i + b$。

● 假设只有一个输入神经元，$x = x_1$。

● 通过将 w 变得非常大，可使 Sigmoid 更逼近阶跃函数。另一方面，b 表示沿 x 轴平移函数，平移量 t 等于 $-b/w$（$t = -b/w$）。

如图 2.7 所示，在图 2.7（a）中有一个标准的 Sigmoid，权重为 1，偏置为 0；在图 2.7（b）中有一个 Sigmoid，权重为 10；在图 2.7（c）中有一个 Sigmoid，权重为 10，偏置为 50。

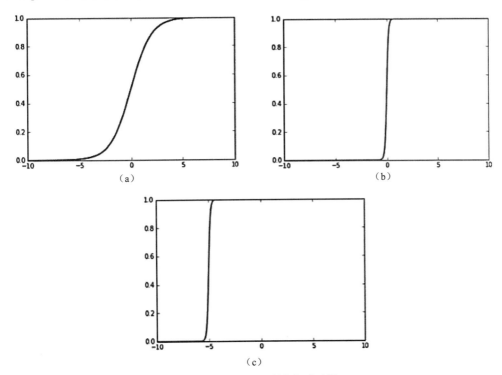

图 2.7　Sigmoid 逼近阶跃函数

接下来思考定义网络架构。它将有一个输入神经元，一个带有两个神经元的隐藏层以及一个输出神经元，如图 2.8 所示。

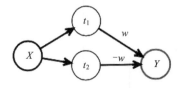

图 2.8　网络神经

两个隐藏神经元都使用 Logistic Sigmoid 激活。网络的权重和偏置可以利用先前描述的 Sigmoid 特性来构建。顶部神经元将启动第一个平移 t_1（范围为 0～1），然后，经过一段时间后，第二个神经元将启动反向的平移 t_2，代码如下：

```python
# 用户可以修改权重 w 的值
# 以及 bias_value_1 和 bias_value_2 的值
# 以观察其如何绘制不同的阶跃函数

import matplotlib.pyplot as plt
import numpy

weight_value = 1000

# 修改以更改阶跃函数的开始位置
bias_value_1 = 5000

# 修改以更改阶跃函数的结束位置
bias_value_2 = -5000

# 绘制
plt.axis([-10, 10, -1, 10])

print("The step function starts at {0} and ends at {1}"
    .format(-bias_value_1 / weight_value,
            -bias_value_2 / weight_value))

inputs = numpy.arange(-10, 10, 0.01)
outputs = list()

# 迭代输入
for x in inputs:
    y1 = 1.0 / (1.0 + numpy.exp(-weight_value * x - bias_value_1))
    y2 = 1.0 / (1.0 + numpy.exp(-weight_value * x - bias_value_2))

    # 修改以更改阶跃函数的高度
```

```
w = 7

# 网络输出
y = y1 * w - y2 * w

outputs.append(y)

plt.plot(inputs, outputs, lw=2, color='black')
plt.show()
```

此例为 weight_value、bias_value_1 和 bias_value_2 设置了较大的值。这样表达式 numpy.exp (-weight_value * x - bias_value_1)和 numpy.exp(-weight_value * x - bias_value_2)可以在很短的输入间隔内在 0 和无穷大之间切换；反过来，y1 和 y2 将在 1 和 0 之间切换。如前所述，这将形成阶跃（而不是渐近）的 Sigmoid 形状。因为 numpy.exp 表达式的值是无穷大的，所以代码会在 exp 警告中提示出现溢出，但这是正常的。

运行此代码，结果如图 2.9 所示。

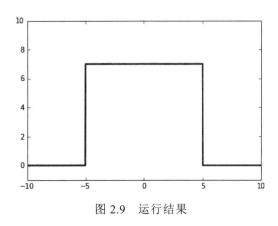

图 2.9　运行结果

2.3　训练神经网络

前面已经了解了神经网络如何根据固定权重将输入映射到确定的输出。一旦定义了神经网络的架构（包括前馈网络、隐藏层数、每层神经元数和激活函数），就需要设置权重，权重将依次定义网络中每个神经元的内部状态。首先，了解如何使用梯度下降优化算法对一层网络设置权重，然后借助反向传播将其扩展到深度前馈网络。

每个神经网络都是一个函数的近似值，因此每个神经网络不会等于期望的函数，而是会相差一些称为误差（Error）的值。在训练过程中，要将此误差降至最低。误差是网络权重的函数，因此希望使相对于权重的误差最小。误差函数是多个权重的函数，因此是多个变量的函数。在数学上，该函数为 0 的点集表示一个超曲面，要在该曲面上找到最小值，需要选取一个点，然后沿着一条曲线的最小值方向走。

神经网络与其训练是两件事。这意味着可以通过梯度下降和反向传播以外的其他方式调整网络的权重，但梯度下降和反向传播是现下最流行、最有效的方式，而且这也是目前在实践中使用的唯一方法。

2.3.1 线性回归

在第 1 章中已经介绍了线性回归。再次说明一下，关于向量符号的使用，线性回归算法的输出是单个值 y，并且等于输入值 x 和权重 w 的点积：$y = \vec{x} \cdot \vec{w}$。如前所述，线性回归是神经网络的一个特例，它是带有恒等激活函数的单个神经元。本节将学习如何使用梯度下降训练线性回归，在接下来的几节中，将把它扩展到能够训练更复杂的模型。梯度下降工作原理的伪代码如下：

使用一些随机值初始化权重 w
重复：
    # 计算训练集所有样本的均方误差（MSE）损失函数
    # 用 J 表示 MSE

$$J = \text{MSE} = \frac{1}{n} \sum_{i=0}^{n} (y^i - t^i)^2 = \frac{1}{n} \sum_{i=0}^{n} (x^i \cdot w - t^i)^2$$

    # 根据 J 对每个权重的导数更新权重 w

$$w \rightarrow w - \lambda \nabla(J(w))$$

直到 MSE 低于阈值

以上内容背后都是非常简单明了的数学知识。请不要忽视目标，即以一种有助于算法预测目标值的方式调整权重 w。为此，首先需要知道对于训练数据集的每个样本，输出 y^i 与目标值 t^i 有何不同（此处使用上标符号标记第 i 个样本）。将使用 MSE，它等于所有样本（训练集中的样本总数为 n）y^i-t^i 的平方差的平均值。为了便于使用，用 J 表示 MSE，需注意，也可以使用其他损失函数。每个 y^i 都是 w 的函数，因此 J 也是 w 的函数。如前所述，损失函数 J 表示一个维数等于 w 维数的超曲面（也隐含地考虑了偏置）。为了说明这一点，假设只有一个输入值 x 和一个权重 w。从图 2.10 中可以观察到 MSE 是如何相对于 w 变化的。

目标是使 J 最小化，这意味着要找到这样的 w，其中 J 的值为其全局最小值。为此，需要知道在修改 w 时，J 是增大还是减小，即 J 相对于 w 的一阶导数（或梯度），存在以下情况：

（1）在一般情况下，如果有多个输入和权重，使用以下公式计算每个权重 w_j 的偏导数：

$$\vec{d} = \frac{\partial J(w)}{\partial w_j} = \frac{\partial \frac{1}{n} \sum_i (y^i - t^i)^2}{\partial w_j}$$

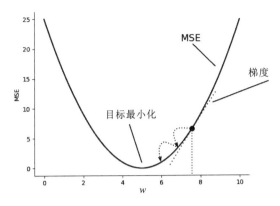

图 2.10　MSE 相对 w 的变化

（2）为了移向最小值，需要对每个 w_j 沿 $\vec{d}$ 所设定的相反方向移动。

（3）计算偏导数：

$$\frac{\partial J(w)}{\partial w_j} = \frac{\partial \frac{1}{n}\sum_i (y^i - t^i)^2}{\partial w_j} = \frac{1}{n}\sum_i \frac{\partial (y^i - t^i)^2}{\partial w_j} = \frac{2}{n}\sum_i \frac{\partial y^i}{\partial w_j}(y^i - t^i)$$

如果 $y^i = x^i \cdot w$，那么 $\dfrac{\partial y^i}{\partial w_j} = x_j^i$，因此：

$$\frac{\partial J(w)}{\partial w_j} = \frac{2}{n}\sum_i x_j^i (y^i - t^i)$$

这种表示法有时会使人产生混淆，尤其是在第一次遇到时。输入由 x^i 给出，其中上标表示第 i 个样本。由于 x 和 w 是向量，下标表示向量的第 j 个坐标。y^i 表示在给定输入 x^i 的情况下神经网络的输出，而 t^i 表示目标，即与输入 x^i 对应的期望值。

（4）现在已计算出偏导数，接下来使用以下更新规则更新权重：

$$w_j \rightarrow w_j - \eta \frac{\partial J(w)}{\partial w_j} = w_j - \eta \frac{2}{n}\sum_i x_j^i (y^i - t^i)$$

η 是学习率，决定到达新数据时权重调整的比率。

（5）更新规则可以写成矩阵形式，如下所示：

$$w \rightarrow w - \eta \nabla(J(w)) = w - \eta \nabla\left(\frac{2}{n}\sum_i (y^i - t^i)^2\right)$$

此处，∇ 也称为 Nabla 算子，可以解释为向量的偏导数运算符。

$\nabla = \left(\dfrac{\partial}{\partial w_1}, \cdots, \dfrac{\partial}{\partial w_n}\right)$ 是向量的偏导数。使用矩阵形式，而不是为 w 的每个分量 w_j 分别

编写更新规则，其中，对于每个出现的 j，使用 ∇ 表示每个偏导数，而不是编写偏导数。

读者可能已经注意到，为了更新权重，会累加所有训练样本的误差。在实际中，有大量的数据集，只对它们进行一次更新就会使训练变得非常慢。该问题的一种解决方案是使用随机（或在线）梯度下降（SGD）算法，除了在每个训练样本之后更新权重，其工作方式与常规梯度下降相同。然而，SGD 在数据中容易受到噪声的影响。如果样本是异常值，就有增加误差的风险。两者之间的一个更好的折衷方法是使用小批量梯度下降（Mini-Batch Gradient Descent，MBGD）算法，对每 n 个样本进行小批量累加误差计算，并执行一次权重更新。在实践中，几乎经常使用小批量梯度下降算法。

在学习 2.3.2 小节之前，需注意，除了全局最小值之外，损失函数可能有多个局部最小值，并且最小化其值时并不像示例中那样简单。

2.3.2 逻辑回归

与使用恒等函数的线性回归相反，逻辑回归使用 Logistic Sigmoid 激活。如前所述，Logistic Sigmoid 的输出范围为 $(0,1)$，可以解释为概率函数。逻辑回归可以用于二（二元）分类问题，其中目标 t 可以有两个值，通常为 0 和 1，分别对应两个类。这些离散值不应与 Logistic Sigmoid 函数的值混淆，后者是 0～1 的连续实数值函数。Sigmoid 函数的值表示输出为 0 类或 1 类的概率。

（1）使用 $\sigma(a)$ 表示 Logistic Sigmoid 函数，其中 a 是神经元激活值 $x \cdot w$。对于每个样本 x，给定权重 w，输出为 y 类的概率如下：

$$P(t \mid x, w) = \begin{cases} \sigma(a), t = 1 \\ 1 - \sigma(a), t = 0 \end{cases}$$

（2）把该等式写得更简洁一些，公式如下：

$$P(t \mid x, w) = \sigma(a)^t (1 - \sigma(a))^{1-t}$$

（3）概率 $\prod_i P(t^i \mid x^i, w)$ 对于每个样本 x^i 是独立的，因此全局概率如下：

$$P(t \mid x, w) = \prod_i P(t^i \mid x^i, w) = \prod_i \sigma(a^i)^{t^i} (1 - \sigma(a^i))^{(1-t^i)}$$

（4）如果采用前面公式的自然对数（将乘积转化为和），则会得到以下结果：

$$\log(P(t \mid x, w)) = \log\left(\prod_i \sigma(a^i)^{t^i} (1 - \sigma(a^i))^{(1-t^i)} \right)$$
$$= \sum_t \left[t^i \log(\sigma(a^i)) + (1 - t^i) \log(1 - \sigma(a^i)) \right]$$

现在的目标是最大化此对数，以获得预测正确结果的最大概率。

（5）将使用小批量梯度下降最小化定义的代价函数 $J(w) = -\log(P(t \mid x, w))$。

如前所述，计算代价函数相对于权重 w_j 的导数，可得到以下结果：

$$\frac{\partial \log(P(t \mid x, w))}{\partial w_j} = \frac{\sum_i \left[t^i \log(\sigma(a^i)) + (1 - t^i) \log(1 - \sigma(a^i)) \right]}{\partial w_j}$$

$$= \sum_i \frac{\partial \left[t^i \log(\sigma(a^i)) + (1-t^i) \log(1-\sigma(a^i)) \right]}{\partial w_j}$$

$$= \sum_i \left[t^i \frac{\partial \log(\sigma(a^i))}{\partial w_j} + (1-t^i) \frac{\partial \log(1-\sigma(a^i))}{\partial w_j} \right]$$

$$= \sum_i [t^i (1-\sigma(a^i)) x_j^i + (1-t^i)\sigma(a^i) x_j^i]$$

为了理解最后一个等式，要了解导数的链式规则，该规则指出，如果有函数 $F(x) = f(g(x))$，则 F 对 x 的导数为 $F'(x) = f'(g(x))g'(x)$，或 $\dfrac{\mathrm{d}F}{\mathrm{d}x} = \dfrac{\mathrm{d}}{\mathrm{d}x}[f(g(x))] = \dfrac{\mathrm{d}}{\mathrm{d}g(x)}[f(g(x)) \cdot \dfrac{\mathrm{d}}{\mathrm{d}x}[g(x)]$。

现在，返回示例中：

$$\frac{\partial \sigma(a^i)}{\partial a^i} = \sigma(a^i)(1-\sigma(a^i))$$

$$\frac{\partial \sigma(a^i)}{\partial a_j} = 0$$

$$\frac{\partial a^i}{\partial w_j} = \frac{\partial \sum_k w_k x_k^i + b}{\partial w_j} = x_j^i$$

因此，根据链式规则，以下推导是正确的：

$$\sum_i \frac{\partial \log(\sigma(a^i))}{\partial w_j} = \sum_i \frac{\partial \log(\sigma(a^i))}{\partial a^i} \frac{\partial a^i}{\partial w_j} = \frac{1}{\sigma(a^i)} \sigma(a^i)(1-\sigma(a^i)) x_j^i = (1-\sigma(a^i)) x_j^i$$

同样，应用于以下公式：

$$\sum_i \frac{\partial \log(1-\sigma(a^i))}{\partial w_j} = \sigma(a^i) x_j^i = (1-\sigma(a^i)) x_j^i$$

这类似于在线性回归中使用的更新规则。

本节中出现了一些复杂的等式，如果读者没有完全理解它们，也不必困惑。简单概括就是对逻辑回归应用了与线性回归相同的小批量梯度下降算法，只是求误差函数相对于权重的偏导数稍微复杂一些。

2.3.3 反向传播

到目前为止，读者已经学习了如何使用梯度下降法更新一层网络的权重。首先，将网络的输出（即输出层的输出）与目标值进行比较，然后相应地更新权重。但是，在多层网络中，只能将此技术应用于连接最终隐藏层和输出层的权重。这是因为没有任何隐藏层输出的目标值。与之相反，接下来要做的是计算最终隐藏层中的误差，并估计前一层中的误差。此时将误差从最后一层传播回第一层，因此，将其命名为反向传播（Backpropagation，BP）算法。反向传播是最难理解的算法之一，但读者只需具备一些基本的微积分和链式规则知识即可。

首先介绍一些符号。

（1）将 w_{ij} 定义为 l 层的第 i 个神经元和 $l+1$ 层的第 j 个神经元之间的权重。

（2）换言之，使用下标 i 和 j，其中下标 i 的元素属于包含下标 j 的元素的层之前的层。

（3）在多层网络中，l 和 $l+1$ 可以是任何两个连续的层，包括输入层、隐藏层和输出层。

（4）注意，字母 y 用于表示输入值和输出值。y_i 是下一层 $l+1$ 的输入，也是 l 层激活函数的输出，如图 2.11 所示。

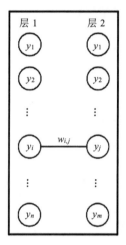

图 2.11　层与层之间的图示

在图 2.11 中，第一层代表输入，第二层代表输出，$w_{i,j}$ 将第一层的 y_i 激活连接到第二层的第 j 个神经元的输入。

（5）使用 J 表示代价函数（误差），使用 a 表示激活值 $x \cdot w$，使用 y 表示激活函数（Sigmoid、ReLU 等）的输出。

（6）回顾链式法则，对于 $F(x)=f(g(x))$，则 $\dfrac{\mathrm{d}F}{\mathrm{d}x}=\dfrac{\mathrm{d}}{\mathrm{d}x}\big[f(g(x))\big]=\dfrac{\mathrm{d}}{\mathrm{d}g(x)}\big[f(g(x))\cdot\dfrac{\mathrm{d}}{\mathrm{d}x}\big[g(x)\big]$。在示例中，$a_j$ 是权重 w_j 的函数，y_j 是 a_j 的函数，J 是 y_j 的函数。根据这些知识并使用前面的符号，神经网络的最后一层可以写成如下等式（使用偏导数）：

$$\frac{\partial J}{\partial w_{i,j}}=\frac{\partial J}{\partial y_j}\frac{\partial y_j}{\partial a_j}\frac{\partial a_j}{\partial w_{i,j}}$$

（7）由于已知 $\dfrac{\partial a_j}{\partial w_{i,j}}=y_i$，则得到以下等式：

$$\frac{\partial J}{\partial w_{i,j}}=\frac{\partial J}{\partial y_j}\frac{\partial y_j}{\partial a_j}y_i$$

如果 y 是 Logistic Sigmoid，则得到的结果与 2.3.2 小节最后计算出的结果相同。此外，已知代价函数，则可以计算所有偏导数。

（8）对于前面的（隐藏的）层，适用相同的公式：

$$\frac{\partial J}{\partial w_{i,j}} = \frac{\partial J}{\partial y_j} \frac{\partial y_j}{\partial a_j} \frac{\partial a_j}{\partial w_{i,j}}$$

即使有多个层，但总是关注一对连续的层，这也许有点滥用符号，但总是有一个"第一"（或输入）层和一个"第二"（或输出）层，如图 2.11 所示。现已知 $\frac{\partial a_j}{\partial w_{i,j}} = y_i$ 和激活函数的导数 $\frac{\partial y_j}{\partial a_j}$（通过计算可以得出），所需计算的就是 $\frac{\partial J}{\partial y_j}$ 的导数。注意，这是误差相对于"第二"层中的激活函数的导数。现在可以计算所有导数，从最后一层开始反向移动，因为具备以下条件：

● 最后一层的导数可以计算。

● 已存在一个公式可以计算一层的导数（假设它的下一层导数可以计算）。

（9）在以下等式中，y_i 是第一层的输出（第二层的输入），而 y_i 是第二层的输出。应用链式规则，得到如下等式：

$$\frac{\partial J}{\partial y_i} = \sum_j \frac{\partial J}{\partial y_j} \frac{\partial y_j}{\partial y_i} = \sum_j \frac{\partial J}{\partial y_j} \frac{\partial y_j}{\partial a_j} \frac{\partial a_j}{\partial y_i}$$

j 的总和反映了这样一个事实：在前向传播时，输出 y_i 提供给第二层中的所有神经元。因此，当误差反向传播时，它们都对 y_i 有贡献。

（10）再次计算 $\frac{\partial y_j}{\partial a_j}$ 和 $\frac{\partial a_j}{\partial y_i} = w_{i,j}$。一旦已知 $\frac{\partial J}{\partial y_j}$，则可以计算 $\frac{\partial J}{\partial y_i}$。因为最后一层的 $\frac{\partial J}{\partial y_j}$ 可以计算，所以可以反向移动并计算任何层的 $\frac{\partial J}{\partial y_i}$，最终计算任一层的 $\frac{\partial J}{\partial w_{i,j}}$。

（11）总而言之，如果有以下连续的层：

$$y_i \rightarrow y_j \rightarrow y_k$$

可得到以下两个基本等式：

$$\frac{\partial J}{\partial w_{i,j}} = \frac{\partial J}{\partial y_j} \frac{\partial y_j}{\partial a_j} \frac{\partial a_j}{\partial w_{i,j}}$$

$$\frac{\partial J}{\partial y_j} = \sum_k \frac{\partial J}{\partial y_k} \frac{\partial y_k}{\partial y_j}$$

使用这两个等式可以计算每层代价函数的导数。如果令 $\delta_j = \frac{\partial J}{\partial y_j} \frac{\partial y_i}{\partial a_j}$，则 δ_j 表示代价相对于激活值的变化，并且可以将 δ_j 视为神经元 y_i 的误差。

（12）如下重写这些等式：

$$\frac{\partial J}{\partial y_i} = \sum_j \frac{\partial J}{\partial y_j} \frac{\partial y_j}{\partial y_i} = \sum_j \frac{\partial J}{\partial y_j} \frac{\partial y_j}{\partial a_j} \frac{\partial a_j}{\partial y_i} = \sum_j \delta_j w_{i,j}$$

这表明 $\delta_i = \left(\sum_j \delta_j w_{i,j} \right) \frac{\partial y_i}{\partial a_i}$。这两个等式给出了反向传播的另一种观点，因为成本相对于激活值存在变化。

（13）一旦已知下一层的变化，提供一个公式可以计算任何层的变化：

$$\delta_j = \frac{\partial J}{\partial y_j} \frac{\partial y_i}{\partial a_j}$$

$$\delta_i = \left(\sum_j \delta_j w_{i,j} \right) \frac{\partial y_i}{\partial a_i}$$

（14）将这些等式组合在一起，得到以下等式：

$$\frac{\partial J}{\partial w_{i,j}} = \delta_j \frac{\partial a_j}{\partial w_{i,j}} = \delta_j y_i$$

（15）每层权重的更新规则由以下公式给出：

$$w_{i,j} \rightarrow w_{i,j} - \eta \delta_j y_i$$

2.3.4　XOR 函数的神经网络的代码示例

本节将创建带有一个隐藏层的简单网络以实现 XOR 函数。XOR 函数用于处理线性不可分的问题，因此需要隐藏层。源代码将允许轻松修改层数和每层的神经元数，因此可以尝试许多不同的情况。示例不会使用任何机器学习库，仅在 NumPy 的帮助下一步步实现。此外，使用 Matplotlib 可将结果可视化输出。

（1）导入相关库，代码如下：

```
import matplotlib.pyplot as plt
import numpy
from matplotlib.colors import ListedColormap
```

（2）定义激活函数及其导数（本示例使用 tanh(x)），代码如下：

```
def tanh(x): return (1.0 - numpy.exp(-2*x))/(1.0 + numpy.exp(-2*x))
def tanh_derivative(x):
    return (1 + tanh(x))*(1 - tanh(x))
```

（3）定义 NeuralNetwork 类，代码如下：

```
class NeuralNetwork:
```

由于 Python 语法的原因，NeuralNetwork 类中的任何内容都必须缩进。

（4）定义 NeuralNetwork 的__init__初始化函数（__实际输入时是两个短下划线）。

  net_arch 是一个一维数组，包含每一层的神经元数目。例如，[2, 4, 1]表示带有两个神经元的输入层：四个神经元的隐藏层和一个神经元的输出层。由于本示例研究 XOR 函数，输入层将有两个神经元，而输出层将只有一个神经元。

  （5）将激活函数设置为双曲正切，然后定义它的导数。

  （6）使用范围为（-1,1）的随机值初始化网络权重，代码如下：

```
# net_arch 由整数列表组成
# 表示每层中的神经元数量
def __init__(self, net_arch):
    self.activation_func = tanh
    self.activation_derivative = tanh_derivative
    self.layers = len(net_arch)
    self.steps_per_epoch = 1000
    self.net_arch = net_arch

    # 使用(-1,1)的随机值初始化权重
    self.weights = []
    for layer in range(len(net_arch) - 1):
        w = 2 * numpy.random.rand(net_arch[layer] + 1, net_arch
[layer + 1]) - 1
        self.weights.append(w)
```

  （7）定义 fit 函数，它将训练网络。

  （8）在输入数据（常开偏置神经元）上加 1，并设置代码在每个 epoch 结束时打印结果，以跟踪进度。

  （9）在最后一行，nn 代表 NeuralNetwork 类，而 predict 是稍后将在 NeuralNetwork 类中定义的函数，代码如下：

```
def fit(self, data, labels, learning_rate=0.1, epochs=10):
    """
    data 参数:data 是所有可能的布尔对的集合
              True 或 False 由整数 1 或 0 表示
              labels 是对每个输入对进行 XOR 逻辑运算的结果
    labels 参数:每个数据为 0/1 的数组
    """

    # 将偏置单元添加到输入层
    ones = numpy.ones((1, data.shape[0]))
    Z = numpy.concatenate((ones.T, data), axis=1)
    training = epochs * self.steps_per_epoch
    for k in range(training):
        if k % self.steps_per_epoch == 0:
            # print ('epochs:', k/self.steps_per_epoch)
            print('epochs: {}'.format(k/self.steps_per_epoch))
            for s in data:
```

```
        print(s, nn.predict(s))
```

（10）从训练集中选择一个随机样本，并将其通过网络前向传播，以便计算网络输出与目标数据之间的误差，代码如下：

```
sample = numpy.random.randint(data.shape[0])
y = [Z[sample]]

for i in range(len(self.weights)-1):
    activation = numpy.dot(y[i], self.weights[i])
    activation_f = self.activation_func(activation)
    # 为下一层添加偏置
    activation_f = numpy.concatenate((numpy.ones(1), numpy.array
(activation_f)))
    y.append(activation_f)

# 最后一层
activation = numpy.dot(y[-1], self.weights[-1])
activation_f = self.activation_func(activation)
y.append(activation_f)
```

（11）现在有了误差，将其反向传播，从而更新权重。将使用随机梯度下降更新权重（即在每步之后更新权重），代码如下：

```
# 输出层误差
error = labels[sample]-y[-1]
delta_vec = [error*self.activation_derivative(y[-1])]

# 从下一层到最后一层反向开始
for i in range(self.layers-2, 0, -1):
    error = delta_vec[-1].dot(self.weights[i][1:].T)
    error = error*self.activation_derivative(y[i][1:])
    delta_vec.append(error)

# 反向
# [level3(output)->level2(hidden)]=> [level2(hidden)->level3 (output)]
delta_vec.reverse()

# 反向传播
# 1. 将其输出增量和输入激活相乘，得到权重的梯度
# 2. 从权重中减去梯度的比率（百分比）
for i in range(len(self.weights)):
    layer = y[i].reshape(1, nn.net_arch[i] + 1)

    delta = delta_vec[i].reshape(1, nn.net_arch[i + 1])
    self.weights[i] += learning_rate * layer.T.dot(delta)
```

（12）这样就结束了网络的训练阶段。现在编写 **predict** 函数检查结果，该函数将返回网络

输出，代码如下：

```
def predict(self, x):
    val = numpy.concatenate((numpy.ones(1).T, numpy.array(x)))
    for i in range(0, len(self.weights)):
        val = self.activation_func(numpy.dot(val, self.weights[i]))
        val = numpy.concatenate((numpy.ones(1).T, numpy.array(val)))

    return val[1]
```

（13）编写一个函数,该函数根据输入变量绘制分隔类的线条(将在本节最后显示这些图),
代码如下：

```
def plot_decision_regions(self, X, y, points=200):
    markers = ('o', '^')
    colors = ('red', 'blue')
    cmap = ListedColormap(colors)

    x1_min, x1_max = X[:, 0].min() - 1, X[:, 0].max() + 1
    x2_min, x2_max = X[:, 1].min() - 1, X[:, 1].max() + 1

    # 要生成缩小的图形，将前面的两行替换为以下内容：
    # x1_min, x1_max = -10, 11
    # x2_min, x2_max = -10, 11

    resolution = max(x1_max - x1_min, x2_max - x2_min) / float(points)

    xx1, xx2 = numpy.meshgrid(numpy.arange(x1_min, x1_max, resolution),
                              numpy.arange(x2_min, x2_max, resolution))
    input = numpy.array([xx1.ravel(), xx2.ravel()]).T
    Z = numpy.empty(0)
    for i in range(input.shape[0]):
        val = nn.predict(numpy.array(input[i]))
        if val < 0.5:
            val = 0
        if val >= 0.5:
            val = 1
        Z = numpy.append(Z, val)

    Z = Z.reshape(xx1.shape)

    plt.pcolormesh(xx1, xx2, Z, cmap=cmap)
    plt.xlim(xx1.min(), xx1.max())
    plt.ylim(xx2.min(), xx2.max())
    # 绘制所有样例

    classes = ["False", "True"]
```

```
        for idx, cl in enumerate(numpy.unique(y)):
            plt.scatter(x=X[y == cl, 0],
                        y=X[y == cl, 1],
                        alpha=1.0,
                        c=colors[idx],
                        edgecolors='black',
                        marker=markers[idx],
                        s=80,
                        label=classes[idx])

        plt.xlabel('x-axis')
        plt.ylabel('y-axis')
        plt.legend(loc='upper left')
        plt.show()
```

（14）以下为运行整个过程的代码：

```
if __name__ == '__main__':
    numpy.random.seed(0)

    # 用 2 个输入、2 个隐藏和 1 个输出神经元初始化神经网络
    nn = NeuralNetwork([2, 2, 1])

    X = numpy.array([[0, 0],
                     [0, 1],
                     [1, 0],
                     [1, 1]])

    y = numpy.array([0, 1, 1, 0])

    nn.fit(X, y, epochs=10)

    print("Final prediction")
    for s in X:
        print(s, nn.predict(s))

    nn.plot_decision_regions(X, y)
```

使用 numpy.random.seed(0)确保权重初始化在每次运行中保持一致，以便比较每次结果，但它对于神经网络的实现不是必需的。

从图 2.12 中可以观察到 nn.plot_decision_regions 函数方法如何绘制分隔类的超曲面。圆形表示 XOR 函数输入(True, True)和 (False, False)的网络输出，而三角形表示 XOR 函数输入(True, False)和(False, True)的网络输出。

运行以上代码，结果如图 2.12 所示。

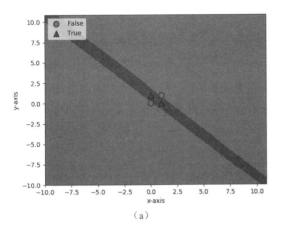 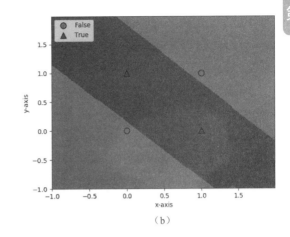

（a） （b）

图 2.12 运行结果

两张图表示同一输出结果，图 2.12（a）缩小了所选的输入，图 2.12（b）放大了所选的输入。神经网络学习分离这些点，从而创建一个包含两个 True 输出值的带状区域。通过修改 lot_decision_regions 函数中的 x1_min、x1_max、x2_min 和 x2_max 变量可以生成缩小的图像。

具有不同架构的网络可以产生不同的分隔区域。实例化网络时，读者可以尝试不同的隐藏层组合。当构建默认网络 nn = NeuralNetwork([2,2,1])时，第一个和最后一个值（2 和 1）表示输入层和输出层，并且无法修改，但是可以添加不同数目的隐藏层及其神经元。例如，([2,4,3,1]) 表示一个三层神经网络，其中第一个隐藏层包含四个神经元，第二个隐藏层包含三个神经元。读者可以观察到，当网络找到正确的解决方法时，分隔区域的曲线将会有所不同，具体取决于所选的架构。现在，nn = NeuralNetwork([2,4,3,1])将产生如图 2.13 所示的分隔区域。

nn = NeuralNetwork([2,4,1])将产生如图 2.14 所示的分隔区域。

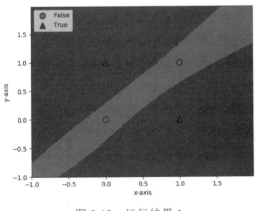 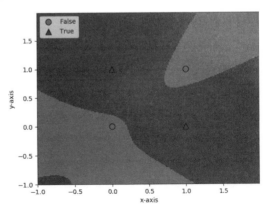

图 2.13 运行结果 1 图 2.14 运行结果 2

神经网络的架构定义了网络解决当前问题的方式，不同的架构提供了不同的方法（尽管它们都可能给出相同的结果）。

2.4　小结

本章详细介绍了神经网络，并提到了它们相对于其他竞争算法的优秀之处。神经网络由相互连接的神经元（或单元）组成，其中连接的权重表现了不同神经元之间通信的强度。本章还介绍了不同的网络架构、神经网络如何可以有多个层以及内部（隐藏）层为何非常重要。基于权重和激活函数解释了信息是如何从输入层流向输出层的，最后讲解了如何训练神经网络，即如何使用小批量梯度下降和反向传播调整权重。

第 3 章将继续介绍深度神经网络，将特别解释深度学习的含义，它不仅指网络中隐藏层的数量，还指网络的学习质量。为此，将展示神经网络如何学习识别特征，并将特征组合成更大对象的表示。此外，还将描述几个重要的深度学习库。最后，提供一个将神经网络应用于手写数字识别的具体示例。

第 **3** 章

深度学习基础

本章将介绍深度学习和深度神经网络，即具有多个隐藏层的神经网络。基于万能近似定理，读者可能好奇为何使用多个隐藏层。这个问题不简单，并且在很长一段时间内，神经网络都是使用多个隐藏层。无须赘述，原因之一是逼近复杂函数可能需要在隐藏层中使用大量神经元，但此原因并不切实际。使用深度网络还有另一个更重要的原因，它与隐藏层的数量不直接相关，而与学习水平直接相关。深度网络不是简单地学习给定输入 X 和预测输出 Y，还需理解输入的基本特征，它能够学习输入样本特征的抽象性，理解样本的基本特征，并根据这些特征作出预测。这是其他基本机器学习算法和浅层神经网络所缺少的抽象层次。

本章将涵盖以下内容：

- 深度学习导论。
- 深度学习的基本概念。
- 深度学习算法。
- 深度学习的应用。
- 深度学习流行的原因。
- 流行的开源库。

3.1 深度学习导论

2012 年，Alex Krizhevsky、Ilya Sutskever 和 Geoff Hinton 发表了一篇具有里程碑式意义的论文，标题为"使用深度卷积神经网络进行 ImageNet 分类"（网址为 https://papers.nips.cc/paper/4824-imagenet-classification-with-deep-convolutional-neural-networks.pdf）。该论文介绍了他们使用神经网络在同一年的 ImageNet 比赛中获胜的情况。论文的最后写道："值得注意的是，如果移除单个卷积层，则网络性能会降低。例如，移除任何中间层会导致网络的 top-1 性能损失约 2%，所以深度对于实现结果至关重要。"

他们着重强调深层网络中隐藏层数量的重要性。Alex Krizhevsky、Ilya Sutskever 和 Geoff Hinton 谈论的卷积层会在第 4 章介绍，但目前基本的问题仍然是：这些隐藏层有何作用？

一图胜过千言万语。接下来通过图示法解释什么是深度学习。将使用来自高引用论文《用于分层表示的可伸缩无监督学习的卷积深度置信网络》（网址为 https://ai.stanford.edu/~ang/papers/icml09-ConvolutionalDeepBeliefNetworks.pdf）中的图片。在 H.Lee、R.Grosse、R.Ranganath 和 A.Ng 所撰写的《国际机器学习会议（ICML）（2009）》论文集中，作者用不同种类的物体或动物的图片训练了一个神经网络。从图 3.1 中可以观察到网络的不同层是如何学习输入数据的不同特征的。在第一层，网络学习检测了一些小的基本特征，如线条和边缘，这些特征对所有类别的所有图像都是通用的。

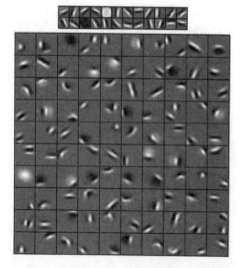

图 3.1　训练后的第一层权重（顶部）和第二层权重（底部）

在第二层中（见图 3.1），它结合了这些线条和边缘以组成针对每个类别的更复杂的特征。在图 3.2 的第 1 行图中可以观察到网络如何检测人脸、汽车、大象等的不同特征，如人脸的眼睛、鼻子和嘴巴，汽车的车轮、车门，椅子的扶手、椅面等。这些特征是抽象的，即网络已经学习了特征（如嘴巴或鼻子）的一般形状，并且可以在输入数据中检测到该特征，尽管输入可能会有所变化。

人脸　　　　　汽车　　　　　大象　　　　　椅子　　人脸、汽车、飞机、摩托车

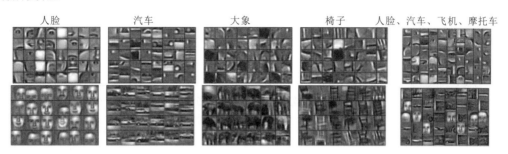

图 3.2　特征检测

图 3.2 的第 1～4 列表示为特定对象类别（类）学习的第二层（顶部）和第三层（底部）权重。第 5 列表示为四个对象类别（人脸、汽车、飞机和摩托车）混合学习的权重。

在图 3.2 的第 2 行中可以看出，在更深的层中，网络如何将这些特征组合到更复杂的特征中，如人脸和整个汽车。深层神经网络的一个优点是，它们可以自己学习这些高级抽象表示，并从训练数据中推论得出。

3.2　深度学习的基本概念

1801 年，法国人 Joseph-Marie Jacquard 发明了 Jacquard Loom（提花织机），并将其命名为 Jacquard，他并不是一名科学家，而是一名商人。提花织机使用一组打孔卡，其中每张卡都代表要在织机上复制的图案。那时打孔卡片已被用作输入代码的手段，如 1890 年 Herman Hollerith 发明的制表机，或者第一台计算机。在制表机中，卡片只是对样本的抽象，这些样本将被输送到机器中以计算总体统计数据。但是在提花织机中，它们的用法很巧妙，每张卡都代表一种图案的抽象，该图案可以与其他图案组合以创建更复杂的图案。打孔卡是实体（最终的编织设计）特征的抽象表示。

提花织机以某种方式播撒下深度学习的种子，即实体是由其特征表示定义的。深度神经网络不是简单地判断猫是猫，松鼠是松鼠的原因，而是理解猫和松鼠分别具有的特征。然后学会使用这些特征设计猫或松鼠的花形。如果要使用提花织机设计出猫形的编织图案，则需要使用鼻子上带有胡须的打孔卡，以及优雅而纤细的身体。相反，如果要设计松鼠，则需要使用制作毛茸茸的尾巴的打孔卡。学习其输出的基本表示形式的深度网络可以使用其所作的假设进行分类。例如，如果没有毛茸茸的尾巴，那么它很可能不是一只松鼠，而是一只猫。通过这种方式，网络学习的信息量就更加完整和健壮，最新奇的部分是深层神经网络能够自动地学习特征。

为了说明深度学习的工作原理，需要思考识别简单几何图形（如立方体）的任务，如图 3.3 所示。立方体由相交于顶点的边（或线）组成。假设三维空间中的每个可能点都与一个神经元相关联（暂时忽略这将需要无限数量的神经元）。所有的点/神经元都在多层前馈网络的第一（输入）层中。如果相应点位于一条线上，则输入点/神经元处于激活状态。位于公共线（边）上的点/神经元与下一层中的单个公共边/神经元有很强的正连接，它们与下一层中的所有其他神经元都有负连接。唯一不同的是位于顶点的神经元。每个这样的神经元同时位于三个边缘上，并连接到后续层中对应的三个神经元。

现在有两个隐藏层，具有不同的抽象级别——第一个用于点，第二个用于边。但这还不足以对网络中的整个立方体进行编码。尝试使用另一个用于顶点的层。此处第二层的每三个激活边/神经元（形成顶点）与第三层的单个公共顶点/神经元具有明显的正连接。由于立方体的一条边形成两个顶点，因此每条边/神经元将与两个顶点/神经元正连接，与所有其他顶点/神经元负连接。最后，介绍最后一个隐藏层（立方体）。形成立方体的四个顶点/神经元将与立方体/层中的单个立方体/神经元有正连接。

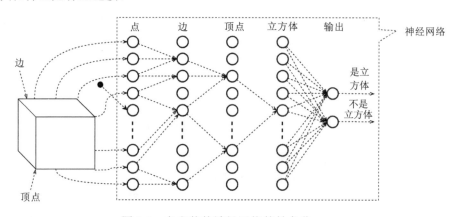

图 3.3　立方体的神经网络的抽象化

立方体表示示例过于简化，但可以从中得出几个结论。其中之一是深度神经网络非常适合分层组织的数据。例如，图像由像素组成，这些像素形成线、边、面等。深度神经网络同样适用于语音和文本，在语音中，构成要素被称为音素；在文本中，构成要素有字符、单词和句子。

在前面的示例中，故意将层指定给特定的立方体特征，但在实践中，并不会这样做。相反，深度神经网络将在训练过程中自动"发现"特征，但有些特征可能不是一目了然的。此外，在网络的不同层中编码的特征级别也未知。示例更类似于经典的机器学习算法，用户必须利用自己的经验选择他们认为最好的特征。这一过程称为特征工程，可能会耗费大量人力和时间。允许网络自动发现特征不仅更容易，而且这些特征高度抽象，这使得它们对噪声不那么敏感。例如，人类视觉可以在不同的光照条件下，甚至在部分视线模糊的情况下，识别出不同形状、大小的物体；人类可以辨认出不同发型、不同面部特征的人，甚至当他们戴着帽子或围巾遮住嘴巴时也是如此。同样，网络学习的抽象特征将有助于它更好地识别人脸，即使在更具挑战性的条件下也是如此。

3.3 深度学习算法

3.1 节和 3.2 节简单介绍了深度学习。下面将对其关键概念给出更精确的定义，这些概念将在接下来的章节中详细介绍。

3.3.1 深度网络

深度学习可以定义为机器学习的一类，其中信息在层次结构中进行处理，以理解日益复杂的数据表示和特征。实际上，所有深度学习算法都是神经网络，它们具有一些共同的基本属性，即都由相互连接的神经元组成，这些神经元是分层组织的。它们的不同之处在于网络架构（或神经元在网络中的组织方式），有时在训练方式上还会有所不同。考虑到这些不同，神经网络大致可以分为以下类别：

- 多层感知器：一种具有前馈传播、全连接层和至少一个隐藏层的神经网络。
- 卷积神经网络：卷积神经网络是一种具有若干特殊层的前馈神经网络。例如，卷积层通过在输入信号上滑动过滤器对输入图像（或声音）应用过滤器，以产生 n 维激活映射。一些证据表明，卷积神经网络中的神经元组织与大脑视觉皮层中生物细胞的组织方式相似。到目前为止，本书已经多次提到卷积神经网络，这并不是巧合——如今，它们在大量计算机视觉和自然语言处理任务上的表现优于所有其他机器学习算法。
- 循环网络：这种类型的网络有一个内部状态（或记忆），它基于已经输入到网络的全部或部分输入数据。循环网络的输出是其内部状态（输入记忆）和最新输入样本的组合。同时，内部状态发生变化，用以并入新输入的数据。由于这些特性，循环网络非常适合处理序列数据（如文本或时间序列数据）的任务。
- 自编码器：一类无监督的学习算法，其中输出形状与输入相同，从而使网络可以更好地学习基本表示。

当代深度学习简史

除上述模型外，本书的第一版还包含诸如受限玻尔兹曼机（RBM）和深度置信网络（Deep Belief Nets，DBN）之类的网络。它们由加拿大科学家 Geoffrey Hinton（著名的深度学习研究人员）推广。在 1986 年，他还是反向传播的发明者之一。RBM 是生成式神经网络的一种特殊类型，其中神经元被组织为两层，即可见层和隐藏层。与前馈网络不同，RBM 中的数据可以双向流动——从可见单元到隐藏单元，反之亦然。2002 年，Hinton 引入对比散度算法，这是一种用于训练 RBM 的无监督算法；在 2006 年，他引入了 DBN，这是通过堆叠多个 RBM 形成的深度神经网络。正是由于他们发明的新颖的训练算法，才有可能创建一个具有比以前更多隐藏层的 DBN。为了便于理解，此处需要解释为什么在此之前训练深度神经网络如此困难。过去，选择的激活函数是 Logistic Sigmoid，如图 3.4 所示。

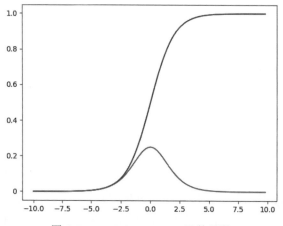

图 3.4　Logistic Sigmoid 及其导数

现在知道要训练神经网络，需要计算激活函数的导数（以及所有其他导数）。Sigmoid 导数在非常窄的区间内具有明显的值，以 0 为中心，在所有其他情况下向 0 收敛。在具有多个层的网络中，当导数传播到网络的第一层时，很可能会收敛到 0。实际上，这意味着不能更新这些层中的权重。该问题（称为梯度消失）连同其他一些问题阻碍了深度网络的训练。通过堆叠预先训练的 RBM，DBN 能够缓解（但不能解决）这一问题。

但是，训练 DBN 并不容易。训练步骤如下：

● 使用对比散度算法训练每一个 RBM，并逐步将它们堆叠在一起。此阶段称为预训练。
● 实际上，预训练可作为下一阶段的复杂的权重初始化算法，称为微调（Fine-Tuning）。通过微调，将 DBN 转换为常规的多层感知器，并继续使用监督的反向传播对其进行训练。

但是，由于算法的改进，现在可以使用普通的旧反向传播训练深度网络，从而有效地消除了预训练阶段。在接下来的章节中将讨论这些改进，但是就目前而言，只能说这些算法使 DBN 和 RBM 变得过时了。毫无疑问，单从研究的角度而言，DBN 和 RBM 很有趣，但实际上已很少使用。

3.3.2　训练深度网络

在实践中，几乎总是使用随机梯度下降（SGD）和反向传播。在某种程度上，这种组合经受住了时间的考验，比其他算法（如 DBN）寿命更长。虽然如此，SGD 还有一些值得进步的空间。

后面将要介绍的动量是对 Vanilla SGD 的有效改进。回顾在第 2 章中介绍的权重更新规则。

（1） $w \to w - \lambda \nabla (J(w))$ ，其中 λ 是学习率。

为了包括动量，将向该式添加另一个参数。

（2）计算权重更新值：

$$\Delta w \to \mu \Delta w - \lambda \nabla (J(w))$$

（3）更新权重：

$$w \to w + \Delta w$$

上一个公式中，分量 $\mu \Delta w$ 是动量；Δw 表示权重更新的先前值；μ 是系数，它将确定新值在多大程度上依赖于先前值。为了便于解释，观察图 3.5，比较 Vanilla SGD 和带有动量的 SGD。同心椭圆表示误差函数的曲面，其中最内侧的椭圆是最小值，最外侧的椭圆是最大值。把损失函数曲面看作山丘的曲面。现在，假设在山顶上拿着一个球（最大值）。如果把球扔下去，由于地球的引力，它将开始向山底部（最小值）滚动。它滚动的距离越远，它的速度就会增加得越多。换言之，它将获得动量（优化的名称因此而得名）。因此，它会更快地到达山底部。如果由于某种原因，重力不存在，球将以其初始速度滚动，并且球会更缓慢地到达底部。

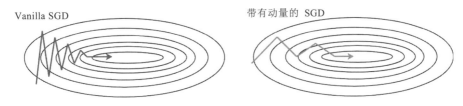

Vanilla SGD　　　　　　　　带有动量的 SGD

图 3.5　Vanilla SGD 和带有动量的 SGD 之间的比较

在实践中，可能会遇到其他梯度下降优化，如 Nesterov 动量、ADADELTA、RMSProp 和 Adam，其中一些将在本书的后续章节中进行讲解。

3.4　深度学习的应用

总的来说，机器学习，特别是深度学习，在预测、特征检测和分类的质量等方面产生了越来越惊人的结果。这些最新的研究结果中，有很多已广为人知。这就是进步的步伐，这也令一些专家开始担心机器将很快比人类更智能。希望读者在阅读完本书后，对任何此类恐惧有所缓解。不论更好或更坏，机器距离人类的智能水平仍很远。

第 2 章提到了深度学习算法是如何在 ImageNet 竞争中占据领先地位的。它的成功足以使其从学术领域跃升到工业领域。下面介绍一些深度学习的实际用例。

● 如今，新车都自带一套安全和便利的功能，旨在使驾驶更安全、体验性更好、压力更小。
如果汽车遇到障碍物，这种功能之一就是自动紧急制动。还有一个是车道保持辅助系统，它可以使车辆停留在当前车道上，而驾驶员无须对方向盘进行调整。为了识别车道标记、其他车辆、行人和骑行者，这些系统使用了前置摄像头。这种系统著名的供应商之一Mobileye 已经生产出了定制芯片，这些芯片使用卷积神经网络检测前方道路上的对象。从英特尔在 2017 年收购 Mobileye 就足以看出这一领域的重要性。特斯拉著名的自动驾驶系统也依靠卷积神经网络获得相同的结果。实际上，特斯拉的 AI 总监是深度学习领域著名的研究人员。因此，未来的自动驾驶汽车还将使用深度网络进行计算机视觉研究。

● 谷歌的 Vision API 和亚马逊的 Rekognition 服务使用深度学习模型提供各种计算机视觉功能。这些功能包括识别和检测图像中的对象和场景、文本识别、人脸识别等。

● 如果这些 API 不够用，读者可以在云中运行自己的模型。例如，使用亚马逊的 AWS Deep Learning AMI（Amazon Machine Images，网址为 https://aws.amazon.com/machine-learning/amis/），这些虚拟机配置了一些流行的机器学习库。谷歌通过 Cloud AI 提供了类似的服务，但又向前迈进了一步。谷歌创建了 Tensor 处理单元（Tensor Processing Units，TPU，网址为 https://cloud.google.com/tpu/）——微处理器，针对快速神经网络操作（如矩阵乘法和激活函数）进行了优化。

● 深度学习在医疗应用中具有很大的潜力。但是，严格的监管要求以及患者数据的机密性降低了其应用速度。尽管如此，深度学习将可能对以下两个领域产生重大影响。

◆ 医学成像是各种非侵入性方法的总称，用于创建身体内部的视觉表示，其中包括磁共振成像（Magnetic Resonance Imaging，MRI）、超声、计算机轴向断层扫描（Computed Axial Tomography，CAT）、X 射线和组织学图像。通常，医学专业人员会分析这样的图像，以确定患者的状况。计算机辅助诊断，特别是计算机视觉，可以通过检测和突出图像的重要特征帮助专家诊断疾病。例如，为了确定结肠癌的恶性程度，病理学家必须使用组织学成像分析腺体的形态。这是一项具有挑战性的任务，因为腺体形态变化很大。深度神经网络可以自动从图像中分割腺体，让病理学家验证结果。这将减少分析所需的时间，使其更便宜且更易于使用。

◆ 另一个从深度学习中获益的医学领域是对病史记录的分析。当医生诊断出患者的病情并开出治疗处方时，医生会先咨询患者的病史。深度学习算法可以从病史记录中提取相关和重要的信息，即使记录是手写的。这样，医生的工作将变得更容易，并且也会降低出错的风险。

● 谷歌的神经机器翻译 API（网址为 https://arxiv.org/abs/1611.04558）使用深度神经网络进行机器翻译。

● 谷歌 Duplex 是另一个深度学习超乎寻常的真实演示，是一种可以通过电话进行自然对话的新系统。例如，它可以代表用户预订餐厅。它使用深度神经网络，既可以理解对话，也可以生成逼真的、人性化的回复。

● 苹果 Siri（网址为 https://machinelearning.apple.com/2017/10/01/hey-siri.html）、谷歌 Assistant 和亚马逊 Alexa（网址为 https://aws.amazon.com/deep-learning/）依靠深度网络进行语音识别。

● AlphaGo 是一款基于深度学习的人工智能机器，它在 2016 年击败了世界围棋冠军成为当时的热点新闻。AlphaGo 在 2016 年 1 月击败欧洲冠军时就已成为新闻。尽管在当时看来，它不可能继续击败世界冠军。进化了几个月，AlphaGo 以 4∶1 的总比分横扫对手，实现了这一非凡壮举。这是一个重要的里程碑，因为 AlphaGo 比其他游戏（如国际象棋）具有更多的游戏变化，而且不能事先考虑好每一步可能的走法。另外，与国际象棋不同，AlphaGo 在围棋中甚至很难判断棋盘上一枚棋子的当前位置或价值。2017 年，DeepMind 发布 AlphaGo 的更新版本 AlphaZero（网址为 https://arxiv.org/abs/ 1712.01815）。

神经网络是模式识别的代表，模式识别是人工智能的一种可能方法。模式识别是自动识别数据中的模式和规律的过程。换言之，在模式识别中，计算机使用机器学习自己学习数据的特征。与之相反的方法是使用手工编写的规则（由人类硬编码）。

以上涵盖了应用深度学习的主要领域，如计算机视觉、自然语言处理、语音识别和强化学习。上述叙述并不详尽，因为深度学习算法还有许多其他用途。不过，希望以上应用可以激发读者的兴趣。

3.5 深度学习流行的原因

如果读者从很早之前就开始关注机器学习，则可能已经发现很多机器学习算法并不新鲜。本书在 3.3.1 小节中给出了一些提示，现在观察更多的示例。多层感知器已经存在了近 50 年。反向传播已经被发现过两次，但最终在 1986 年得到了认可。著名计算机科学家 Yann LeCun 在 20 世纪 90 年代完善了他在卷积网络方面的工作。1997 年，Sepp Hochreiter 和 Jürgen Schmidhuber 发明了长短期记忆，它是一种至今仍在使用的循环神经网络。在这一节中，尝试理解现在为什么处于 "AI 夏天"，以及以前为什么处于 "AI 冬天"。

第一个原因是，现在拥有比过去更多的数据。互联网和软件在不同行业中的兴起产生了许多计算机可访问的数据。现在还有更多基准数据集，如 ImageNet。随之而来的是希望通过分析从数据中提取价值。而且，深度学习算法在使用大量数据进行训练时效果更好。

第二个原因是计算能力的提高。这在图形处理单元（GPU）的处理能力急剧增加中表现最为明显。在架构上，中央处理器（CPU）由多个核组成，这些核可以一次处理多个线程，而 GPU 由数百个核组成，可以并行处理数千个线程。与 CPU（主要是串行单元）相比，GPU 是高度可并行化的单元。神经网络的组织方式利用了这种并行架构。

正如现在所知，来自网络层的神经元并不与来自同一层的神经元相连。因此，可以独立计算该层中每个神经元的激活，这意味着可以并行计算神经元的激活。为了便于理解，使用两个顺序全连接层，其中输入层有 n 个神经元，第二层有 m 个神经元。每个神经元的激活值为

$a_j = \sum_i w_{ij} \cdot x_i$。如果使用向量的形式表示，则为 $a_j = f(\vec{x} \cdot \vec{w_j})$，其中 x 和 w 是 n 维向量（因为输入大小是 n）。接下来将第二层中所有神经元的权重向量组合在一个 n 乘 m 维矩阵 W 中。如果使用任意大小 k 的小批量输入训练网络，可将一个小批量输入向量表示为 k 乘 n 维矩阵 X。通过将整个小批量输入作为单个输入在网络中传播以执行优化。把所有这些放在一起，对于小批量中的所有输入向量，可以计算第二层的所有神经元激活 Y（使用矩阵乘法 $Y = XW$ 计算）。这种高度并行化的操作可以充分利用 GPU 的优势。

此外，CPU 针对延迟进行了优化，GPU 针对带宽进行了优化。这意味着 CPU 可以非常快地获取较小的内存块，但获取大内存块的速度会很慢。GPU 与之相反。对于具有许多层的深度网络中的矩阵乘法，带宽成为瓶颈，而不是延迟。此外，GPU 的一级缓存比 CPU 的一级缓存快得多，也更大。一级缓存表示程序下一步可能使用的信息的内存，存储该数据可以加快处理速度。许多内存在深度神经网络中得到了重用，这就是一级缓存很重要的原因。

但是，即使在这些有利条件下，仍然没有解决训练深度神经网络的问题，如梯度消失。由于结合了算法的改进，现在有可能在这种结合的帮助下训练具有几乎任意深度的神经网络。这些改进包括更好的激活函数、ReLU、训练前更好的网络权重初始化、新的网络架构以及新类型的正则化技术，如批归一化。

3.6 流行的开源库

有许多开源库允许使用 Python 创建深度神经网络，而不必从头开始显式地编写代码。本书将使用三种流行的库：TensorFlow、Keras 和 PyTorch。它们都有以下共同特点：

- 数据存储的基本单位是张量。可将张量视为矩阵到更高维度的一般化。在数学上，张量的定义更为复杂，但是在深度学习库中，它们是基值的多维数组。张量类似于 NumPy 数组，由以下内容组成：
  - 张量元素的基本数据类型。它们在库之间可能有所不同，但通常包括 16 位、32 位和 64 位浮点型以及 8 位、16 位、32 位和 64 位整型。
  - 任意数量的轴（也称为张量的秩、阶或度）。0 维张量只是一个标量值，一维是向量，二维是矩阵，以此类推。在深度网络中，数据以 n 个样本为一批进行传播。这样做是出于性能方面的考虑，但它也适合于随机梯度下降的概念。例如，如果输入数据是一维的，XOR 值为[0, 1]、[1, 0]、[0, 0]和[1, 1]，实际上将使用二维张量[[0, 1], [1, 0], [0, 0], [1, 1]]代表一个批量中的所有样本。或者将二维灰度图像表示为三维张量。在深度学习库中，张量的第一个轴表示不同的样本。
  - 形状：张量每个轴的大小（值的数目）。例如，上例中的 XOR 张量将具有(4,2)的形状，表示一批 32 张 128×128 像素的张量将具有(32,128,128)的形状。

- 将神经网络表示为运算的计算图。用图的节点表示运算（加权总和、激活函数等）。用边表示数据流，上面内容说明了一个运算的输出是如何成为下一个运输的输入的。运算的输入和输出（包括网络输入和输出）都是张量。
- 所有库都包括自动微分。这意味着，只需定义网络架构和激活函数，库就会自动计算出训练反向传播所需的所有导数。
- 所有的库都使用 Python。
- 到目前为止，通常只提到 GPU，但实际上，绝大多数深度学习项目仅与 NVIDIA GPU 配合使用。之所以如此，是因为 NVIDIA 提供了更好的软件支持。这些库也不例外，要实现 GPU 操作，它们依赖于 CUDA 工具包和 cuDNN 库的结合。cuDNN 是 CUDA 的扩展，专门针对深度学习应用程序而构建。读者还可以在云中运行深度学习实验。

对于这些库，本书将快速描述如何在 GPU 和 CPU 之间切换。本书中的大部分代码都可以在 CPU 或 GPU 上运行，这取决于读者所使用的硬件。

在编写本书时，这些库的最新版本如下：

- TensorFlow 1.12.0。
- PyTorch 1.0。
- Keras 2.2.4。

这些库将贯穿于整本书。

3.6.1　TensorFlow、Keras、PyTorch 简介

1. TensorFlow

TensorFlow（网址为 https://www.tensorflow.org）是流行的深度学习库之一。它由谷歌开发和维护。使用者无须明确要求使用 GPU，TensorFlow 会自动尝试使用它。如果有多个 GPU，则必须为每个 GPU 明确分配运算，否则将仅使用第一个 GPU。为此，只需输入以下代码：

```
with tensorflow.device("/gpu:1"):
    # 此处为模型定义
```

device 中的参数示例如下：

- "/cpu:0"：机器的主 CPU。
- "/gpu:0"：机器的第一个 GPU（如果存在）。
- "/gpu:1"：机器的第二个 GPU（如果存在）。
- "/gpu:2"：机器的第三个 GPU（如果存在）。

与学习其他库相比，学习 TensorFlow 难度更大。可参考 TensorFlow 文档以了解如何使用它。

2．Keras

Keras 是运行在 TensorFlow、CNTK（网址为 https://github.com/Microsoft/CNTK）或 Theano 之上的高级神经网络 Python 库。本书假定在后端使用 TensorFlow。Keras 可以执行快速实验，与 TensorFlow 相比，更易于使用。Keras 将自动检测可用的 GPU 并尝试使用。如果未检测到可用 GPU，它将恢复到 CPU。如果希望手动指定设备，则可以导入 TensorFlow 并使用与 3.6.1 小节中 TensorFlow 相同的代码。

读者可以参考在线文档（网址为 http://keras.io）以获取更多关于 Keras 的信息。

3．PyTorch

PyTorch（网址为 https://pytorch.org/）是一个基于 Torch 的深度学习库，由 Facebook 开发。它相对容易使用，现在很受欢迎。它将自动选择 GPU（如果可用），否则恢复到 CPU。如果要显式选择设备，可以使用以下示例代码：

```
# 在脚本开头
device = torch.device("cuda:0" if torch.cuda.is_available() else "cpu")
...
# 每当获得新张量或模块时
# 如果它们已经在所需设备上，则不会复制
input = data.to(device)
model = MyModule(...).to(device)
```

3.6.2　使用 Keras 对手写数字进行分类

本节将使用 Keras 对 MNIST 数据集的图像进行分类。它由 70 000 张不同人的手写数字组成。前 60 000 张通常用于训练，其余 10 000 张用于测试，如图 3.6 所示。

图 3.6　从 MNIST 数据集中获取的数字样本

Keras 的优点之一是它可以导入此数据集，而无须从网络上显式下载（它会自动下载）。

（1）使用 Keras 下载数据集，代码如下：

```
from keras.datasets import mnist
```

（2）导入一些类以使用前馈网络，代码如下：

```
from keras.models import Sequential
from keras.layers.core import Dense, Activation
from keras.utils import np_utils
```

（3）加载训练和测试数据，(X_train, Y_train)是训练图像和标签，而(X_test, Y_test)是测试图像和标签，代码如下：

```
(X_train, Y_train), (X_test, Y_test) = mnist.load_data()
```

（4）对它进行数据修改才能使用。X_train 包含 60 000 张 28×28 像素的图像，X_test 包含 10 000 张图像。为了将它们作为输入提供给网络，此时希望将每个样本重塑为 784 像素长的数组，而不是一个(28,28)二维矩阵。通过以下代码可以完成此操作：

```
X_train = X_train.reshape(60000, 784)
X_test = X_test.reshape(10000, 784)
```

（5）标签表示图像中描绘的数字的值。希望将标签转换为 10 个条目的独热编码（One-Hot Encoding）向量，该向量由 0 和与该数字相对应的条目中的一个 1 组成。例如，4 映射到 [0, 0, 0, 0, 1, 0, 0, 0, 0, 0]，网络将有 10 个输出神经元，代码如下：

```
classes = 10
Y_train = np_utils.to_categorical(Y_train, classes)
Y_test = np_utils.to_categorical(Y_test, classes)
```

（6）在调用 main 函数之前，还需要设置输入层的大小（MNIST 图像的大小）、隐藏神经元的数量、用于训练网络的 epoch 数量以及最小批大小，代码如下：

```
input_size = 784
batch_size = 100
hidden_neurons = 100
epochs = 100
```

（7）准备定义网络。本例将使用 Sequential 模型，其中每一层都用作下一层的输入。在 Keras 中，Dense 表示全连接层。本例将使用具有一个隐藏层、Sigmoid 激活和 Softmax 输出的网络，代码如下：

```
model = Sequential([
    Dense(hidden_neurons, input_dim=input_size),
    Activation('sigmoid'), Dense(classes),
    Activation('softmax')
])
```

（8）Keras 现在提供了一种简单的方法以指定代价函数（损失）及进行优化，本例中为交叉熵和随机梯度下降。本例将使用学习率、动量等的默认值，代码如下：

```
model.compile(loss='categorical_crossentropy', metrics=['accuracy'],
optimizer='sgd')
```

第 2 章学习了如何将回归应用于二分类（两个类别）问题。Softmax 函数是该概念在多个类中的推广。观察以下公式：

$$F(x_i) = \frac{e^{x_i}}{\sum\limits_{j=1}^{n} e^{x_j}}$$

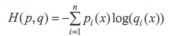

其中，i，$j = 0$、1、2、…、n，x_i 表示 n 个任意实数值中的每一个，对应于 n 个互斥类别。Softmax 函数在$(0, 1)$区间"压缩"输入值，类似于 Logistic 函数。但是它具有额外的属性，即所有压缩输出的总和加起来为 1。Softmax 输出可以解释为类的归一化概率分布。然后，使用损失函数比较有意义，该函数将估计的类别概率与实际类别分布之间的差异进行比较（该差异称为交叉熵）。如步骤（5）中所述，实际分布通常是独热编码向量，其中实际类别的概率为 1，所有其他类别的概率为 0。这种损失函数称为交叉熵损失，公式如下：

$$H(p,q) = -\sum_{i=1}^{n} p_i(x) \log(q_i(x))$$

其中，$q_i(x)$是输出属于第 i 类（总共 n 个类）的估计概率，而 $p_i(x)$是实际概率。当对 $p_i(x)$使用独热编码的目标值时，只有目标类具有非零值（即为 1），其他所有目标值均为 0。在本例中，交叉熵损失将仅捕获目标类别上的误差，并将丢弃所有其他误差。为了简单起见，假设将公式应用于单个训练样本。

（9）现在准备训练网络。Keras 中可以使用 fit 方法以简单的方式执行此操作，代码如下：

```
model.fit(X_train, Y_train, batch_size=batch_size, nb_epoch=epochs,
verbose=1)
```

（10）剩下要做的就是添加代码评估测试数据的网络准确性，代码如下：

```
score = model.evaluate(X_test, Y_test, verbose=1)
print('Test accuracy:', score[1])
```

至此便完成了任务。测试准确率约为 96%，这不是一个很好的结果，但是该示例只在 CPU 上运行了不到 30s。读者可以进行一些简单的改进，比如加入更多的隐藏神经元，或者更多的 epoch，以便熟悉代码。

（11）如果要查看网络所学到的内容，可以将隐藏层的权重可视化。以下代码允许获取隐藏层权重，代码如下：

```
weights = model.layers[0].get_weights()
```

（12）为此，将每个神经元的权重调整为 28×28 的二维数组，代码如下：

```
import matplotlib.pyplot as plt
import matplotlib.cm as cm
import numpy

fig = plt.figure()

w = weights[0].T
for neuron in range(hidden_neurons):
    ax = fig.add_subplot(10, 10, neuron + 1)
    ax.axis("off")
    ax.imshow(numpy.reshape(w[neuron], (28, 28)), cmap=cm.Greys_r)

plt.savefig("neuron_images.png", dpi=300)
plt.show()
```

（13）运行以上代码，结果如图 3.7 所示。

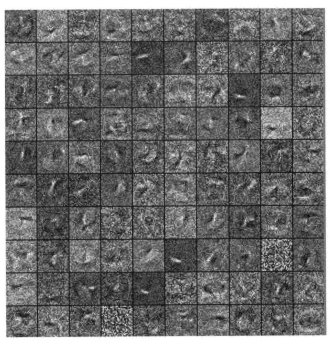

图 3.7　所有隐藏神经元所学内容的合成图

为简单起见，将所有神经元的图像聚合在一个单独的图像中，该图像表示所有神经元的合成。显然，由于初始图像很小并且没有很多细节（它们只是数字），因此隐藏神经元学习到的特征并不引人注意，但很明显，每个神经元都在学习不同的形状。

3.6.3　使用 Keras 对物体图像进行分类

使用 Keras 不仅可以很容易地创建神经网络，而且可以很容易地下载测试数据集。现在尝试使用 CIFAR-10（网址为 https://www.cs.toronto.edu/~kriz/cifar.html）代替 MNIST 数据集。它包含 60 000 张 32×32 像素的 RGB 图像，分为 10 类对象，即飞机、汽车、鸟、猫、鹿、狗、青蛙、马、船和卡车。

（1）用与导入 MNIST 相同的方式导入 CIFAR-10，代码如下：

```
from keras.datasets import cifar10
from keras.layers.core import Dense, Activation
from keras.models import Sequential
from keras.utils import np_utils
```

（2）将数据分成 50 000 张训练图像和 10 000 张测试图像。同样，需要将图像重塑为一维数组。在本例中，每张图像都有 3 个 32×32 像素的颜色通道（红色、绿色和蓝色），因此 32×32×3=3 072，代码如下：

```
(X_train, Y_train), (X_test, Y_test) = cifar10.load_data()

X_train = X_train.reshape(50000, 3072)
X_test = X_test.reshape(10000, 3072)

classes = 10
Y_train = np_utils.to_categorical(Y_train, classes)
Y_test = np_utils.to_categorical(Y_test, classes)

input_size = 3072
batch_size = 100
epochs = 100
```

（3）该数据集比 MNIST 更复杂，网络必须对此进行反映。尝试使用具有三个隐藏层和比上一个示例更多的隐藏神经元的网络，代码如下：

```
model = Sequential([
    Dense(1024, input_dim=input_size),
    Activation('relu'),
    Dense(512),
    Activation('relu'),
    Dense(512),
    Activation('sigmoid'),
    Dense(classes),
    Activation('softmax')
])
```

（4）使用一个额外的参数 validation_data=(X_test, Y_test)运行训练，该参数会将测试数据用作验证集，代码如下：

```
model.compile(loss='categorical_crossentropy', metrics=['accuracy'],
optimizer='sgd')
model.fit(X_train, Y_train, batch_size=batch_size, epochs=epochs,
validation_data=(X_test, Y_test), verbose=1)
```

（5）将来自第一层的 100 个随机神经元的权重可视化。将权重调整为 32×32 数组，并计算 3 个颜色通道的平均值以生成灰度图像，代码如下：

```
import matplotlib.pyplot as plt
import matplotlib.cm as cm
import matplotlib.gridspec as gridspec
import numpy
import random

fig = plt.figure()
outer_grid = gridspec.GridSpec(10, 10, wspace=0.0, hspace=0.0)

weights = model.layers[0].get_weights()

w = weights[0].T

for i, neuron in enumerate(random.sample(range(0, 1023), 100)):
    ax = plt.Subplot(fig, outer_grid[i])
    ax.imshow(numpy.mean(numpy.reshape(w[i], (32, 32, 3)), axis=2),
    cmap=cm.Greys_r)
    ax.set_xticks([])
    ax.set_yticks([])
    fig.add_subplot(ax)

plt.show()
```

（6）运行以上代码，如果一切按计划进行，结果如图 3.8 所示。

第一层 100 个随机神经元的权重合成图与 MNIST 不同的是，没有明确的迹象表明神经元可能学到的特征。

与 MNIST 的示例相比，训练花费的时间更长。但到最后，尽管网络规模更大，但训练准确率约为 60%，测试准确率仅为 51%。这是由于数据的复杂性较高。训练精度不断提高，但验证精度在某一时刻停滞不前，表明网络开始过拟合，某些参数开始饱和。

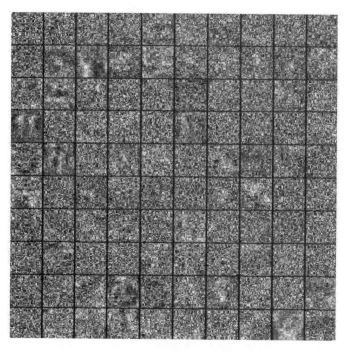

图 3.8 权重合成图

3.7 小结

本章解释了深度学习的概念以及深度学习与深度神经网络的关系；介绍了不同类型的网络以及如何训练它们；此外，还提到了深度学习在现实世界中的许多应用，并试图分析其效率高的原因；最后，介绍了三个流行的深度学习库，即 TensorFlow、Keras 和 PyTorch。使用 Keras实现了两个示例，但尝试对 CIFAR-10 数据集进行分类时，达到了一个较低的精度上限。

第 4 章将介绍如何借助卷积神经网络（流行和有效的深度网络模型之一）改善这些结果。此外，还将介绍卷积神经网络的结构、构造块以及卷积神经网络特别适合用于处理计算机视觉任务的原因。自 2012 年以来，卷积神经网络在一直广受欢迎的 ImageNet 挑战中获胜，其准确率从 74.2%提高到了 97.7%。

第 **4** 章

基于卷积神经网络的
计算机视觉

第 2 章和第 3 章提及 ImageNet 竞赛，然后介绍了深度学习和计算机视觉在现实世界中一些振奋人心的应用，如半自动汽车。

视觉是人类重要的感觉之一。人类采取的任何行动几乎都依赖于它。但长期以来，图像识别一直是计算机科学中难以解决的问题之一。从历史发展而言，人类很难向机器解释特定对象由哪些特征组成以及如何检测它们。但是，正如之前所述，在深度学习中，神经网络可以自己学习这些特征。

本章将涵盖以下内容：

- 卷积神经网络的直观解释。
- 卷积层。
- 卷积层中的步幅和填充。
- 池化层。
- 卷积神经网络的结构。
- 改善卷积神经网络的性能。
- 使用 Keras 和 CIFAR-10 的卷积神经网络示例。

4.1　卷积神经网络的直观解释

人们从感官输入提取的信息通常是由它们的上下文决定的。假设图像与附近的像素是密切相关的，则当附近像素作为一个单元时，图像与像素的整体信息更相关。相反，单个像素不传递彼此相关的信息。例如，为了识别字母或数字，需要分析附近像素的相关性，因为它们决定了元素的形状。通过这种方式便可以算出彼此的差异（如 0 和 1 之间的区别）。如果图像是灰度的，则图像中的像素被组织在一个二维网格中；如果图像是彩色的，则还需一个第三维度数值。

或者，磁共振图像也使用三维空间。到目前为止，如果想要将图像输入神经网络，必须将其从二维数组重塑为一维数组。卷积神经网络的建立就是为了解决以下问题：如何使与较近的神经元有关的信息比来自较远的神经元的信息更相关。在视觉问题上，这个问题转化为让神经元处理来自彼此接近的像素的信息。有了卷积神经网络，提供一维、二维或三维的输入，网络将产生相同维度的输出。稍后将会介绍卷积神经网络所带来的一些优势。

在第 3 章尝试使用全连接层网络对 CIFAR-10 图像进行分类，但收效甚微。原因之一是过拟合。分析该网络的第一个隐藏层，其中包含 1024 个神经元。图像的输入大小为 32×32×3 = 3 072。因此，第一个隐藏层的权重总计为 2072×1024 = 3 145 728。这样一个庞大的网络不仅很容易超负荷运行，而且内存效率也很低。此外，每个输入神经元（或像素）都连接到隐藏层中的每个神经元。正因为如此，网络无法利用像素的空间邻近性，因为它无法知道哪些像素彼此接近。相比之下，卷积神经网络具有为这些问题提供有效解决方案的特性。

- 它们连接仅与图像相邻像素相对应的神经元。通过这种方式，神经元被"强迫"只接受空间上接近的其他神经元的输入。这也减少了权重的数量，因为并不是所有的神经元都是相互连接的。
- 卷积神经网络使用共享参数。换言之，一层中所有神经元之间共享有限数量的权重。这进一步减少了权重数量，并有助于防止过拟合。读者可能感到困惑，阅读完下一节就会清晰明了了。

本章将在计算机视觉的背景下讨论卷积神经网络，所有的解释和示例都将与此相关。然而，卷积神经网络在语音识别、自然语言处理等领域也得到了成功应用，在此处描述的许多解释也适用于这些领域。无论应用于何种领域，卷积神经网络的原理都是相同的。

4.2　卷积层

卷积层是卷积神经网络最重要的组成部分。它由一组过滤器（Filters，也称为核或特征检测器）组成，其中每个过滤器都应用于输入数据的所有区域。过滤器由一组可学习的权重定义。过滤器的原理示意图如图 4.1 所示。

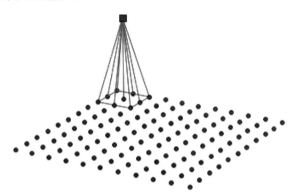

图 4.1　过滤器原理示意图

图 4.1 中显示的是神经网络的二维输入层。为简单起见，假定它是输入层，实际上它可以是网络的任何层。如前几章所述，每个输入神经元代表一个像素的颜色强度（为简单起见，假设它是灰度图像）。首先，将在图像的右上角应用 3×3 过滤器。每个输入神经元与过滤器的单个权重关联。由于有 9 个输入神经元，也就是有 9 个权重，但通常大小是任意的（2×2、4×4、5×5，以此类推）。过滤器的输出是其输入（输入神经元的激活）的加权和。其目的是突出显示输入中的特定特征，如边或线。附近参与输入的一组神经元称为感受野（Receptive Field）。在网络的上下文中，过滤器输出表示下一层神经元的激活值。如果特征出现在这个空间位置，则神经元将激活。

在卷积层中，神经元激活值的定义方式与在第 2 章中定义神经元激活值相同。但在此处，神经元只接受其周围有限数量的输入神经元的输入。这与全连接层相反，在全连接层中，输入来自所有神经元。

到目前为止，已经计算了单个神经元的激活。那其他神经元呢？这很简单！对于每个新的神经元，过滤器将在输入图像上移动，然后用每组新的输入神经元计算其输出（加权和或激活值）。在图 4.2 中可以观察到如何计算下两个位置（向右移一个像素）的激活。

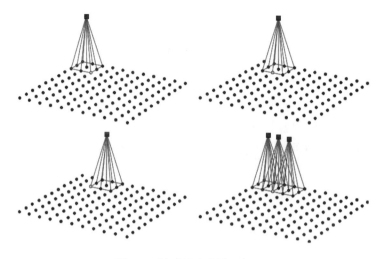

图 4.2　过滤器在图像上移动

移动是指过滤器的权重在整个图像中不会改变。实际上，会使用相同的 9 个过滤器权重计算所有输出神经元的激活，每次使用一组不同的输入神经元，将此称为参数共享（Parameter Sharing），这样做有两个原因：

● 减少权重的数量，既减少了内存占用，又防止了过拟合。

● 过滤器突出显示特定特征。假设这个特征是有用的，而不管它在图像上的位置如何。通过共享权重，可以保证过滤器能够在整个图像中找到特征。

为了计算所有输出激活，将重复该过程，直到遍历整个输入为止。在空间上排列的神经元称为深度切片（Depth Slices）或特征图（Feature Map），说明存在多个切片。切片可以用作网络中其他层的输入。有趣的是，每个输入神经元都是多个输出神经元输入的一部分。例如，当移动过滤器时，图 4.2 中的绿色（浅色）神经元将形成 9 个输出神经元的输入。最后，如同常规层，可以在每个神经元之后使用激活函数。正如第 2 章所述，最常见的激活函数是 ReLU。图 4.3 所示为在切片器上使用过滤器进行卷积的示例。

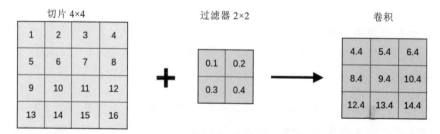

图 4.3　在 4×4 切片上使用 2×2 过滤器进行卷积的示例

　在卷积层，偏置权重也在所有神经元之间共享。将对整个切片使用单个偏置权重。

到目前为止，已经描述了一对一的切片关系，其中输出是单个切片，它从另一个切片（或图像）获取输入。这在灰度下效果很好，但如何使其适用于彩色图像（n 对 1 关系）？这也很简单！首先，将图像分成多个颜色通道。如果是 RGB，则为 3。将每个颜色通道视为一个深度切片，其中的值是给定颜色（R、G 或 B）的像素强度，如图 4.4 所示。

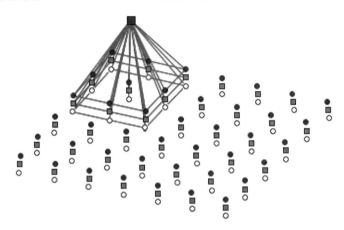

图 4.4　深度为 3 的输入切片示例

切片的组合称为深度为 3 的输入体积（Input Volume）。唯一的 3×3 过滤器应用于每个切片。一个输出神经元的激活只是应用于所有切片的过滤器的加权和。换言之，将这三个过滤器组合成一个 3×3×3+1 的大过滤器，它有 28 个权重（添加了深度和一个偏置）。然后，将通过对每个切片应用相关权重计算加权和。

输入和输出特征映射具有不同的维度。假设有一个大小为（width, height）的输入层和一个维度为（filter_w, filter_h)的过滤器。应用卷积后，输出层的维度为（width − filter_w + 1, height − filter_h + 1）。

如前所述，一个过滤器突出显示一个特定特征，如边或线。但是，就整体而言，许多特征都很重要，如果对所有这些特征都感兴趣，如何突出显示它们？这依然很简单！在一组输入切片上应用多个过滤器。每个过滤器将生成一个唯一的输出切片，该输出切片突出显示由过滤器检测到的特征（n 对 m 的关系）。输出切片可以从以下接收输入：

● 所有输入切片，它是卷积层的标准。在这种情况下，单个输出切片是 n 对 1 关系的一种情况。对于多个输出切片，该关系变为 n 对 m。换言之，每个输入切片对每个输出切片的输出都有贡献。

● 单个输入切片。此操作称为深度卷积（Depthwise Convolution）。这是先前示例的一种逆转。一种最简单的形式，是在单个输入切片上应用过滤器以产生单个输出切片，这是一对一关系的一种情况，前面已进行了描述。还可以指定一个通道乘数（整数 m），此处在单个输出切片上应用 m 个过滤器以产生 m 个输出切片。这是 1 对 m 关系的情况。输

出切片的总数为 $n×m$。

用 F_w 和 F_h 表示过滤器的宽度和高度，用 D 表示输入体积的深度，用 M 表示输出体积的深度。然后，使用以下公式计算卷积层中的权重总数 W：

$$W = (DF_wF_h + 1)M$$

假设有三个切片，并希望对其应用四个 5×5 过滤器。然后，卷积层将有 $(3×5×5 +1)×4 = 304$ 个权重，以及四个输出切片（深度为 4 的输出体积），每个切片有一个偏置。每个输出切片将具有三个 5×5 过滤器切片，分别用于三个输入切片和一个偏置，总共 $3×5×5+1=76$ 个权重。输出映射的组合称为深度为 4 的输出体积。

 全连接层可以视为卷积层的一种特例，其输入体积的深度为 1，过滤器的大小与输入的大小相同，过滤器的总数等于输出神经元的数目。

卷积运算的编码示例

前面已经描述了卷积层是如何工作的，接下来将通过一个直观的示例进一步理解。该示例通过在图像上应用两个过滤器实现卷积运算。为了清晰起见，以下将手动实现过滤器在图像上的移动，并且不使用任何机器学习库。

（1）导入 NumPy，代码如下：

```
import numpy as np
```

（2）定义函数 conv，该函数将整个图像应用卷积。conv 有 image 和 filter 两个参数，image 表示图像本身，filter 表示过滤器。

1）计算输出图像的大小（取决于输入图像和过滤器的大小），从而实例化输出图像 im_c。

2）遍历图像的所有像素，并在每个位置应用过滤器。

3）检查是否有值不在[0, 255]区间内，并在必要时进行修正。

4）显示输入和输出图像以进行比较。

代码如下：

```
def conv(image, im_filter):
    """
    image 参数：一个二维 NumPy 数组表示的灰度图像
    im_filter 参数：二维 NumPy 数组
    """

    # 输入维数
    height = image.shape[0]
    width = image.shape[1]

    # 降维输出图像
    im_c = np.zeros((height - len(im_filter) + 1,
                    width - len(im_filter) + 1))
```

```
# 迭代所有行和列
for row in range(len(im_c)):
    for col in range(len(im_c[0])):
        # 应用过滤器
        for i in range(len(im_filter)):
            for j in range(len(im_filter[0])):
                im_c[row, col] += image[row + i, col + j] * im_filter[i][j]

# 修复越界值
im_c[im_c > 255] = 255
im_c[im_c < 0] = 0

# 绘制图像以进行比较
import matplotlib.pyplot as plt
import matplotlib.cm as cm

plt.figure()
plt.imshow(image, cmap=cm.Greys_r)
plt.show()

plt.imshow(im_c, cmap=cm.Greys_r)
plt.show()
```

（3）接下来下载图像。以下样板代码在模块的全局范围内。它将请求的 RGB 图像加载到 NumPy 数组中，并将其转换为灰度图像，代码如下：

```
import requests
from PIL import Image
from io import BytesIO

# 加载图像
url = "https://upload.wikimedia.org/wikipedia/commons/thumb/8/88/
Commander_Eileen_Collins_-_GPN-2000-001177.jpg/382px-Commander_Eileen_
Collins_-_GPN-2000-001177.jpg?download"
resp = requests.get(url)
image_rgb = np.asarray(Image.open(BytesIO(resp.content)).convert("RGB"))

# 转换为灰度图像
image_grayscale = np.mean(image_rgb, axis=2, dtype=np.uint)
```

（4）在图像中应用不同的过滤器。为了更好地说明，将使用 10×10 Blur 过滤器以及 Sobel 边缘检测器，代码如下：

```
# Blur 过滤器
blur = np.full([10, 10], 1. / 100)
conv(image_grayscale, blur)
```

```
# Sobel 过滤器
sobel_x = [[-1, -2, -1],
          [0, 0, 0],
          [1, 2, 1]]
conv(image_grayscale, sobel_x)

sobel_y = [[-1, 0, 1],
          [-2, 0, 2],
          [-1, 0, 1]]
conv(image_grayscale, sobel_y)
```

（5）运行以上代码，结果如图 4.5 所示。

图 4.5　运行结果

在图 4.5 中，第一幅图像是灰度输入；第二幅图像是 10×10 Blur 过滤器的结果；第三幅和第四幅图像使用了检测器和垂直 Sobel 边缘检测器。

在此示例中，使用了具有硬编码权重的过滤器可视化卷积运算在神经网络中的工作方式。实际上，在网络训练期间将设置过滤器的权重。读者所需要做的就是定义网络架构，如卷积层的数量、输出体积的深度以及过滤器的大小。网络将找出特征，在训练过程中每个过滤器会突出显示这些特征。

4.3　卷积层中的步幅和填充

到目前为止，假设过滤器每次都移动一个像素，但真实情况并非总是如此。过滤器可以移动多个像素。卷积层的这个参数叫作步幅。通常，输入的所有维度的步幅都是相同的。在图 4.6 中，卷积层的步幅为 2。

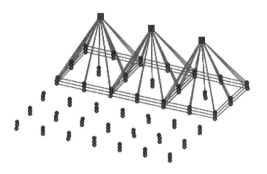

图 4.6　步幅为 2 的过滤器一次移动 2 个像素

通过使用大于 1 的步幅，减小了输出切片的大小。4.2 节为输出大小引入了一个简单的公式，其中包括输入和核的大小。现在将其扩展，把步幅包括进去：((width filter_w) / stride_w + 1, ((height - filter_h) / stride_h + 1)。例如，一个 28×28 输入图像，使用步幅为 1 的 3×3 过滤器卷积生成的正方形切片的输出大小为 28-3 +1 =26。但是，当步长为 2 时，得到 (28-3)/ 2 + 1 = 13。

较大步幅的主要作用是增加输出神经元的感受野。下面使用一个示例解释：如果使用的步幅为 2，则输出切片的大小可能只是输入切片的 1/4。换言之，一个输出神经元将"覆盖"的面积比输入神经元大 4 倍。接下来几层中的神经元将逐渐从输入图像的较大区域捕获输入。这很重要，因为这将使网络能够检测到输入的更大、更复杂的特征。

TIP　　　　步幅大于 1 的卷积运算通常称为步幅卷积。

到目前为止，讨论的卷积运算产生的输出比输入的小。但是，在实践中，通常需要控制输出的大小。通过在卷积运算之前用 0 的行和列填充输入片的边缘来解决这个问题。使用填充最常用的方法是生成与输入维度相同的输出。填充为 1 的卷积层如图 4.7 所示。

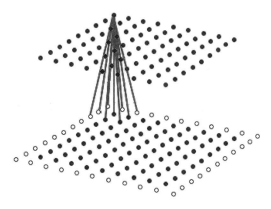

图 4.7　填充为 1 的卷积层

白色神经元代表填充。输入和输出切片具有相同的维度（深色神经元）。这是使用填充最常见的方法。新填充的 0 将参与切片的卷积运算，但不会影响结果。原因是，即使将填充区域与权重连接到下一层，也始终将这些权重乘以填充值 0。

现在，将在输出大小的公式中添加填充。假设输入切片为 $I = (I_w, I_h)$，过滤器为 $F = (F_w, F_h)$，步幅为 $S = (S_w, S_h)$，填充为 $P = (P_w, P_h)$。然后，输出切片 $O = (O_w, O_h)$ 由以下公式给出：

$$O_w = \frac{I_w + 2P_w - F_w}{S_w} + 1$$

$$O_h = \frac{I_h + 2P_h - F_h}{S_h} + 1$$

4.3.1　一维卷积、二维卷积和三维卷积

到目前为止，一直使用二维卷积，其中输入和输出神经元排列在二维网格中。这对图像非常有效。但也可以有一维卷积和三维卷积，神经元分别排列在一维空间或三维空间。在所有情况下，过滤器与输入具有相同的维数，并且权重在输入之间共享。例如，对时间序列数据使用一维卷积，因为这些值在单个时间轴上排列。一维卷积的示例如图 4.8 所示。

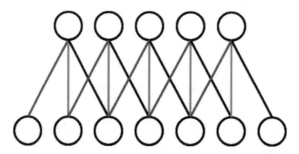

图 4.8　一维卷积

具有相同颜色（红色、绿色或蓝色）的权重共享相同的值。一维卷积的输出也是一维的，如果输入是三维的，如三维 MRI，使用三维卷积后，会产生三维输出。这样将保持输入数据的空间排列。三维卷积的示例如图 4.9 所示。

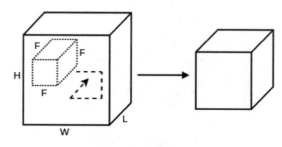

图 4.9　三维卷积

输入的维度为 H/W/L，过滤器的每个维度的大小为 F。输出也是三维。

在前面的部分中，使用二维卷积处理 RGB 图像。但是考虑把这三种颜色作为一个额外的维度，使 RGB 图像变成三维。为什么不使用三维卷积呢？原因是即使可以把输入看作三维，输出仍然是一个二维网格，如果使用三维卷积，输出也将是三维的，这对图像处理没有任何意义。

4.3.2　1×1 卷积

1×1（逐点）卷积是卷积的一种特殊情况，其中卷积过滤器的每个维度的大小为 1（二维卷积为 1×1，三维卷积为 1×1×1）。最初，这没有任何意义，1×1 过滤器不会增加输出神经元的感受野大小。这种卷积的结果就是逐点缩放。但它在另一方面也很有用——可以使用它们改变输入和输出体积之间的深度。为了理解这一点，可回顾在一般情况下深度为 D 的输入切片体积和用于 M 个输出切片的 M 个过滤器的情况。每个输出切片都是通过对所有输入切片应用唯一的过滤器生成的。如果使用 1×1 过滤器，并且 D!= M，将有大小相同但体积深度不同的输出切片。同时，不会改变输入和输出之间感受野的大小。最常见的用例是减少输出体积，或 D>M（降维），被称为"瓶颈"层。

4.3.3　卷积层中的反向传播

第 2 章介绍了一般的反向传播，特别是针对全连接层。在全连接层中，输入神经元对所有输出神经元都有贡献。因此，当梯度被路由返回时，所有输出神经元都返回给原始神经元。实际上，在前向和反向的过程中使用了相同的加权和运算。相同的规则适用于神经元局部连接的卷积层。前面观察了一个神经元如何参与几个输出神经元的输入。图 4.10 对此进行了说明，图 4.10 中使用 3×3 过滤器进行卷积运算。绿色（浅色）神经元将以 3×3 模式排列参与 9 个输出神经元的输入。反过来，相同的神经元将反向传递路径中的梯度。此示例表明，卷积运算的反向传递是另一个具有相同参数但使用空间翻转过滤器的卷积运算。此操作称为转置卷积或反卷积。正如稍后所述，它除了反向传播外，还有其他应用。

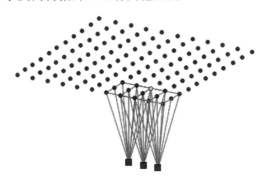

图 4.10　卷积运算的反向传递也是卷积

正如前面所述，所有现代深度学习库都有自动微分，对所有层都是如此，本章将讨论这个问题。除非作为练习，否则读者可能永远不需要实现卷积运算的导数。

·

4.3.4 深度学习库中的卷积层

PyTorch、Keras 和 TensorFlow 都支持一维、二维和三维标准以及深度卷积。卷积运算的输入和输出是张量。一维卷积将具有三维输入和输出张量。轴的顺序可以是 NCW 或 NWC。

● N 代表小批量样本的索引。
● C 代表体积中深度切片的索引。
● W 代表切片的内容。

用同样的方式，二维卷积将由 NCHW 或 NHWC 有序张量表示，其中 H 和 W 代表切片的高度和宽度。三维卷积的顺序为 NCDHW 或 NDHWC，其中 D 代表切片的深度。

4.4　池化层

4.3 节介绍了如何通过使用大于 1 的步幅增加神经元的感受野。此外，借助池化层（Pooling Layers）也可以实现这一点。池化层将输入切片分割成一个网格，每个网格单元代表一个由多个神经元组成的感受野（如同卷积层）。然后，在网格的每个单元上应用池化操作，并且存在不同类型的池化层。池化层不会改变体积深度，因为池化操作是在每个切片上独立执行的。

最大池化是最流行的池化方法。最大池化操作会在每个局部感受野（网格单元）中获取具有最高激活值的神经元，并仅向前传播该值。感受野为 2×2 的最大池化示例如图 4.11 所示。

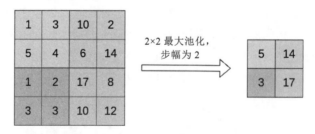

图 4.11　最大池化

图 4.11 使用步幅为 2 和感受野为 2×2 的最大池化操作。该操作丢弃了 3/4 的输入神经元。

池化层没有任何权重。在最大池化的反向传递中，梯度仅被路由到在正向传递过程中具有最高激活的神经元。感受野中的其他神经元传播 0。

平均池化是另一种池化类型，其中每个感受野的输出是该感受野内所有激活的平均值。平均池化的示例如图 4.12 所示。

1	3	10	2
5	4	6	14
1	2	17	8
3	3	10	12

2×2 平均池化，步幅为 2 →

3.25	8
2.25	11.75

图 4.12　平均池化

池化层由以下两个参数定义：

● 步幅，与卷积层相同。

● 感受野大小，相当于卷积层中的过滤器大小。

实际上，只使用两种组合。第一种是 2×2 的感受野，步幅为 2；第二种是 3×3 的感受野，步幅为 2（重叠）。如果对这两个参数使用较大的值，则网络会丢失太多信息。或者，如果步幅为 1，层的大小不会变小，感受野也不会增加。

根据这些参数计算池化层的输出大小。用 I 表示输入切片的大小，用 F 表示感受野的大小，用 S 表示步幅的大小，用 O 表示输出的大小。池化层通常没有填充。计算公式如下：

$$O_w = \frac{I_w + 2P_w - F_w}{S_w} + 1$$

$$O_h = \frac{I_h + 2P_h - F_h}{S_h} + 1$$

池化层仍然被大量使用，但有时可以通过简单地使用更大步幅的卷积层获得类似或更好的结果。可参见 J.Springerberg、A.Dosovitskiy、T.Brox 和 M.Riedmiller 的《力求简单：全卷积网络》（2015 年）（网址为 https://arxiv.org/abs/1412.6806）。

4.5　卷积神经网络的结构

在进一步讲解卷积神经网络之前，先梳理一下之前所讲解的知识。一个基本卷积神经网络的结构如图 4.13 所示。

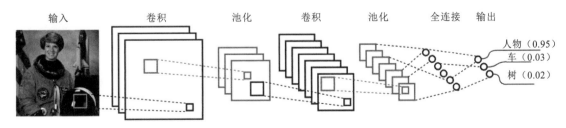

图 4.13　卷积神经网络的结构

图 4.13 为一个基本的卷积网络，其中卷积层和全连接层为蓝色（深色），池化层为绿色（浅色）。

大多数卷积神经网络都有如下的基本属性：

- 通常将一个或多个卷积层与一个池化层交替使用。以这种方式，卷积层可以在感受野大小的每一级检测特征。较深层的感受野大小大于网络起始处的感受野大小。这使它们可以从较大的输入区域捕获更复杂的特征。接下来通过一个示例说明。假设网络使用步幅为 1 的 3×3 卷积，步幅为 2 的 2×2 池化。
  - ◆ 第一卷积层的神经元将从图像的 3×3 像素接收输入。
  - ◆ 第一层的一组 2×2 输出神经元将有一个 4×4 大小的组合感受野（因为步幅）。
  - ◆ 在第一次池化操作之后，这个组将合并在池化层的单个神经元中。
  - ◆ 第二个卷积运算从 3×3 池化神经元获取输入。因此，它将从输入图像的边长为 3×4 = 12（或总共为 12×12 = 144）像素的正方形接收输入。
- 使用卷积层从输入中提取特征。最深层检测到的特征是高度抽象的，我们无法直接阅读。为了解决这个问题，通常在最后一个卷积/池化层之后添加一个或多个全连接层。在此示例中，最后一个全连接层（输出）将使用 Softmax 估计输入的类概率。读者可以将全连接层视为网络语言（人类无法理解）和人类语言之间的翻译器。
- 较深的卷积层通常比初始层存在更多的过滤器（因此体积深度更高）。网络开始时的特征检测器工作在一个小的感受野上。它只能检测在所有类之间共享的有限数量的特征，如边或线。另一方面，一个较深的层将检测到更复杂和众多的特征。例如，如果有多个类，如汽车、树或人，每个类都有自己的一组特征，如轮胎、门、树叶和脸等，这将需要更多的特征检测器。

使用卷积网络对手写数字进行分类

第 3 章介绍了一种简单的神经网络，使用 Keras 对数字进行分类，准确率达 96%。通过一些技巧（如更多隐藏的神经元）可以改善准确率，尝试使用简单的卷积神经网络来改善。下面使用卷积神经网络对手写数字进行分类。

（1）执行导入，并设置随机种子，代码如下：

```
from numpy.random import seed

seed(1)
from tensorflow import set_random_seed

set_random_seed(1)
```

（2）导入卷积和最大池化层，代码如下：

```
from keras.datasets import mnist
from keras.models import Sequential
```

```
from keras.layers import Dense, Activation
from keras.layers import Convolution2D, MaxPooling2D
from keras.layers import Flatten

from keras.utils import np_utils
```

（3）导入 MNIST 数据集。第 3 章已经进行了类似的操作。由于将使用卷积层，因此可以按 28×28 色块调整输入的形状，代码如下：

```
(X_train, Y_train), (X_test, Y_test) = mnist.load_data()

X_train = X_train.reshape(60000, 28, 28, 1)
X_test = X_test.reshape(10000, 28, 28, 1)

Y_train = np_utils.to_categorical(Y_train, 10)
Y_test = np_utils.to_categorical(Y_test, 10)
```

（4）定义模型——网络有两个卷积层，一个最大池化层和两个全连接层。除此之外，还需要在最大池化层和全连接层之间使用 Flatten。必须这样做，因为全连接层需要一维输入，而卷积层的输出是三维，代码如下：

```
model = Sequential([
    Convolution2D(filters=32,
                  kernel_size=(3, 3),
                  input_shape=(28, 28, 1)),# 第一个卷积层
    Activation('relu'),
    Convolution2D(filters=32,
                  kernel_size=(3, 3)),       # 第二个卷积层
    Activation('relu'),
    MaxPooling2D(pool_size=(2, 2)),          # 最大池化层
    Flatten(),                               # 将输出张量扁平化
    Dense(64),                               # 全连接隐藏层
    Activation('relu'),
    Dense(10),                               # 输出层
    Activation('softmax')])

print(model.summary())
```

（5）使用 Keras 的 model.summary()方法可以更好地解释网络架构。输出如下所示：

```
Layer (type)                    Output Shape            Param #
=================================================================
conv2d_1 (Conv2D)               (None, 26, 26, 32)      320

_____
activation_1 (Activation)       (None, 26, 26, 32)      0

_____
conv2d_2 (Conv2D)               (None, 24, 24, 32)      9248
```

```
activation_2 (Activation)          (None, 24, 24, 32)      0

max_pooling2d_1 (MaxPooling2D)     (None, 12, 12, 32)       0

flatten_1 (Flatten)                (None, 4608)            0

dense_1 (Dense)                    (None, 64)              294976

activation_3 (Activation)          (None, 64)              0

dense_2 (Dense)                    (None, 10)              650

activation_4 (Activation)          (None, 10)              0
===============================================================
Total params: 305,194
Trainable params: 305,194
Non-trainable params: 0
```

（6）定义优化器。本例使用 ADADELTA，而不是 SGD。它以与梯度成反比的方式自动使学习率变大或变小。通过这种方式，网络不会学习太慢，也不会因为迈步太大而跳过最小值。使用 ADADELTA 可以随时间动态调整参数，可以参考 Matthew D. Zeiler 的《ADADELTA：一种自适应学习率方法》（网址为 https://arxiv.org/abs/1212.5701）。具体代码如下：

```
model.compile(loss='categorical_crossentropy', metrics=['accuracy'],
optimizer='adadelta')
```

（7）让网络训练 5 个 epoch，代码如下：

```
model.fit(X_train, Y_train, batch_size=100, epochs=5,
validation_split=0.1, verbose=1)
```

（8）进行测试，代码如下：

```
score = model.evaluate(X_test, Y_test, verbose=1)
print('Test accuracy:', score[1])
```

该模型的准确率为 98.5%。

4.6　改善卷积神经网络的性能

现在已了解了卷积神经网络的基础知识。在此基础上，本节将讨论提高其性能的各种技术。

1. 数据预处理

到目前为止，为网络提供的输入都是未经修改的。对于图像，输入是[0:255]范围内的像素强度，但这并不是最优的。假设有一张 RGB 图像，其中一个颜色通道的强度比其他两个通道的强度高。当把图像提供给网络时，这个通道的值就会占主导地位，其他通道的值可以适当减弱。这可能会扭曲结果，因为在现实中，每个通道都同等重要。要解决这个问题，需要在将数据提供给网络之前准备或归一化（Normalize）数据。在实践中，使用以下两种类型的归一化：

- 特征缩放（Feature Scaling）：$x = \dfrac{x - x_{\min}}{x_{\max} - x_{\min}}$。此操作将所有输入缩放至[0,1]内。例如，强度为 125 的像素的缩放值为 $\dfrac{125 - 0}{250 - 0} = 0.5$。特征缩放快速且易于实现。

- 标准分数（Standard Score）：$x = \dfrac{x - \mu}{\sigma}$。此处的 μ 和 σ 是所有训练数据的均值和标准差。

  它们通常是针对每个输入维度分别计算的。例如，在 RGB 图像中，将计算每个通道的均值 μ 和 σ。注意，μ 和 σ 必须只在训练数据上计算，然后应用于测试数据。

2. 正则化

过拟合是机器学习中的重要问题（在深度网络中更是如此）。下面将介绍防止这种情况发生的几种技术。这些技术统称为正则化（Regularization）。引用 Ian Goodfellow 的深度学习书籍中的一句话：正则化是对学习算法所作的任何修改，旨在减少其泛化误差，而不是其训练误差。

（1）权重衰减。介绍的第一种技术是权重衰减（Weight Decay），也称为 L2 正则化。它通过向损失函数的值中添加额外项来工作。不用了解太多细节，该项是一个网络所有权重的函数。这意味着，如果网络权重值较大，则损失函数会增加。实际上，权重衰减会惩罚较大的网络权重（因此得名）。这可以防止网络过于依赖与这些权重相关的特征。当网络被迫使用多个特征时，过拟合的可能性较小。实际上，通过改变权重更新规则可以增加权重衰减，如公式

$$w \to w - \eta \nabla(J(w))$$

变为

$$w \to w - \eta(\nabla(J(w)) - \lambda w)$$

其中 λ 是权重衰减系数。

（2）丢弃。丢弃（Dropout）是一种正则化技术，可以应用于某些网络层的输出。丢弃随机并周期性地从网络中移除一些神经元（连同它们的输入和输出连接）。在小批量训练中，每个神经元都有一个随机丢弃的概率 P。这是为了确保没有一个神经元最终过于依赖其他神经元，而是"学习"对网络有用的东西。在卷积层、池化层或全连接层之后可以应用丢弃。在图 4.14 中

可以观察到全连接层上的丢弃。

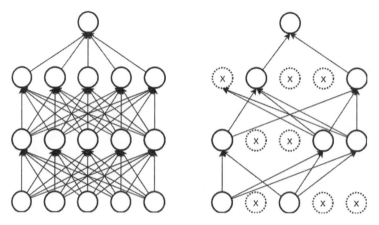

图 4.14　全连接层上的丢弃示例

（3）数据扩充。数据扩充（Data Augmentation）是有效的正则化技术之一。如果训练数据太小，网络可能会开始过拟合。数据扩充通过人为增加训练集的大小来解决这一问题。在 MNIST 和 CIFAR-10 示例中，对网络进行了多个 epoch 的训练。网络将在每个 epoch "看到" 数据集的每个样本。为了防止过拟合，在对图像进行训练之前可以对图像进行随机扩充。标签将保持不变。一些受欢迎的图像扩充包括以下几种：

- 旋转。
- 水平和垂直翻转。
- 放大/缩小。
- 裁剪。
- 歪斜。
- 对比度和亮度调整。

不同图像扩充的示例如图 4.15 所示。

图 4.15　不同图像扩充的示例

（4）批归一化。在数据预处理中解释了数据归一化很重要的原因。批归一化（Batch

Normalization）为网络的隐藏层提供了一种类似于标准分数的数据处理方法。它以某种方式对每个小批量的隐藏层的输出进行归一化（因此得名），使其平均激活值保持接近 0，标准偏差保持接近 1。在卷积层和全连接层中可以使用它。批归一化的网络训练速度更快，并且可以使用更高的学习率。有关批归一化的更多信息，请参见 Sergey Ioffe 和 Christian Szegedy 的原论文《批归一化：通过减少内部协变量偏移来加速深层网络训练》。

4.7 使用 Keras 和 CIFAR-10 的卷积神经网络示例

第 3 章尝试使用全连接的网络对 CIFAR-10 图像进行分类，但测试准确率仅为 51%。接下来利用所学的新知识将准确率提高。这次将卷积神经网络与数据扩充结合起来使用。

（1）从导入开始。将使用本章介绍的所有层，代码如下：

```
import keras
from keras.datasets import cifar10
from keras.layers import Conv2D, MaxPooling2D
from keras.layers import Dense, Dropout, Activation, Flatten,
BatchNormalization
from keras.models import Sequential
from keras.preprocessing.image import ImageDataGenerator
```

（2）为了方便起见，将定义小 batch_size，代码如下：

```
batch_size = 50
```

（3）导入 CIFAR-10 数据集，并将其除以 255（最大像素强度）以对数据进行归一化，代码如下：

```
(X_train, Y_train), (X_test, Y_test) = cifar10.load_data()

X_train = X_train.astype('float32')
X_test = X_test.astype('float32')
X_train /= 255
X_test /= 255

Y_train = keras.utils.to_categorical(Y_train, 10)
Y_test = keras.utils.to_categorical(Y_test, 10)
```

（4）实现数据的加载，并定义将要使用的扩充类型。
● 需要使用 ImageDataGenerator 类。
● 将允许旋转 90°、水平翻转、水平和垂直移动数据。
● 将训练数据标准化（featurewise_center 和 featurewise_std_normalization）。由于均值和标准差是在整个数据集上计算的，因此需要调用 data_generator.fit(X_train)方法。

第 4 章 基于卷积神经网络的计算机视觉

• 81 •

● 对测试集应用训练标准化。ImageDataGenerator 将在训练期间生成扩充图像流。
实现过程的代码如下：

```
data_generator = ImageDataGenerator(rotation_range=90,
                  width_shift_range=0.1,
                  height_shift_range=0.1,
                  featurewise_center=True,
                  featurewise_std_normalization=True,
                  horizontal_flip=True)

data_generator.fit(X_train)

# 标准化测试集
for i in range(len(X_test)):
    X_test[i] = data_generator.standardize(X_test[i])
```

（5）定义网络。
● 它包括两个卷积层（3×3 过滤器）和一个最大池化层。
● 在每个卷积层之后执行批归一化。
● 定义指数线性单元（ELU）激活函数。
● 它有一个最大池化之后的单个全连接层。请注意 padding='same'参数。这仅仅意味着输出体积切片将具有与输入体积切片相同的维度。

以下代码演示了该模型：

```
model = Sequential()
model.add(Conv2D(32, (3, 3), padding='same', input_shape=X_train.shape[1:]))
model.add(Activation('elu'))
model.add(BatchNormalization())
model.add(Conv2D(32, (3, 3), padding='same'))
model.add(Activation('elu'))
model.add(BatchNormalization())
model.add(MaxPooling2D(pool_size=(2, 2)))
model.add(Dropout(0.2))

model.add(Conv2D(64, (3, 3), padding='same'))
model.add(Activation('elu'))
model.add(BatchNormalization())
model.add(Conv2D(64, (3, 3), padding='same'))
model.add(Activation('elu'))
model.add(BatchNormalization())
model.add(MaxPooling2D(pool_size=(2, 2)))
model.add(Dropout(0.2))

model.add(Conv2D(128, (3, 3)))
model.add(Activation('elu'))
```

```
model.add(BatchNormalization())
model.add(Conv2D(128, (3, 3)))
model.add(Activation('elu'))
model.add(BatchNormalization())
model.add(MaxPooling2D(pool_size=(2, 2)))
model.add(Dropout(0.5))

model.add(Flatten())
model.add(Dense(10, activation='softmax'))
```

（6）定义 optimizer，在本例中为 adam，代码如下：

```
model.compile(loss='categorical_crossentropy', optimizer='adam',
metrics=['accuracy'])
```

（7）训练网络。由于数据扩充，现在将使用 model.fit_generator 方法，生成器是之前定义的 ImageDataGenerator，测试集为 validation_data。通过这种方式便可以知道在每个 epoch 之后的实际性能。

在此示例中，对网络进行 100 个 epoch 训练。但是，如果使用的计算机较旧（或没有专用的 GPU），建议进行 3～5 个 epoch 训练。结果虽不尽如人意，但是仍然会观察到准确率有所提高。

以下代码演示了该模型：

```
model.fit_generator(
    generator=data_generator.flow(x=X_train,
                                  y=Y_train,
                                  batch_size=batch_size),
    steps_per_epoch=len(X_train) //batch_size,
    epochs=100,
    validation_data=(X_test, Y_test),
    workers=4)
```

根据 epoch 数的不同，该模型将产生以下结果：
- 3 个 epoch 的准确率为 47%。
- 5 个 epoch 的准确率为 59%。
- 大约 100 个 epoch 的准确率为 80%——明显好于以前，但仍不完美。

4.8　小结

本章介绍了卷积神经网络，介绍了卷积神经网络的主要构建块（卷积层和池化层）及其架构和特性。此外，本章还介绍了数据预处理和各种正则化技术，如权重衰减、丢弃和数据扩充等。最后，演示了如何使用卷积神经网络对 MNIST 和 CIFAR-10 进行分类。

第 5 章将在新发现的计算机视觉知识的基础上增加一些新奇的内容，介绍如何通过将知识从一个问题迁移到另一个问题和通过性能最佳的高级卷积神经网络架构来快速训练网络；此外，所学的应用案例将超越简单的对象检测分类或如何找到对象在图像上的位置；还将介绍一个有趣的卷积神经网络应用程序（称为神经风格迁移，Neural Style Transfer）。

第 5 章

高级计算机视觉

第 4 章介绍了用于计算机视觉的卷积网络。本章将继续介绍更多相同的内容，但会有更高级的内容。到目前为止，本书的思路是提供简单的示例以支持神经网络的理论知识。现在可以将所学的知识提升到能够使用卷积神经网络成功解决现实世界中的计算机视觉任务的程度。

本章将涵盖以下内容：

- 迁移学习（Transfer Learning）。
- 高级网络架构。
- 胶囊网络。
- 高级计算机视觉任务。
- 艺术风格迁移。

5.1　迁移学习

到目前为止，在玩具数据集上对小型模型进行了训练，训练时间不超过一个小时。但是，如果需要使用大型数据集（如 ImageNet），将需要更长的时间训练一个大型网络。更重要的是，大型数据集并不总是可用于人们感兴趣的任务。除了获取图像外，还必须给它们贴上标签，这可能既昂贵又耗时。那么，当一个工程师想要用有限的资源解决一个真正的机器学习问题时，他会做什么呢？答案是进行迁移学习。

迁移学习是将现有的经过训练的机器学习模型应用于一个新的但相关的问题的过程。例如，利用一个在 ImageNet 上训练的网络，将其用于对杂货店商品分类，或者使用驾驶模拟器游戏训练神经网络以驾驶模拟汽车，然后使用该网络驾驶真实的汽车（注意，请勿轻易尝试该操作！）。迁移学习是一个通用的机器学习概念，适用于所有机器学习算法，但本章将在卷积神经网络范围内讨论。

从现有的预训练网络开始，最常见的情况是使用 ImageNet 预训练网络，实际上使用任何数据集都可以。TensorFlow/Keras/PyTorch 都带有流行的 ImageNet 预训练网络，可供训练使用。另外，使用自定义的数据集也可以训练网络。

第 4 章提到了卷积神经网络末尾的全连接层如何充当网络语言（训练过程中学习的抽象特征表示）和人类语言（每个样本的类别）之间的翻译器。迁移学习可以视为另一种语言的翻译。从网络的特征开始，特征是最后一个卷积或池化层的输出。然后，将特征转换为新任务的一组不同类别。为此，移除现有预训练网络的最后一个全连接层（或所有全连接层）并用另一个表示新问题类别的层替换。迁移学习的示意图如图 5.1 所示。

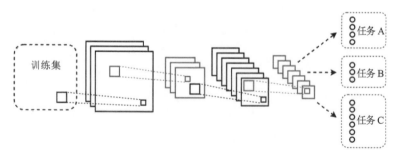

图 5.1　迁移学习

在迁移学习中，替换预训练网络的最后一层，并将其重新用于新问题。

但是不能机械地照搬，并期望新网络能够工作，因为仍然需要用与新任务相关的数据训练新层。此处有以下两种方法：

● 将网络的原始部分用作特征提取器，并且只训练新层。在此场景中，向网络提供一批训练的新数据，并将其向前传播以查看网络输出。这一部分的工作如同常规训练。但在反向传递中，锁定原始网络的权重，并且只更新新层的权重。当对新问题的训练数据有限时，推荐这个方法。通过锁定大多数网络权重，可以防止对新数据的过拟合。

- 对整个网络进行微调。在此场景中，将训练整个网络，而不仅是最后添加的新层。可以更新所有网络权重，但是也可以锁定第一层中的一些权重。此处的思路是，初始层检测与特定任务无关的一般特征，因此重用它们是有意义的。另一方面，更深的层可能会检测到特定任务的特征，最好对其进行更新。当拥有更多训练数据并且不需要担心过拟合时，可以使用此方法。

使用 PyTorch 的迁移学习示例

前面讲解了迁移学习的概念，接下来将其应用于实践中以查看是否有效。本节将在 CIFAR-10 图像上应用高级 ImageNet 预训练网络。本示例将使用两种类型的迁移学习。最好在 GPU 上运行本示例。

（1）执行以下导入操作，代码如下：

```
import torch
import torch.nn as nn
import torch.optim as optim
import torchvision
from torchvision import models, transforms
```

（2）为方便起见，定义 batch_size，代码如下：

```
batch_size = 50
```

（3）定义训练数据集。必须考虑以下几点：

- CIFAR-10 图像为 32×32，而 ImageNet 网络期望 224×224 输入。当使用基于 ImageNet 的网络时，将把 32×32 的 CIFAR 图像上采样（Upsample）到 224×224。
- 使用 ImageNet 均值和标准差对 CIFAR-10 数据进行标准化，因为这是网络所期望的。
- 添加轻微数据扩充（翻转），代码如下：

```
# 训练数据
train_data_transform = transforms.Compose([
    transforms.Resize(224),
    transforms.RandomHorizontalFlip(),
    transforms.RandomVerticalFlip(),
    transforms.ToTensor(),
    transforms.Normalize([0.485, 0.456, 0.406], [0.229, 0.224, 0.225])
])

train_set = torchvision.datasets.CIFAR10(root='./data',
                                          train=True,
```

```
                                            download=True,
                                            transform=train_data_transform)

    train_loader = torch.utils.data.DataLoader(train_set,
                                            batch_size=batch_size,
                                            shuffle=True,
                                            num_workers=2)
```

（4）对验证/测试数据执行相同的步骤，代码如下：

```
# 验证数据
val_data_transform = transforms.Compose([
    transforms.Resize(224),
    transforms.ToTensor(),
    transforms.Normalize([0.485, 0.456, 0.406], [0.229, 0.224, 0.225])
])

val_set = torchvision.datasets.CIFAR10(root='./data',
                                    train=False,
                                    download=True,
                                    transform=val_data_transform)

val_order = torch.utils.data.DataLoader(val_set,
                                    batch_size=batch_size,
                                    shuffle=False,
                                    num_workers=2)
```

（5）选择 device——最好是有备选 CPU 的 GPU，代码如下：

```
device = torch.device("cuda:0" if torch.cuda.is_available() else "cpu")
```

（6）定义模型的训练。与 Keras 不同，在 PyTorch 中，必须手动迭代训练数据。此方法在整个训练集上迭代一次（一个 epoch），并在每次向前传递后应用优化器，代码如下：

```
def train_model(model, loss_function, optimizer, data_loader):
    # 将 model 设置为训练模式
    model.train()

    current_loss = 0.0
    current_acc = 0

    # 迭代训练数据
    for i, (inputs, labels) in enumerate(data_loader):
        # 将输入/标签发送到 GPU
        inputs = inputs.to(device)
        labels = labels.to(device)

        # 将参数梯度归零
```

```
        optimizer.zero_grad()

        with torch.set_grad_enabled(True):
        # 前向
        outputs = model(inputs)
        _, predictions = torch.max(outputs, 1)
        loss = loss_function(outputs, labels)

        # 反向
        loss.backward()
        optimizer.step()

        # 统计
        current_loss += loss.item() * inputs.size(0)
        current_acc += torch.sum(predictions == labels.data)

    total_loss = current_loss / len(data_loader.dataset)
    total_acc = current_acc.double() / len(data_loader.dataset)

    print('Train Loss: {:.4f}; Accuracy: {:.4f}'.format(total_loss,
total_acc))
```

（7）定义模型的测试/验证。这与训练阶段非常相似，但将跳过反向传播部分，代码如下：

```
def test_model(model, loss_function, data_loader):
    # 将 model 设置为评估模式
    model.eval()

    current_loss = 0.0
    current_acc = 0

    # 迭代验证数据
    for i, (inputs, labels) in enumerate(data_loader):
        # 将输入/标签发送到 GPU
        inputs = inputs.to(device)
        labels = labels.to(device)

        # 前向
        with torch.set_grad_enabled(False):
            outputs = model(inputs)
            _, predictions = torch.max(outputs, 1)
            loss = loss_function(outputs, labels)

        # 统计
        current_loss += loss.item() * inputs.size(0)
        current_acc += torch.sum(predictions == labels.data)
```

```
total_loss = current_loss / len(data_loader.dataset)
total_acc = current_acc.double() / len(data_loader.dataset)

print('Test Loss: {:.4f}; Accuracy: {:.4f}'.format(total_loss,
total_acc))
```

（8）定义第一种类型的迁移学习场景，其中使用预训练网络作为特征提取器。

● 将使用一个流行的网络 ResNet-18。将在 5.2 节中详细介绍它。PyTorch 将自动下载预训练的权重。

● 将最后一个网络层替换为具有 10 个输出的新层（每个 CIFAR-10 类一个）。

● 从反向传递中排除现有网络层，仅将新添加的全连接层传递给 Adam 优化器。

● 运行多个 epoch 训练，将在每个 epoch 之后评估网络的准确率。

以下是 tl_feature_extractor 函数，它实现了以上所有功能，代码如下：

```
def tl_feature_extractor(epochs=3):
    # 加载预训练模型
    model = torchvision.models.resnet18(pretrained=True)

    # 从反向传递中排除现有参数以提高性能
    for param in model.parameters():
        param.requires_grad = False

    # 新构建的层默认情况下 requires_grad=True
    num_features = model.fc.in_features
    model.fc = nn.Linear(num_features, 10)

    # 转移到 GPU（如果有）
    model = model.to(device)

    loss_function = nn.CrossEntropyLoss()

    # 仅优化最后一层的参数
    optimizer = optim.Adam(model.fc.parameters())

    # 训练
    for epoch in range(epochs):
        print('Epoch {}/{}'.format(epoch + 1, epochs))

        train_model(model, loss_function, optimizer, train_loader)
        test_model(model, loss_function, val_order)
```

（9）实现微调方法。函数类似于 tl_feature_extractor，但现在将训练整个网络，代码如下：

```
def tl_fine_tuning(epochs=3):
    # 加载预训练模型
    model = models.resnet18(pretrained=True)
```

```
# 替换最后一层
num_features = model.fc.in_features
model.fc = nn.Linear(num_features, 10)

# 将 model 转移到 GPU
model = model.to(device)

# 损失函数
loss_function = nn.CrossEntropyLoss()

# 优化所有参数
optimizer = optim.Adam(model.parameters())

# 训练
for epoch in range(epochs):
    print('Epoch {}/{}'.format(epoch + 1, epochs))

    train_model(model, loss_function, optimizer, train_loader)
    test_model(model, loss_function, val_order)
```

（10）通过以下两种方法之一运行整个训练：

● 调用 tl_fine_tuning(epochs=5)以进行 5 个 epoch 的微调迁移学习。

● 调用 tl_feature_extractor(epochs=5)以使用特征提取器进行 5 个 epoch 的网络训练。

使用网络作为特征提取器，获得约 76%的准确率；而通过微调方式，可获得 87%的准确率。但是，如果对微调进行更多的 epoch，则网络将开始过拟合。

5.2　高级网络架构

现在已经熟悉了迁移学习的强大技术。本节将讨论一些最近流行的网络架构，它们超越了目前所讨论的那些架构。在迁移学习场景中，读者可以使用这些网络作为预训练的模型，或者如果足够勇敢，可以从头开始训练网络以解决其他任务。

5.2.1　VGG

讨论的第一个架构是 VGG（来自牛津的视觉几何小组，网址为 https://arxiv.org/abs/1409.1556）。它是在 2014 年推出的，在当年的 ImageNet 挑战赛中获得亚军。VGG 网络系列现在仍然很受欢迎，经常用作新型架构的基准。在 VGG（如 LeNet-5，网址为 http://yann.lecun.com/exdb/lenet/）和 AlexNet（网址为 https://papers.nips.cc/paper/4824-imagenet-classification-with-deep-convolutionalneural-networks.pdf）之前，网络的初始卷积层使用较大感受野（如 7×7）的过滤器。此外，网络通常

具有交替的单个卷积层和池化层。该论文的作者观察到，具有较大过滤器的卷积层可以替换为两个或多个具有较小过滤器的卷积层的堆叠（因式分解卷积）。例如，一个 5×5 层可以替换为两个 3×3 层的堆叠，或一个 7×7 可以替换为三个 3×3 层的堆叠。这种结构有以下优点：

- 堆叠的最后一层的神经元具有与带有较大过滤器的单层等效的感受野大小。
- 与带有较大过滤器的单层相比，堆叠层的权重和操作数更少。假设使用两个 3×3 层替换一个 5×5 层，并且所有层的输入和输出通道（切片）的数量相同，都为 M。5×5 的权重总数（不包括偏置）为 $5×5×M×M = 25×M^2$。单个 3×3 层的总权重为 $3×3×M×M = 9×M^2$，而对两层而言，则为 $2×3×3×M×M = 18×M^2$，这使此种排列方式的效率提高了 28%。使用更多的过滤器，效率将进一步提高。
- 多层堆叠使决策函数更具区分性。

VGG 网络由两个、三个或四个堆叠的卷积层和一个最大池化层组合而成的多个块组成。两种流行的 VGG 变体（VGG16 和 VGG19）如图 5.2 所示。

VGG16	VGG19
conv 3x3, 64	conv 3x3, 64
conv 3x3, 64	conv 3x3, 64
max pool	
conv 3x3, 128	conv 3x3, 128
conv 3x3, 128	conv 3x3, 128
max pool	
conv 3x3, 256	conv 3x3, 256
conv 3x3, 256	conv 3x3, 256
conv 3x3, 256	conv 3x3, 256
	conv 3x3, 256
max pool	
conv 3x3, 512	conv 3x3, 512
conv 3x3, 512	conv 3x3, 512
conv 3x3, 512	conv 3x3, 512
	conv 3x3, 512
max pool	
conv 3x3, 512	conv 3x3, 512
conv 3x3, 512	conv 3x3, 512
conv 3x3, 512	conv 3x3, 512
	conv 3x3, 512
max pool	
fc-4096	
fc-4096	
fc-1000	
softmax	

图 5.2　VGG16 和 VGG19 网络的架构（用每个网络中的加权层数命名）

随着 VGG 网络深度的增加，卷积层的宽度（过滤器的数目）也随之增加，有体积深度为 128/256/512 的多对卷积层连接到具有相同深度的其他层；此外，还有两个 4096 神经元全连接层。正因为如此，VGG 网络具有大量的参数（权重），这使得内存效率低，并且计算成本高。尽管如此，这仍然是一种流行且简单的网络结构，通过添加批归一化，可以得到进一步改善。

Keras、PyTorch 和 TensorFlow 中的 VGG

这三个库均有预训练的 VGG 模型。接下来讲解如何使用它们。先从 Keras 开始，在迁移学习场景中很容易使用此模型。include_top 可以设置为 False，这将排除全连接层。步骤如下：

（1）通过设置 weights 参数预加载权重，自动下载权重，代码如下：

```
# VGG16
from keras.applications.vgg16 import VGG16
vgg16_model = VGG16(include_top=True, weights='imagenet',input_tensor=
None, input_shape=None, pooling=None, classes=1000)
# VGG19
from keras.applications.vgg19 import VGG19
vgg19_model = VGG19(include_top=True, weights='imagenet',input_tensor=
None, input_shape=None, pooling=None, classes=1000)
```

（2）继续使用 PyTorch，在其中可以选择是否使用预训练的模型（同样使用自动下载），代码如下：

```
import torchvision.models as models
model = models.vgg16(pretrained=True)
```

最后，使用 TensorFlow 预训练模型的过程并不是那么简单。因此，建议读者参考官方文档以了解如何执行此操作。

读者可以尝试与上述描述的过程相同的其他预先训练模型。为了避免重复，本节将不再介绍其他架构的相同代码示例。

5.2.2 残差网络

残差网络（Residual Networks，ResNet，网址为 https://arxiv.org/abs/1512.03385）于 2015 年发布，当年赢得了 ImageNet 挑战赛的全部五个类别的冠军。第 2 章提到了神经网络的层次不限于顺序排列，而是形成一个图。残差网络是将要学习的第一个图架构，它利用了图的灵活性。这也是首个成功训练出百层以上深度网络的网络架构。

由于更好的权重初始化、新的激活函数以及归一化层，现在残差网络可以训练深度网络。但论文作者进行了一些实验，观察到 56 层的网络比 20 层的网络有更高的训练和测试误差，他们认为事实并非如此。理论上，使用浅层网络并在上面堆叠恒等层（这些层的输出只是重复输入）可以产生一个更深层次的网络，其行为方式与浅层网络完全相同。然而，他们的实验一直无法与浅层网络的性能相提并论。

为了解决这个问题，他们提出了一个由残差块构成的网络。残差块由两个或三个顺序卷积层和一个单独的并行恒等（中继器，Repeater）短路连接（Shortcut Connection）组成，该短路连接第一层的输入和最后一层的输出。三种类型的残差块如图 5.3 所示。

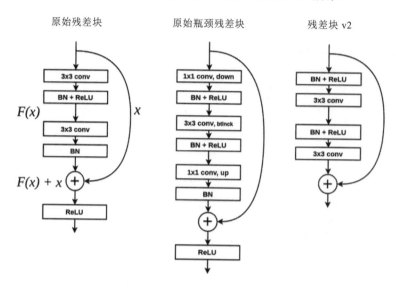

图 5.3　三种类型的残差块

每个块都有两条平行路径。左边的路径与之前看到的其他网络相似，由顺序卷积层+批归一化组成。右边的路径包含恒等短路连接（也称为跳过连接）。这两条路径通过按元素求和合并，即因左右张量具有相同的形状，可将第一张量的元素与第二张量相同位置的元素相加求和，输出是与输入形状相同的单个张量。实际上，它会前向传播该块学习到的特征，还会传播原始未修改的信号，这样就可以更接近作者所描述的原始场景。由于跳过连接，网络可以决定跳过一些卷积层，这实际上降低了自己的深度。因为残差块的输入和输出具有相同的维度，所以，任意深度的网络可以堆叠任意数量的块。

接下来讲解图中的块有何不同。

● 原始残差块包含两个 3×3 卷积层，但是如果层很宽，则堆叠多个块的计算开销比较大。

● 原始瓶颈残差块与原始残差块等效，但是它使用了所谓的瓶颈层（Bottleneck Layer）。首先，使用 1×1 卷积对输入体积深度进行下采样；然后，对减少的输入应用 3×3（瓶颈）卷积；最后，再通过 1×1 卷积将输出扩展回所需的深度。该块的计算成本比原始残差块小。

● 残差块 v2 是对这一想法的最新修订，由同一作者于 2016 年发表。它在卷积层之前使用预激活、批归一化和激活函数。猛一看似乎很奇怪，但是由于这种设计，跳过连接路径可以在整个网络中不间断地运行。这与其他残差块相反，在其他残差块中，至少一个激活函数位于跳过连接的路径上。堆叠的残差块的组合仍是有正确顺序的层。

流行的残差网络系列如图 5.4 所示，它们的一些特性如下：

- 它们从 7×7 卷积层开始，步幅为 2，然后是 3×3 最大池化层。
- 使用步幅为 2 的改进残差块实现下采样。
- 平均池化对所有残差块之后和全连接层之前的输出进行下采样。

output size	18-layer	34-layer	50-layer	101-layer	152-layer
112x112	7x7 conv, stride 2				
	3x3 max pool, stride 2				
56x56	3x3, 64 3x3, 64 x2	3x3, 64 3x3, 64 x3	1x1, 64 3x3, 64 1x1, 256 x3	1x1, 64 3x3, 64 1x1, 256 x3	1x1, 64 3x3, 64 1x1, 256 x3
28x28	3x3, 128 3x3, 128 x2	3x3, 128 3x3, 128 x4	1x1, 128 3x3, 128 1x1, 512 x4	1x1, 128 3x3, 128 1x1, 512 x4	1x1, 128 3x3, 128 1x1, 512 x8
14x14	3x3, 256 3x3, 256 x2	3x3, 256 3x3, 256 x6	1x1, 256 3x3, 256 1x1, 1024 x6	1x1, 256 3x3, 256 1x1, 1024 x23	1x1, 256 3x3, 256 1x1, 1024 x36
7x7	3x3, 512 3x3, 512 x2	3x3, 512 3x3, 512 x3	1x1, 512 3x3, 512 1x1, 2048 x3	1x1, 512 3x3, 512 1x1, 2048 x3	1x1, 512 3x3, 512 1x1, 2048 x3
1x1	average pool, 1000-d fc, softmax				

图 5.4　流行的残差网络系列（残差块由圆角矩形表示）

有关残差网络的更多信息，请参阅何凯明、张向宇、任少卿和孙剑的原论文《深度残差学习用于图像识别》（网址为 https://arxiv.org/abs/1512.03385），以及同作者的最新版本《深层残留网络中的恒等映射》（网址为 https://arxiv.org/abs/1603.05027）。

5.2.3　Inception 网络

Inception 网络（网址为 https://www.cs.unc.edu/~wliu/papers/GoogLeNet.pdf，作者是 Szegedy 等人）是在 2014 年推出的，赢得了当年的 ImageNet 挑战赛。从那时起，作者发布了该架构的多个改进（版本）。

趣事：名字 Inception 部分源于 "We need to go deeper" 的网络文化基因，电影《盗梦空间》的英文名称就是 *Inception*。

Inception 网络背后的理念是从图像中的对象具有不同的比例这一基本前提出发的。远处的物体可能会占据图像的一小部分，但同一物体一旦靠近，可能会占据图像的大部分。这给标准的卷积神经网络带来了困难，其中不同层的神经元在输入图像上有一个固定的感受野大小。规则的网络可能会很好地检测一定比例的物体，但比例发生变化就失效了。为了解决这个问题，Szegedy 等人提出了一种新颖的结构：一个由 Inception 块组成的架构。Inception 块从同一输入开始，然后将其分为不同的并行路径，每条路径包含不同大小过滤器的卷积层或池化层，这样可在同一个输入数据上应用不同的感受野，在 Inception 块的末尾，再将不同路径的输出级联在一起。

1．Inception v1

图 5.5 为 Inception 块的第一个版本，它是 GoogLeNet 网络架构的一部分。GoogLeNet 包含 9 个这样的 Inception 块，如图 5.5 所示。

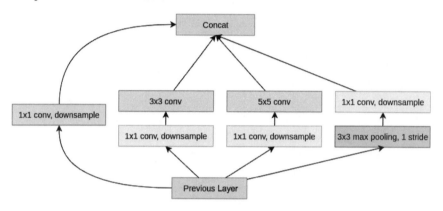

图 5.5 Inception v1 块

Inception v1 块有 4 条路径：

● 1×1 卷积，相当于输入的中继器。
● 1×1 卷积，然后是 3×3 卷积。
● 1×1 卷积，然后是 5×5 卷积。
● 步幅为 1 的 3×3 最大池化。

块中的层用填充的方式使输入和输出具有相同的形状（但深度不同）。填充也是必要的，因为每条路径将根据过滤器的大小产生不同形状的输出。这对于 Inception 块的所有版本均有效。

此 Inception 块的另一个主要创新是使用 1×1 卷积下采样。之所以需要这样做，是因为要将所有路径的输出级联起来以生成块的最终输出。级联的结果是得到 4 倍深度的输出。如果在当前之后有另一个 Inception 块，则其输出深度将再次增加 4 倍。为了避免这种指数增长，该块使用 1×1 卷积减小每条路径的深度，从而减小该块的输出深度。这样就可以创建更深层次的网络，而不会耗尽资源。

GoogLeNet 还利用辅助分类器，它在各个中间层有两个额外的分类输出（有相同的 Groundtruth 标签）。在训练期间，损失的总值是辅助损失与实际损失的加权总和。有关 GoogLeNet 架构的更多详细信息，请参阅 Christian Szegedy、Wei Liu、Yangqing Jia、Pierre Sermanet、Dragomir Anguelov、Dumitru Erhan、Vincent Vanhoucke 和 Andrew Rabinovich 撰写的原论文《深入卷积》（网址为 https://arxiv.org/abs/1409.4842）。

2．Inception v2 和 Inception v3

Inception v2 和 Inception v3 一起发布，并提出了对原始 Inception 块的一些改进。第一个改进是将 5×5 卷积分解为两个堆叠的 3×3 卷积。在图 5.6 中可以观察到新的 Inception 块。

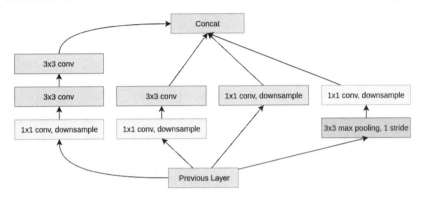

图 5.6　Inception 块 A

另一个改进是将 *n*×*n* 卷积分解为两个堆叠的非对称卷积 1×*n* 和 *n*×1。例如，将单个 3×3 卷积拆分为两个卷积 1×3 和 3×1，其中 3×1 卷积使用 1×3 卷积的输出（见图 5.7）。在第一种情况下，过滤器大小为 3×3=9，而在第二种情况下，组合大小为(3×1)+(1×3)=3+3=6，效率为 33%。

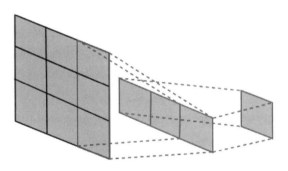

图 5.7　3×3 卷积因子分解为 1×3 和 3×1 卷积

以上介绍了两个新块，它们利用了因子卷积。在图 5.8 的 Inception 块中，如果 *n*=3，则相当于前面介绍的块 A。

在图 5.9 中的 Inception 块与图 5.8 中的 Inecption 块是类似的，但是非对称卷积是并行的，从而产生更高的输出深度（更多的级联路径）。此处假设网络拥有的特征（不同的过滤器）越多，学习就越快。另一方面，更宽的层占用更多的内存和计算时间。作为一种折衷方案，此块仅用于网络的更深层，位于其他块之后。

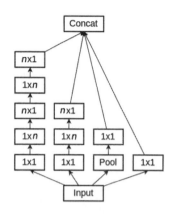

图 5.8　Inception 块 B（当 *n*=3 时，相当于块 A）

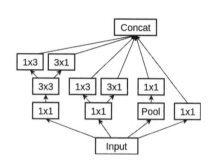

图 5.9　Inception 块 C

使用这些新块，作者提出了两个新的 Inception 网络：Inception v1 和 Inception v2。该版本的另一个主要改进是使用了批归一化，这是由同一作者引入的。有关 Inception v2 和 Inception v3 的更多信息，请参阅 Christian Szegedy、Vincent Vanhoucke、Sergey Ioffe、Jonathon Shlens 和 Zbigniew Wojna 撰写的原论文《重新思考计算机视觉的 Inception 架构》（网址为 https://arxiv.org/abs/1512.00567），以及 Sergey Ioffe 和 Christian Szegedy 的《批归一化：通过减少内部协变量偏移加速深度网络训练》（网址为 https://arxiv.org/abs/1512.00567）。

3. Inception v4、Inception-ResNet Inception v4 和 Inception-ResNet

在最新版本的 Inception 网络中，作者引入了三个新简化的 Inception 块，是在先前版本的思想之上建立的，并为该 Inception 块引入了 7×7 非对称因子分解卷积以及平均池化（而不是最大池化）。更重要的是，该 Inception 块创建了一个称为 Inception-ResNet 的残差/ Inception 混合网络，其中 Inception 块还包括残差连接。此块的示意图如图 5.10 所示。

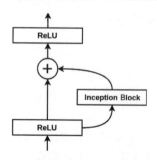

图 5.10　带残差跳过连接的 Inception 块

有关新的 Inception 块和网络架构的更多信息，请参阅 Christian Szegedy、Sergey Ioffe、Vincent Vanhoucke 和 Alex Alemi 撰写的原论文《Inception-v4、Inception-ResNet 和残差连接对学习的影响》（网址为 https://arxiv.org/abs/1602.07261）。

4．Xception 和 MobileNet

下面将介绍的最后一个 Inception 网络是 Xception（来自 Extreme Inception）。为了理解其假设，需回顾在第 3 章中介绍的标准卷积和深度卷积。标准卷积中的输出切片使用单个过滤器从所有输入切片接收输入。过滤器尝试在三维空间中学习特征，其中两个维度是空间的（切片的高度和宽度），第三个维度是通道。因此，过滤器映射空间相关性和跨通道相关性。

到目前为止，所有 Inception 块都从降维 1×1 卷积开始。有些新观点认为，此连接映射跨通道相关性，但不映射空间相关性（因为 1×1 过滤器大小）。另外，Inception 块中的后续操作是标准卷积，因此映射了两种类型的相关性。Xception 的作者认为，实际上可以完全解耦跨通道和空间相关性。通过所谓的深度可分离卷积（Depthwise Separable Convolution）可以做到这一点。深度可分离卷积结合了两个操作：深度卷积和 1×1 卷积。在深度卷积中，单个输入切片会生成单个输出切片，因此它仅映射空间（而不是跨通道）相关性。对于 1×1 卷积，将得到相反的结果。深度可分离卷积的示例如图 5.11 所示。

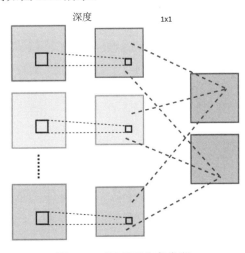

图 5.11　深度可分离卷积

比较标准卷积和深度可分离卷积。假设有 32 个输入和输出通道以及一个大小为 3×3 的过滤器。在标准卷积中，一个输出切片是对 32 个输入切片中的每个切片应用一个过滤器的结果，总计为 32×3×3 = 288 个权重（不包括偏置）。再看深度卷积，过滤器仅有 3×3 = 9 个权重，而用于 1×1 卷积的过滤器有 32×1×1 = 32 个权重。权重的总数为 32 + 9 = 41。因此，与标准卷积相比，深度可分离卷积既快又有效。

深度可分离卷积可以看作 Inception 块的一个极端版本（因此得名），其中每个深度方向上的输入/输出切片对代表一条并行路径，其具有与输入切片相同数量的并行路径。与其他 Inception 块的不同之处在于 1×1 卷积是最后一个，而不是第一个。但是这些操作无论如何都应该堆叠在一起，这里假设顺序不重要。还有一个区别是没有非线性激活（ReLU 或 ELU）。根据作者的实验，没有非线性深度卷积的网络收敛速度更快，精度更高。

Xception 网络完全由深度可分离卷积构建而成，并且包括残差连接。有关更多信息，请参阅 FrancoisChollet 撰写的原论文《Xception：深度可分离卷积的深度学习》（网址为 https://arxiv.org/abs/1610.02357）。

MobileNet 是另一类使用深度可分离卷积构建的模型，它是轻量级的，专门针对移动和嵌入式应用程序进行了优化。有关更多信息，请参阅 Andrew G. Howard、Menglong Zhu、Bo Chen、Dmitry Kalenichenko、Weijun Wang、Tobias Weyand、Marco Andreetto 和 Hartwig Adam 撰写的原论文《MobileNet：用于移动视觉应用的高效卷积神经网络》（网址为 https://arxiv.org/abs/1704.04861），以及 Mark Sandler、Andrew Howard、Menglong Zhu、Andrey Zhmoginov 和 Liang-Chieh 的新版本《MobileNetV2：反向残差和线性瓶颈》（网址为 https://arxiv.org/abs/1801.04381）。

5.2.4　DenseNet

DenseNet 表示密集连接卷积网络（Densely Connected Convolutional Networks），它试图缓解梯度消失问题并改善特征传播，同时减少网络参数的数量。前面已经介绍了 ResNet 如何通过跳过连接引入残差块解决此问题。DenseNet 从这个想法中获得了一些启发，并引入了密集块。密集块由顺序卷积层组成，其中任何层都直接与所有后续层相连，如图 5.12 所示。

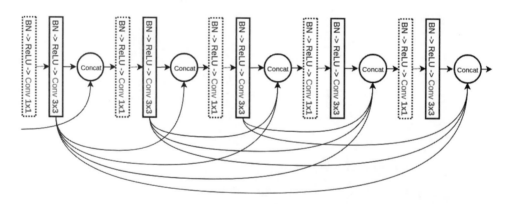

图 5.12　密集块

在图 5.12 中，降维层（虚线）是 DenseNet-B 体系结构的一部分，而原始的 DenseNet 并没有这一部分。

以下是密集块的一些属性：

● 不同的输入通过级联进行合并，与 ResNet（使用 sum）不同。
● 在每个级联上应用批归一化和 ReLU，然后将结果提供给下一个卷积层。
● 密集块由其卷积层数和每层的输出体积深度（在本节中称为增长率）指定。假设密集块

的输入体积深度为 k_0，每个卷积层的输出体积深度为 k。然后，由于级联，第 l 层的输入体积深度将为 $k_0 + k \times (l-1)$。作者还介绍了第二种密集网络 DenseNet-B，该网络在每次级联后应用降维 1×1 卷积。

● 尽管密集块的后续层有较大的输入体积深度（由于许多级联），但 DenseNet 可以使用低至 12 的增长率值，这减少了参数的总数。

● 为了使级联成为可能，密集块使用填充，以使整个块中所有输出切片的高度和宽度相同。网络使用密集块之间的平均池化进行下采样。

有关 DenseNet 的更多信息，请参阅 Gao Huang、Zhuang Liu、Laurens van der Maaten 和 Kilian Q. Weinberger 撰写的原论文《密集级联的卷积网络》（网址为 https://arxiv.org/abs/1608.06993）。

5.3 胶囊网络

胶囊网络由 Geoffrey Hinton 提出，是一种克服标准卷积神经网络局限性的方法。要了解胶囊网络背后的思想，首先需要了解这些局限性。

5.3.1 卷积网络的局限性

首先引用 Geoffrey Hinton 教授本人的一句话："卷积神经网络中使用的池化操作是一个很大的错误，它运行良好是一场灾难。"他的意思是卷积神经网络是平移不变的。为了理解这一点，可以想象有一张图片，上面有一张脸，位于图片的右半部分。平移不变性意味着卷积神经网络可以很好地告知图片中包含人脸，但是它不能告知人脸在图片的左侧还是右侧。造成这种现象的主要原因是池化层。每个池化层都会引入一些平移不变性。例如，最大池化路由仅转发输入神经元中的一个激活，但后续层并不知道其路由。通过堆叠多个池化层，逐渐增加了感受野的大小。但是被检测到的对象可以在新感受野中的任何位置，因为没有一个池化层可以传递此类信息。因此，增加了平移不变性。起初，这似乎是一件好事，因为最终标签必须是平移不变的。但这带来了一个问题，因为卷积神经网络无法识别一个物体相对于另一个物体的位置。它将图 5.13 中的两个图片都识别为面部，因为它们都包含面部成分（鼻子、嘴巴和眼睛），而不考虑成分彼此之间的相对位置。

这也被称为"毕加索问题"。

这还不是全部。如果脸部朝向不同，如将其上下颠倒，卷积神经网络也会感到困惑。解决此问题的一种方法是在训练过程中进行数据扩充（旋转）。但这也显示了网络的局限性。训练者必须明确地向网络展示不同方向的物体，告诉它这实际上是同一个物体。

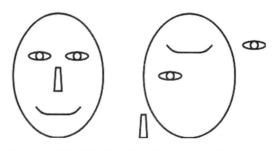

图 5.13　卷积网络将把这两张图片都识别为一张脸

　　到目前为止，读者已了解到卷积神经网络会丢弃平移信息（平移不变性），并且无法理解对象的方向。在计算机视觉中，平移和方向的组合称为姿态。姿态足以在坐标系中唯一标识对象的属性。使用计算机图形来说明这一点，三维对象（如立方体）完全由其姿态和边缘长度定义。将三维对象的表示形式转换为屏幕上的图像的过程称为渲染。只要知道立方体的姿态和边长，就可以从喜欢的任何角度对其进行渲染。因此，如果通过某种方式训练网络理解这些属性，则无须为同一对象提供多个扩充版本。卷积神经网络无法做到这一点，因为它的内部数据表示不包含有关对象姿态的信息（仅包含类型信息）。相反，胶囊网络保留有关对象的类型和姿态的信息。因此，胶囊网络可以检测相互转换的对象，这称为等变性（Equivariance），也可以将其视为"反向作图"，即通过其渲染图像对对象属性的重构。

5.3.2　胶囊

　　为了解决这些问题，作者提出了一种新型的网络构建块，称为胶囊，而不是神经元。神经元的输出是标量值，而胶囊的输出是一个向量（值列表），它由以下内容组成：

- 向量的元素代表对象的姿态和其他属性。
- 向量的长度范围在 $(0, 1)$，表示在该位置检测到特征的概率。向量的长度为 $\|\vec{v}\| = \sqrt{\sum_{i=1}^{n} v_i^2}$，

　其中 v_i 是向量元素。

　　考虑一个可以检测人脸的胶囊。如果开始在图像上移动人脸，则胶囊向量的值将改变以反映位置的变化。但是，它的长度将始终保持不变，因为脸部的概率不会随位置而变化。

　　胶囊组织在相互连接的层中，如同常规网络。一层中的胶囊用作下一层中的胶囊的输入。与卷积神经网络一样，前面层将检测基本特征，而较深的层将基本特征组合为更加抽象和复杂的特征。但是，胶囊不仅传递了检测到的物体，还传递了位置信息。这样更深的胶囊不仅可以分析特征的存在，还可以分析特征之间的关系。例如，胶囊层可以检测嘴、脸、鼻子和眼睛，后续的胶囊层将不仅能够验证这些特征的存在，而且能够验证特征是否具有正确的空间关系。仅当两个条件都成立时，后续层才能验证脸部是否存在。以上是胶囊网络的高级概述，下面讲解胶囊的工作原理。胶囊的示意图如图 5.14 所示。

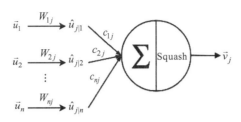

图 5.14 胶囊

使用以下要点分析胶囊网络：

- 胶囊的输入是来自上一层胶囊的输出向量 $u_1, u_2, \cdots, u_n$。

- 将每个向量 u_i 乘以其相应的权重矩阵 W_{ij}，以生成预测向量 $\hat{u}_{j|i} = W_{ij}u_i$。权重矩阵 W 编码低层特征（来自上一层胶囊）与高层特征（当前层胶囊）之间的空间关系和其他关系。例如，假设当前层的胶囊检测到脸部，前一层的胶囊检测到嘴巴（u_1）、眼睛（u_2）和鼻子（u_3）。那么，$\hat{u}_{j|1} = W_{1j}u_1$ 是根据检测到的嘴巴位置预测脸部位置的。同理，$\hat{u}_{j|2} = W_{2j}u_2$ 是根据检测到的眼睛位置预测脸部位置的，$\hat{u}_{j|3} = W_{3j}u_3$ 是根据检测到的鼻子位置预测脸部位置的。如果所有三个较低级别的胶囊向量都在同一位置上一致，则当前胶囊可以确信人脸确实存在。本例中只使用了位置，但是向量可以使用编码特征之间的其他类型的关系，如缩放和方向。权重 W 是通过反向传播学习的。

- 将 $\hat{u}_{j|i}$ 向量乘以标量耦合系数 c_{ij}。除权重矩阵外，这些系数是一组单独的参数。耦合系数存在于任何两个胶囊之间，并指示哪个高层胶囊将接受来自较低层胶囊的输入。耦合系数与权重矩阵不同，权重矩阵是通过反向传播进行调整的，耦合系数是通过动态路由（Dynamic Routing）在前向传递过程中动态计算的。

- 计算加权输入向量的总和。此步骤类似于神经元中的加权总和，不同之处在于，它是向量，公式如下：

$$\vec{s}_j = \sum_i c_{ij}\hat{u}_{j|i}$$

- 将通过压缩向量 s_j 计算胶囊 v_j 的输出。此处，压缩意味着变换向量，使其长度范围在 $(0,1)$，但不改变其方向。如前所述，胶囊向量的长度表示检测到的特征的概率，并且在范围 $(0,1)$ 压缩反映了这一点。为此，作者提出了一个新公式：

$$\vec{v}_j = \frac{\left\|\vec{s}_j\right\|^2}{1+\left\|\vec{s}_j\right\|^2} \frac{\vec{s}_j}{\left\|\vec{s}_j\right\|}$$

动态路由

接下来讲解动态路由过程以计算耦合系数 c_{ij}。图 5.15 中有一个较低层胶囊 I，它需决定是否将其输出发送到两个较高层胶囊 J 和胶囊 K 中的一个。暗点和亮点分别代表预测向量 $\hat{u}_{j|*}$ 和

$\hat{u}_{k|*}$，其中胶囊 J 和胶囊 K 已经从其他较低层胶囊接收到了输出。从胶囊 I 到胶囊 J 和胶囊 K 的箭头指向从胶囊 I 到胶囊 J 和胶囊 K 的 $\hat{u}_{j|i}$ 和 $\hat{u}_{k|i}$ 预测向量。

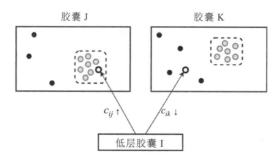

图 5.15　动态路由示例

聚集的预测向量（较浅的点）表示在高层特征方面彼此一致的较低层胶囊。例如，如果胶囊 K 描述了一张脸，则聚集的预测将指示较低层特征，如嘴、鼻子和眼睛。相反，分散的（较暗的点）点表示不一致。如果胶囊 I 预测车辆轮胎，则将与胶囊 K 中聚集的预测不一致。但是，如果胶囊 J 中聚集的预测表示诸如前灯、挡风玻璃或挡泥板之类的特征，则胶囊 I 的预测将与它们一致。低层胶囊有一种方法可以确定它们是属于每个高层胶囊的聚集组还是分散组。如果它们落在聚集组中，将增加与该胶囊的相应耦合系数，并将其向量路由到该方向。反之，如果它们落在分散组中，则系数会减小。

接下来用作者介绍的分步算法将上述知识形式化。

（1）对于 l 层中的所有胶囊 I 和 $(l+1)$ 层中的所有胶囊 J，初始化 $b_{ij} \leftarrow 0$，其中 b_{ij} 是与 c_{ij} 等价的临时变量，所有 b_{ij} 的向量表示是 $\vec{b}_i$。在算法开始时，胶囊 I 有相等的机会将其输出路由到 $(l+1)$ 层的任何胶囊。

（2）重复执行 r 次迭代，其中 r 是一个参数。

- 对于 l 层中的所有胶囊 I：$\vec{c}_i \leftarrow \mathrm{softmax}(\vec{b}_i)$。胶囊的所有输出耦合系数 c_i 的总和为 1（它们具有概率性质），因此使用 softmax。
- 对于 $(l+1)$ 层中的所有胶囊 J：$\vec{s}_j \leftarrow \sum_i c_{ij}\hat{u}_{j|i}$。即计算 $(l+1)$ 层的所有非压缩输出向量。
- 对于 $(l+1)$ 层中的所有胶囊 J，将计算压缩后的向量：$\vec{v}_j \leftarrow \mathrm{squash}(\vec{s}_j)$。
- 对于 l 层中的所有胶囊 I，以及 $(l+1)$ 层中的所有胶囊 J：$b_{ij} \leftarrow b_{ij} + \hat{u}_{j|i}\vec{v}_j$。此处，$\hat{u}_{j|i}\vec{v}_j$ 是低层胶囊 I 向量的预测向量与高层胶囊 J 向量的输出向量的点积。如果点积高，则胶囊 I 与其他低层胶囊一致，后者将其输出路由到胶囊 J，并且耦合系数增加。

作者最近发布了一种更新的动态路由算法，该算法使用一种称为"期望最大化（Expectation Maximization，EM）"的聚集技术。有关更多信息，请参阅 Geoffrey Hinton、Sara Sabour 和 Nicholas Frosst 撰写的原论文《使用 EM 路由的矩阵胶囊》。

5.3.3　胶囊网络的结构

本节将描述胶囊网络的结构，使用该结构对 MNIST 数据集进行分类。网络的输入是 28×28 MNIST 灰度图像，步骤如下：

（1）从带有 256 个步幅为 1 的 9×9 过滤器和 ReLU 激活的单个卷积层开始。输出体积的形状为(256, 20, 20)。

（2）另一个带有 256 个步幅为 2 的 9×9 过滤器的卷积层。输出体积的形状为(256, 6, 6)。

（3）使用该层的输出作为第一个胶囊层（称为 PrimaryCaps）的基础。将输出体积(256, 6, 6)分成 32 个独立的(8, 6, 6)块，即 32 个块中的每个块都包含 8 个 6×6 切片。从每个切片中获取一个具有相同坐标的激活值，并将这些值组合成一个向量。例如，获取切片 1 的激活(3, 7)，切片 2 的激活(3, 7)，以此类推，并将它们组合成一个长度为 8 的向量，将得到 36 个这样的向量。然后，将每个向量"转化"成一个胶囊，总共 36 个胶囊。PrimaryCaps 层的输出体积形状为 (32, 8, 6, 6)。

（4）第二个胶囊层称为 DigitCaps。它包含 10 个胶囊（每个数字一个），其输出是一个长度为 16 的向量。DigitCaps 层的输出体积形状为(10, 16)。在推理过程中，计算每个 DigitCaps 胶囊向量的长度，然后将向量最长的胶囊作为网络的预测结果。

（5）在训练过程中，该网络在 DigitCaps 之后增加了三个全连接层，其中最后一个层有 784 个神经元（28×28）。在前向训练过程中，最长的胶囊向量会作为这些层的输入。它们试图从该向量开始重构原始图像。然后将重构图像与原始图像进行比较，差值作为反向传递的额外正则化损失。

胶囊网络是一种新的、很有前途的计算机视觉方法。但是，它尚未被广泛采用，并且在本书讨论的任何深度学习库中都没有正式的实现，但是可以找到多个第三方实现。

有关胶囊网络的更多信息，请参阅 Sara Sabour、Nicholas Frosst 和 Geoffrey E Hinton 撰写的原论文《胶囊之间的动态路由》（网址为 https://arxiv.org/abs/1710.09829）。

5.4　高级计算机视觉任务

前面已经介绍了分类任务，卷积神经网络可以告知图像中的对象和置信度得分，仅此而已。本节将讨论两个更高级、更有趣的任务：对象检测和语义分割。

5.4.1　对象检测

对象检测是在图像或视频中查找某类对象实例（如脸部、汽车和树木）的过程。与分类不同，对象检测可以检测多个对象以及它们在图像中的位置。

对象检测器将返回检测到的对象的列表，其中包含每个对象的以下信息：

● 对象的类别（人、汽车、树等）。
● [0,1]的概率（或置信度得分），表示探测器对该位置存在该对象的置信度。这类似于常规分类器的输出。
● 对象所在图像矩形区域的坐标。此矩形称为边界框。

在图 5.16 中可以观察到对象检测算法的典型输出（左边的车辆被错误地归类为人，但其余对象被正确归类）。对象类型和置信度分数位于每个边界框的上方。

图 5.16　对象检测器的输出

1. 对象检测的方法

对象检测主要有三种方法，分别为经典滑动窗口方法、两阶段检测方法、一阶段检测方法。

（1）经典滑动窗口方法：此处将使用常规分类网络（分类器）。这种方法可以与任何类型的分类算法一起使用，但是相对较慢且容易出错。

● 建立图像金字塔。这是同一图像的不同比例的组合（见图 5.17）。例如，每个缩放的图像可以比前一个图像小两倍。这样，无论原始图像中的物体大小如何，都可以对其进行检测。
● 在整个图像上滑动分类器。将使用图像的每个位置作为分类器的输入，结果将确定该位置中的对象类型。该位置的边界框就是用作输入的图像区域。
● 每个对象都有多个重叠的边界框。将使用一些启发式算法将它们组合在一个预测中。

滑动窗口+图像金字塔对象检测的示意图如图 5.17 所示。

（2）两阶段检测方法：这种方法非常准确，但速度相对较慢。两阶段检测方法包括以下两个步骤：

● 一种特殊的卷积神经网络称为"区域提议网络（Region Proposal Network）"，它扫描图像并提出一些可能放置对象的边界框。但是，此网络不会检测对象的类型，而只会检测区域中是否存在对象。

● 感兴趣区域被发送到第二阶段进行对象分类。

（3）一阶段检测方法：此处单个卷积神经网络会生成对象类型和边界框。与两阶段方法相比，这种方法通常更快，但准确率较低。

图 5.17   滑动窗口+图像金字塔对象检测

2. 使用 YOLO v3 进行对象检测

接着将介绍一种流行的检测算法，称为 YOLO。这个名字是流行的座右铭"You only live once"的首字母缩写，它反映了算法的一次性本质。作者已经发布了三个版本，对算法进行了渐进式改进。首先介绍最新的版本，即 YOLO v3。

在深入讲解之前，先介绍一些有关 YOLO 的内容。

● 它与全卷积网络（无池化层）一起使用，与本章中所讲的其他网络不同。它使用残差连接和批归一化。YOLO v3 网络使用三种不同比例的图像进行预测。然而，不同之处在于使用了特殊类型的 groundtruth/output 数据，该数据是分类和回归的组合。

● 网络将整个图像作为输入，并仅通过一次即可输出所有检测到的对象的边界框、对象类别和置信度得分。例如，本节开始时在人行横道上的图像中的边界框是使用单个网络通道生成的。

有了上述介绍，接下来讲解 YOLO 的工作原理。

（1）将图像分割为 $S \times S$ 单元格网格（在图 5.18 中可以观察到 3×3 网格）。

● 网络将每个网格单元的中心视为对象可能位于的区域的中心。

● 一个对象可能完全位于一个单元格内，其边界框将小于单元格。或者，一个对象可以跨多个单元格，并且边界框将会变大。YOLO 涵盖了这两种情况。

● YOLO 可以借助锚框（Anchor Boxes）检测网格单元中的多个对象，但是一个对象仅与一个单元相关联（一对 n 关系）。如果对象的边界框覆盖多个单元格，则将对象与边界框中心所在的单元格相关联。例如，图 5.18 中的两个对象跨越了多个单元格，但是由于它们的中心位于中央单元格中，因此它们都被分配给了中央单元格。

● 一些单元格可能包含对象，而其他单元格可能不包含对象。只对包含对象的单元格感兴趣。

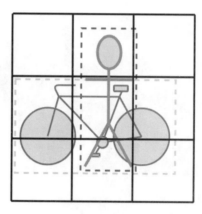

图 5.18　对象检测 YOLO 示例

图 5.18 为对象检测 YOLO 示例，具有 3×3 单元网格、2 个对象及其边界框（虚线）。这两个对象都与中间单元格相关联，因为它们边界框的中心位于该单元格中。

（2）网络输出和目标数据是一个一阶段分类器。网络为每个网格单元输出可能的检测对象。例如，如果网格为 3×3，则输出将包含 9 个可能的检测对象。为了清晰起见，介绍单个网格单元/检测到的对象的输出数据（及其对应的标签）。它是一个数组，值为 $[b_x, b_y, b_h, b_w, p_c, c_1, c_2, \cdots, c_n]$。

● b_x、b_y、b_h、b_w 描述边界框（如果存在对象）。b_x 和 b_y 是框的左上角坐标，它们相对于图像的大小在[0,1]归一化即如果图像的大小为 100×100，$b_x = 2$，$b_y = 50$，则它们的归一化值为 0.2 和 0.5；b_h 和 b_w 表示框的高度和宽度，网格单元将它们归一化，如果边界框大于单元格，则其值将大于 1。预测框参数是一项回归任务。

● p_c 是[0,1]的置信度得分。置信度得分的标签为 0（不存在）或 1（存在），从而使输出的这部分成为分类任务。如果对象不存在，可以丢弃其余的数组值。

● c_1、c_2、$\cdots$、c_n 是对象类别的独热编码。例如，如果类别有汽车、人、树、猫和狗，并且当前对象是猫类型，则其编码将为[0, 0, 0, 1, 0]。如果有 n 个可能类别，则一个单元格的输出数组的大小将为 $5 + n$（示例中为 9）。

网络输出/标签将包含 $S \times S$ 这样的数组。例如，对于 3×3 单元网格和 4 个类别，YOLO 输出的长度将为 3×3×9 = 81。

（3）现在介绍在同一单元格中有多个对象的情况，YOLO 为这个问题提出了一个优秀的解决方案。每个单元格存在形状不同的多个候选框（也称锚框或先验框）。在图 5.19 中可以看到网格单元（实线正方形）和两个锚框——垂直和水平（虚线）。如果在同一个单元格中有多个对象，则将每个对象与其中一个锚框相关联。相反，如果锚框没有关联的对象，则其置信度得分将为 0。这种安排方式也将改变网络输出。每个网格单元将有多个输出数组（每个锚框一个输出数组）。为了扩展前面的示例，假设有一个 3×3 的单元网格，其中包含 4 个类别，每个单元格有两个锚框。将有 3×3×2 = 18 个输出边界框，总输出长度为 3×3×2×9 = 162。

图 5.19 是带有两个锚框的网格单元。

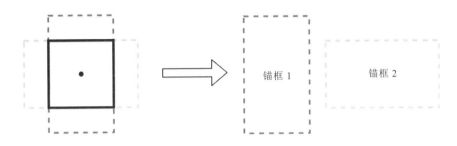

图 5.19　带有两个锚框（虚线）的网格单元（实线正方形）

现在唯一的问题是如何在训练过程中为对象选择合适的锚框（在推理过程中，网络将自行选择）。需要在交并比（Intersection over Union，IoU）的帮助下进行此操作。交并比是对象边界框/锚框的交集面积与其并集面积之比，如图 5.20 所示。

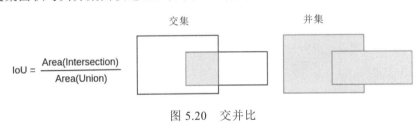

图 5.20　交并比

将每个对象的边界框与所有锚框进行比较，并将对象分配给具有最高交并比的锚框。

（4）现在了解了 YOLO 的工作原理，接下来可以将其用于预测。但是，网络的输出可能会有噪声——该输出包括每个单元格的所有可能的锚框，不管其中是否存在对象。许多框会重叠，但实际上预测的是相同的对象。使用非极大值抑制（Non-Maximum Suppression）可以消除噪声，工作原理如下：

● 丢弃置信度得分小于等于 0.6 的所有边界框。

● 从剩余的边界框中选择置信度分数可能最高的边界框。

● 在上一步中选择的框中丢弃任何 IoU 大于等于 0.5 的框。

　　如果担心网络 output/groundtruth 数据会变得太复杂或太大，请勿担心。卷积神经网络可以很好地处理 ImageNet 数据集，它有 1000 个类别，因此有 1000 个输出。

有关 YOLO 的更多信息，请查看下列原论文：

● 《您只需看一次：统一实时对象检测》（网址为 https://arxiv.org/abs/1506.02640），作者是
  Joseph Redmon、Santosh Divvala、Ross Girshick 和 Ali Farhadi。

● 《YOLO9000：更好、更快、更强》（网址为 https://arxiv.org/abs/1612.08242），作者是 Joseph
  Redmon 和 Ali Farhadi。

● 《YOLOv3：渐进式改进》（网址为 https://arxiv.org/abs/1804.02767），作者是 Joseph
  Redmon 和 Ali Farhadi。

3．在 OpenCV 中使用 YOLO v3 的代码示例

本节将演示如何在 OpenCV 中使用 YOLO v3 对象检测器。此示例需要 OpenCV 3.4.2 或更
高版本以及 250 MB 的磁盘空间——用于预训练的 YOLO 网络。具体步骤如下：

（1）从导入开始，代码如下：

```
import os.path
import cv2          # 导入 opencv
import numpy as np
import requests
```

（2）添加一些样例代码用于下载并存储以下内容：

● YOLO v3 网络配置。将使用 YOLO 作者的 GitHub 和个人网站进行此操作。

● 网络可以检测到的类别名称。将从文件中加载类别名称。

● 来自维基百科的测试图片。将从文件中加载图像。

代码如下：

```
# 下载 YOLO 网络配置文件
# 将从 YOLO 作者的 GitHub 仓库中获取
yolo_config = 'yolov3.cfg'
if not os.path.isfile(yolo_config):
    url = 'https://raw.githubusercontent.com/pjreddie/darknet/master/
cfg/yolov3.cfg'
    r = requests.get(url)
    with open(yolo_config, 'wb') as f:
        f.write(r.content)

# 下载 YOLO 网络权重
# 将从作者的网站站点中获取
yolo_weights = 'yolov3.weights'
if not os.path.isfile(yolo_weights):
    url = 'https://pjreddie.com/media/files/yolov3.weights'
    r = requests.get(url)
    with open(yolo_weights, 'wb') as f:
        f.write(r.content)
```

```
# 下载类名称文件
# 包含网络可以检测到的类名称
classes_file = 'coco.names'
if not os.path.isfile(classes_file):
    url = 'https://raw.githubusercontent.com/pjreddie/darknet/master/
data/coco.names'
    r = requests.get(url)
    with open(classes_file, 'wb') as f:
        f.write(r.content)

# 加载类名称
with open(classes_file, 'r') as f:
    classes = [line.strip() for line in f.readlines()]

# 下载对象检测图像
image_file = 'source.jpg'
if not os.path.isfile(image_file):
    url = "https://upload.wikimedia.org/wikipedia/commons/c/c7/Abbey_
Road_Zebra_crossing_2004-01.jpg"
    r = requests.get(url)
    with open(image_file, 'wb') as f:
        f.write(r.content)

# 读取并标准化图像
image = cv2.imread(image_file)
blob = cv2.dnn.blobFromImage(image, 1 / 255, (416, 416), (0, 0, 0), True,
crop=False)
```

（3）使用刚才下载的权重和配置初始化网络，代码如下：

```
# 加载网络
net = cv2.dnn.readNet(yolo_weights, yolo_config)
```

（4）将图像输入网络并进行推理，代码如下：

```
# 设置为网络输入
net.setInput(blob)

# 获取网络输出层
layer_names = net.getLayerNames()
output_layers = [layer_names[i[0] - 1] for i in
net.getUnconnectedOutLayers()]

# 推理
# 网络输出多个锚框列表
# 每个检测到的类别对应一个
```

```
outs = net.forward(output_layers)
```

（5）迭代类别和锚框，并为下一步做好准备，代码如下：

```
# 提取边界框
class_ids = list()
confidences = list()
boxes = list()

# 迭代所有类别
for out in outs:
    # 迭代每个类别的锚框
    for detection in out:
        # 边界框
        center_x = int(detection[0] * image.shape[1])
        center_y = int(detection[1] * image.shape[0])
        w = int(detection[2] * image.shape[1])
        h = int(detection[3] * image.shape[0])
        x = center_x - w // 2
        y = center_y - h // 2
        boxes.append([x, y, w, h])

        # 类别
        class_id = np.argmax(detection[5:])
        class_ids.append(class_id)

        # 置信度
        confidence = detection[4]
        confidences.append(float(confidence))
```

（6）通过非极大值抑制消除噪声。尝试使用 score_threshold 和 nms_threshold 的不同值查看检测到的对象如何变化。例如，设置 score_threshold＝0.3 将检测到远处有更多的车辆，代码如下：

```
# 非极大值抑制
ids = cv2.dnn.NMSBoxes(boxes, confidences, score_threshold=0.3,
nms_threshold=0.5)
```

（7）在图像上绘制边界框并显示结果，代码如下：

```
# 在图像上绘制边界框
colors = np.random.uniform(0, 255, size=(len(classes), 3))

for i in ids:
    i = i[0]
    x, y, w, h = boxes[i]
    class_id = class_ids[i]
```

```
    color = colors[class_id]

    cv2.rectangle(image, (round(x), round(y)), (round(x + w), round(y + h)),
color, 2)

    label = "%s: %.2f" % (classes[class_id], confidences[i])
    cv2.putText(image, label, (x - 10, y - 10), cv2.FONT_HERSHEY_
SIMPLEX, 1, color, 2)

cv2.imshow("Object detection", image)
cv2.waitKey()
```

如果一切顺利，那么此代码块将产生与图 5.16 相同的图像。

5.4.2　语义分割

语义分割（Semantic Segmentation）是将类别标签（如人、汽车或树）分配给图像的每个像素的过程，可以将其视为分类，但其是在像素级别上进行的，将单独对每个像素进行分类，而不是将整个图像分类在一个标签下。语义分割的一个示例如图 5.21 所示。

图 5.21　语义分割

要训练分割算法，需要一种特殊类型的 groundtruth 数据，其中每张图像的标签是该图像在语义上分割的变体。

语义分割有很多方法，在以下项目中可以发现这些方法：

● 最简单的方法是使用熟悉的滑动窗口技术，将使用常规分类器，并沿步幅 1 向任意方向滑动分类器。获得位置预测后，将获取位于输入区域中间的像素，然后将其分配给预测类别。正如所预料的，这种方法非常慢，因为图像中有大量像素（即使是 1024×1024 的图像也超过 1 000 000 个像素）。

● 使用一种特殊类型的卷积神经网络，称为全卷积网络（Fully Convolutional Network，FCN），通过一次扫描对输入区域中的所有像素进行分类。全卷积网络可以分为两个虚拟组件（实际上，它只是一个单一的网络）。

◆ 编码器是网络的第一部分。它就像常规的卷积神经网络，末端没有全连接层。编码器的作用是学习输入图像的高度抽象表示（此处无新内容）。

◆ 解码器是网络的第二部分。它在编码器之后开始，并将编码器的输出用作输入。解码器的作用是将这些抽象表示"转换"为分割的 groundtruth 数据。为此，解码器使用与编码器操作相反的操作。这包括反池化（与池化相反）和反卷积（与卷积相反）。

5.5　艺术风格迁移

艺术风格迁移是利用一张图像的风格（或纹理）再现另一张图像的语义内容。它可以使用不同的算法实现，流行的方法是在 2015 年的一篇论文中介绍的艺术风格神经算法（由 Leon A.Gatys、Alexander S.Ecker 和 Matthias Bethge 合著，网址为 https://arxiv.org/abs/1508.06576）。它也被称为神经风格迁移，也使用卷积神经网络实现。在过去的几年中，基本算法已经得到了改进和调整，但本节将介绍它最初引入的方式，因为这将为后面理解最新版本奠定良好的基础。

该算法将以下两张图像作为输入：

● 需要重绘的内容图像（C）。

● 样式图像（S），将使用其样式（纹理）重新绘制 C。

算法的结果是一个新的图像：G = C + S。艺术风格迁移的示例如图 5.22 所示。

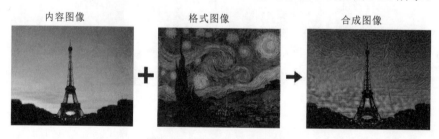

内容图像　　　　　　　格式图像　　　　　　　合成图像

图 5.22　艺术风格迁移示例

为了理解艺术风格迁移的工作原理，首先回顾神经网络学习特征的分层表示。初始卷积层要学习基本特征，如边和线。较深层要学习更复杂的特征，如人脸、汽车和树木。在第 3 章中已介绍了这些内容，下面介绍其操作步骤。

（1）建议使用常规的预训练 VGG 网络。

（2）为网络提供内容图像 C，提取并存储网络中间多个隐藏层的输出激活（或特征图或切片）。使用 A_c^l 表示这些激活，其中 l 是层的索引。因为中间层中编码的特征抽象级别最适合该任务，所以需关注中间层。

（3）对样式图像 S 执行相同的操作。这次使用 A_s^l 表示 l 层的样式激活。为内容和样式选择的层不必相同。

（4）生成单个随机图像（白噪声）G。此随机图像将逐渐变成算法的最终结果。将进行多次迭代。

● 通过网络传播 G（将在整个过程中使用的唯一图像）。如前所述，将存储所有 l 层的激活（此处 l 是用于内容和样式图像的所有层的组合）。使用 A_g^l 表示这些激活。

● 计算随机噪声激活 A_g^l 与 A_c^l、A_s^l 之间的差值。这将是损失函数的两个组成部分，具体如下：

◆ $J_c(C,G) = \dfrac{1}{2}\sum_l \left\| A_c^l - A_g^l \right\|^2$ 称为内容损失：它只是所有 l 层的两个激活之间的元素差的均方误差。

◆ $J_s(S,G)$ 称为样式损失：它类似于内容损失，但是要比较它们的格拉姆矩阵，而不是原激活。

（5）使用内容损失和样式损失计算总损失 $J(G) = \alpha J_c(S,G) + \beta J_s(S,G)$，这只是两者的加权总和。系数 α 和 β 确定分量承担的权重比例。

（6）将梯度反向传播到网络的起点，并更新生成的图像。通过这种操作方式，损失函数成为两者的组合，因此，G 与内容和样式图像更加相似。

该算法使利用卷积网络的强大表示能力进行艺术风格迁移成为可能。它通过一个新损失函数并巧妙使用反向传播实现。

如果读者对实现艺术风格迁移感兴趣，请参阅官方 PyTorch 教程（网址为 https://pytorch.org/tutorials/advanced/neural_style_tutorial.html）。

该算法的一个缺点是速度相对较慢。通常，必须重复这个伪训练过程几百次才能产生视觉上吸引人的结果。所幸的是，Justin Johnson、Alexandre Alahi 和李飞飞的论文《实时风格转换和超分辨率的感知损失》（网址为 https://arxiv.org/abs/1603.08155）提供了一种解决方案，它在原算法的基础上构建，速度提高了三个数量级。

5.6　小结

本章首先介绍了一些新的和先进的计算机视觉技术。从迁移学习开始，这种技术就是通过使用预先训练的模型引导网络训练的方法。接下来，本章介绍了当今使用的一些流行的神经网络结构。然后，介绍胶囊网络，它是一种很有前途的计算机视觉新方法。接着，介绍了对象分类之外的任务，如对象检测和语义分割。最后，介绍了艺术风格迁移。

第 6 章将讲解一种称为生成模型的新型机器学习算法。使用这种模型可以生成新内容，如图像。

第 **6** 章

使用 VAE 和 GAN 生成图像

"只有理解事物原理才能创造。"——理查德·费曼

在生成模型中经常引用这句话是有充分理由的。第 4 章和第 5 章重点介绍了有监督的计算机视觉问题，如分类和目标检测。现在，本章将介绍如何在无监督神经网络的帮助下创建新图像。毕竟，不需要带标签的数据会更好。具体而言，本章将介绍生成模型。

本章将涵盖以下内容：

- 生成模型的直观解释。
- VAE。
- GAN。

6.1 生成模型的直观解释

到目前为止，使用神经网络作为判别模型（Discriminative Model）。这仅仅意味着给定输入数据，判别模型会将其映射到某个标签（即分类）。一个典型的示例是将 MNIST 图像分类为 10 个数字类别中的一个，其中神经网络将输入数据特征（像素强度）映射到数字标签；使用另一种方式解释，判别模型给出了给定 x（输入）的 y（类别）的概率 $P(Y|X=x)$。在 MNIST 示例中，解释为给定图像像素强度，即数字出现的概率。

另一方面，生成模型（Generative Model）学习类的分布，它与判别模型相反。生成模型是给定类别 y 尝试预测输入特征的概率 $P(X|Y=y)$，而不是给定某些输入特征预测类别 y 概率。例如，给定数字类别，生成模型将能够创建手写数字的图像。由于只有 10 个类别，只能生成 10 张图像。使用此示例只是为了更好地说明这一概念。实际上，y "类别"可以是值的任意张量，并且模型将能够生成数量不限的具有不同特征的图像。如果现在不理解，也不用担心，本章将有许多示例。

以生成方式使用神经网络的两种流行的方法是变分自编码器（Variational Auto-Encoder，VAE）和生成式对抗网络（Generative Adversarial Networks，GAN）。

6.2 VAE

要了解 VAE，先讨论常规自编码器。自编码器是试图重现其输入的前馈神经网络。换言之，自编码器的目标值（标签）等于输入数据 $y^i = x^i$，其中 i 是样本索引。它试图学习一个恒等函数 $h_{w,w'}(x) = x$（该函数重复其输入）。因为"标签"是输入数据，所以自编码器是一种无监督算法。自编码器示例如图 6.1 所示。

自编码器由输入层、隐藏（或瓶颈）层和输出层组成。尽管它是一个单一网络，但可以将其视为两个虚拟部分。

- 编码器：将输入数据映射到网络的内部表示。为了简单起见，在此示例中，编码器是单个全连接隐藏瓶颈层。内部状态只是其激活向量。通常，编码器可以有多个隐藏层，包括卷积。
- 解码器：尝试从网络的内部数据表示中重构输入。解码器也可以具有复杂的结构，通常会镜像编码器。

通过最小化损失函数（称为重构误差 $\mathcal{L} = (x, x')$）训练自编码器。它测量原始输入与其重构之间的距离。通过梯度下降和反向传播方法将其最小化。根据方法的不同，使用均方误差（MSE）或二元交叉熵（与交叉熵类似，但有两个类）作为重构误差。在第 1 章首次介绍了 MSE；第 3

章介绍了交叉熵损失。

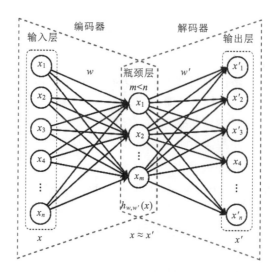

图 6.1　自编码器

　　此时，读者可能想知道自编码器有何作用，可能认为它只是重复其输入，其实，它对网络输出不感兴趣，而对其内部数据表示（也称为潜在空间表示）感兴趣。潜在空间包含隐藏的数据特征，这些特征不是直接观察到的，而是由算法推断出来的。关键是瓶颈层的神经元比输入/输出层少。这主要有以下两个原因：

● 因为网络试图从较小的特征空间重构其输入，所以它学习数据的紧凑表示，可以将其视为压缩（但并非无损）。

● 通过使用较少的神经元，网络被迫只学习数据中最重要的特征。为了说明这一概念，先讨论去噪自编码器（Denoising Autoencoder），在训练过程中，使用损坏的输入数据，但目标数据未损坏。例如，如果训练去噪自编码器重构 MNIST 图像，可以通过将最大强度（白色）设置为图像的随机像素来引入噪声（见图 6.2）。为了将无噪声目标的损失降到最低，自编码器被迫忽略输入中的噪声，仅学习数据的重要特征。但是，如果网络中隐藏神经元比输入神经元多，它可能会对噪音产生过拟合。由于隐藏的神经元数量较少，它无处可去，只能尝试忽略噪声。一旦经过训练，使用去噪自编码器就可以去除真实图像中的噪声。

　　编码器将每个输入样本映射到潜在空间，潜在表示的每个属性都有一个离散值。这意味着一个输入样本只能有一个潜在表示。因此，解码器只能以一种可能的方式重构输入。换言之，解码器可以生成一个输入样本的单个重建。但是，这并不是想要的结果，最终希望生成与原始图像不同的新图像。

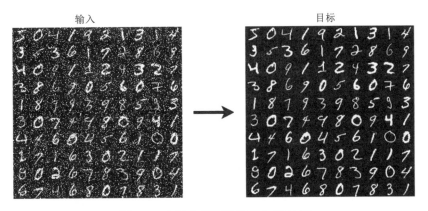

图 6.2　去噪自编码器的输入和目标

VAE 可以用概率术语描述潜在表示，即为每个潜在属性分配一个概率分布，而不是离散值，从而使潜在空间连续，而且更容易随机采样和插值。例如，如果试图对一幅车辆图像进行编码，潜在表示有 n 个属性（瓶颈层中有 n 个神经元）。每个属性表示一个车辆属性，如长度、高度和宽度（见图 6.3），假设平均车辆长度为 4m。VAE 可以将该属性解码为平均值为 4 的正态分布，而不是固定值（其他属性也是如此）。然后，解码器可以选择从潜在变量的分布范围中对其进行采样。与输入相比，它可以重构更长、更低的车辆。通过这种方式，VAE 可以生成无限数量的输入的修改版图像。

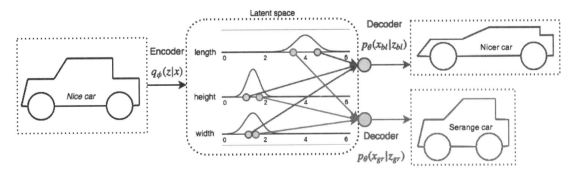

图 6.3　VAE 示例

对此进行形式化。

- 使用 $q_\phi(z|x)$ 表示编码器，其中，ϕ 是网络的权重和偏置，x 是输入，z 是潜在空间表示。编码器输出是 z（可能会生成 x）的可能值的分布（如高斯分布）。
- 使用 $p_\theta(x|z)$ 表示解码器，其中，θ 是解码器权重和偏置。首先，从分布中随机抽样 z。然后，它被发送到解码器，解码器的输出是 x 可能对应值的分布。
- VAE 使用一种特殊类型的损失函数，包含两项：

$$L(\theta, \varphi; x) = -D_{KL}(q_\varphi(z|x) \| p_\theta(z)) + E_{q_\varphi(z|x)}[\log(p_\theta(x|z))]$$

第一项是概率分布 $q_\phi(z|x)$ 与期望概率分布 $p(z)$ 之间的 Kullback-Leibler 散度。当使用 $q_\phi(z|x)$ 表示 $p(z)$ 时，它衡量丢失信息的大小（即两个分布的接近程度）。第一项鼓励自编码器探索不同的重构。

第二项是重构损失，它衡量原始输入与其重构之间的差异。它们之间的差异越大，第二项就越大。因此，第二项鼓励自编码器更好地重构数据。

要实现 VAE，瓶颈层不会直接输出潜在状态变量。相反，它将输出两个向量，这两个向量描述每个潜在变量分布的均值和方差，如图 6.4 所示。

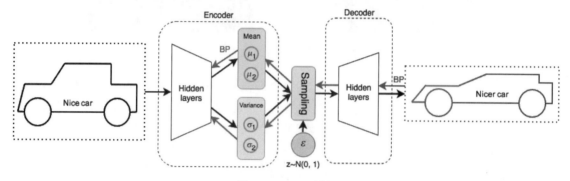

图 6.4　VAE 采样

一旦得到了均值和方差分布，就可以从潜在变量分布中采样一个状态 z，并将其传递给解码器进行重构。但是还没结束，因为这带来了另一个问题：反向传播不适用于随机过程，如此处使用的过程。所幸的是，使用所谓的重参数化技巧可以解决这个问题。首先，将采样一个随机向量 ε，其维度与高斯分布（图 6.4 中的 ε 圈）中的 z 相同。然后，将其按潜在分布的均值 μ 进行平移，并根据潜在分布的方差 σ 进行缩放：

$$z = \mu + \sigma \odot \varepsilon$$

通过这种方式，将只能优化均值和方差（灰色箭头），并且将省略反向传播中的随机生成器。同时，采样数据将具有原始分布的属性。

接下来介绍 VAE 如何为 MNIST 数据集生成新的数字，并使用 Keras 实现该程序。选择 MNIST 是因为它能很好地说明 VAE 的生成能力。

（1）执行导入，代码如下：

```python
import matplotlib.pyplot as plt
from matplotlib.markers import MarkerStyle
import numpy as np
from keras import backend as K
from keras.datasets import mnist
from keras.layers import Lambda, Input, Dense
from keras.losses import binary_crossentropy
from keras.models import Model
```

（2）实例化 MNIST 数据集，代码如下：

```
(x_train, y_train), (x_test, y_test) = mnist.load_data()

image_size = x_train.shape[1] * x_train.shape[1]
x_train = np.reshape(x_train, [-1, image_size])
x_test = np.reshape(x_test, [-1, image_size])
x_train = x_train.astype('float32') / 255
x_test = x_test.astype('float32') / 255
```

（3）实现 build_vae 函数，该函数将构建 VAE。

● 该函数将编码器、解码器和整个网络作为元组返回，从而可以单独访问它们。

● 瓶颈层将只有 2 个神经元（即只有 2 个潜在变量）。这样就可以将潜在分布显示为二维图。

● 编码器/解码器将包含一个带有 512 个神经元的中间（隐藏）全连接层。这不是一个卷积网络。

● 将使用交叉熵重构损失和 KL 散度。

具体实现代码如下：

```
def build_vae(intermediate_dim=512, latent_dim=2):
    """
    构建 VAE
    intermediate_dim 参数：编码器/解码器隐藏层的大小
    latent_dim 参数：潜在空间大小
    返回元组：编码器、解码器和整个 VAE
    """

    # 编码器
    inputs = Input(shape=(image_size,), name='encoder_input')
    x = Dense(intermediate_dim, activation='relu')(inputs)

    # 潜在均值和方差
    z_mean = Dense(latent_dim, name='z_mean')(x)
    z_log_var = Dense(latent_dim, name='z_log_var')(x)

    # 随机抽样的重新参数化技巧
    # 注意 Lambda 层的用法
    # 在运行时，它将调用 sampling 函数
    z = Lambda(sampling, output_shape=(latent_dim,), name='z')([z_mean, z_log_var])

    # 全编码器模型
    encoder = Model(inputs, [z_mean, z_log_var, z], name='encoder')
    encoder.summary()

    # 解码器
```

```
latent_inputs = Input(shape=(latent_dim,), name='z_sampling')
x = Dense(intermediate_dim, activation='relu')(latent_inputs)
outputs = Dense(image_size, activation='sigmoid')(x)

# 全解码器模型
decoder = Model(latent_inputs, outputs, name='decoder')
decoder.summary()

# VAE 模型
outputs = decoder(encoder(inputs)[2])
vae = Model(inputs, outputs, name='vae')

# 损失函数
# 从重建损失开始
reconstruction_loss = binary_crossentropy(inputs, outputs) * image_size

# 接下来是 KL 散度
kl_loss = 1 + z_log_var - K.square(z_mean) - K.exp(z_log_var)
kl_loss = K.sum(kl_loss, axis=-1)
kl_loss *= -0.5

# 将它们合并成一个总损失
vae_loss = K.mean(reconstruction_loss + kl_loss)
vae.add_loss(vae_loss)

return encoder, decoder, vae
```

（4）与网络定义直接相关的是 sampling 函数，它使用重参数化技巧实现对潜在向量 z 的随机采样，代码如下：

```
def sampling(args: tuple):
    """
    从单位高斯采样 z 的重参数化技巧
    args 参数：q(z|x) 的均值和方差对数
    返回张量：采样潜在向量 z
    """

    # 解开输入元组
    z_mean, z_log_var = args

    # mini-batch 大小
    mb_size = K.shape(z_mean)[0]

    # 潜在空间大小
    dim = K.int_shape(z_mean)[1]

    # 均值为 0 且标准差为 1.0 的随机向量
```

```
epsilon = K.random_normal(shape=(mb_size, dim))

return z_mean + K.exp(0.5 * z_log_var) * epsilon
```

（5）实现 plot_latent_distribution 函数。它收集测试集中所有图像的潜在表示，并将它们显示在二维图上。之所以能做到这一点，是因为网络只有两个潜在变量（对应绘图的两个轴）。请注意，只需要解码器就可以实现，代码如下：

```
def plot_latent_distribution(encoder,
                             x_test,
                             y_test,
                             batch_size=128):
    """
    在潜在空间中显示数字类别的二维图
    只对 z 感兴趣，因此此处只需编码器
    encoder 参数：编码器网络
    x_test 参数：测试图像
    y_test 参数：测试标签
    batch_size 参数：mini-batch 大小
    """
    z_mean, _, _ = encoder.predict(x_test, batch_size=batch_size)
    plt.figure(figsize=(6, 6))

    markers = ('o', 'x', '^', '<', '>', '*', 'h', 'H', 'D', 'd', 'P',
'X', '8', 's', 'p')

    for i in np.unique(y_test):
        plt.scatter(z_mean[y_test == i, 0], z_mean[y_test == i, 1],
                    marker=MarkerStyle(markers[i], fillstyle='none'),
                    edgecolors='black')

    plt.xlabel("z[0]")
    plt.ylabel("z[1]")
    plt.show()
```

（6）实现 plot_generated_images 函数。它将在[-4, 4]中为两个潜在变量中的每一个采样 $n \times n$ 向量 z。接下来，它将根据采样向量生成图像，并将它们显示在二维网格中。请注意，只需要解码器就可以实现，代码如下：

```
def plot_generated_images(decoder):
    """
    显示生成的图像的二维图
    因为将手动采样分布 z，所以只需解码器
    decoder 参数：解码器网络
    """
```

```
#显示 n×n 二维数字流形
n = 15
digit_size = 28

figure = np.zeros((digit_size * n, digit_size * n))
# 线性间隔的坐标对应于潜在空间中数字类别的二维图
grid_x = np.linspace(-4, 4, n)
grid_y = np.linspace(-4, 4, n)[::-1]

# 开始在 grid_x 和 grid_y 范围内采样 z1 和 z2
for i, yi in enumerate(grid_y):
    for j, xi in enumerate(grid_x):
        z_sample = np.array([[xi, yi]])
        x_decoded = decoder.predict(z_sample)
        digit = x_decoded[0].reshape(digit_size, digit_size)
        slice_i = slice(i * digit_size, (i + 1) * digit_size)
        slice_j = slice(j * digit_size, (j + 1) * digit_size)
        figure[slice_i, slice_j] = digit

# 绘制结果
plt.figure(figsize=(6, 5))
start_range = digit_size // 2
end_range = n * digit_size + start_range + 1
pixel_range = np.arange(start_range, end_range, digit_size)
sample_range_x = np.round(grid_x, 1)
sample_range_y = np.round(grid_y, 1)
plt.xticks(pixel_range, sample_range_x)
plt.yticks(pixel_range, sample_range_y)
plt.xlabel("z[0]")
plt.ylabel("z[1]")
plt.imshow(figure, cmap='Greys_r')
plt.show()
```

（7）运行整个程序。使用 Adam 优化器为网络训练 50 个 epoch，代码如下：

```
if __name__ == '__main__':
    encoder, decoder, vae = build_vae()

    vae.compile(optimizer='adam')
    vae.summary()

    vae.fit(x_train, epochs=50, batch_size=128, validation_data=(x_test,
None))

    plot_latent_distribution(encoder, x_test, y_test, batch_size=128)

    plot_generated_images(decoder)
```

如果一切都按计划进行, 训练结束后, 将看到所有测试图像的每个数字类别的潜在分布 (见图 6.5)。

图 6.5 中纵轴和横轴代表 z_1 和 z_2 潜在变量。不同的标记形状代表不同的数字类别。

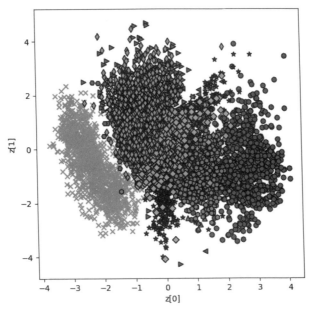

图 6.5　测试图像的潜在分布

图 6.6 所示为由 plot_generated_images 生成的图像。轴表示用于每张图像的特定潜在分布 z。

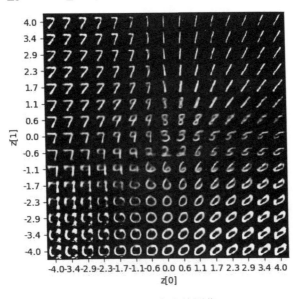

图 6.6　VAE 生成的图像

6.3   GAN

本节将介绍当今流行的生成模型：GAN（生成式对抗网络）框架。2014 年，Ian J. Goodfellow、Jean Pouget-Abadie、Mehdi Mirza、Bing Xu、David Warde-Farley、Sherjil Ozair、Aaron Courville 和 Yoshua Bengio 首次在具有里程碑意义的论文《生成式对抗网络》（网址为 http://papers.nips.cc/paper/5423-generative-adversarial-nets.pdf）中提出这一概念。GAN 框架可以处理任何类型的数据，但是到目前为止，最流行的应用是生成图像，本节仅在图像生成领域中讨论它。接下来讲解其工作原理，如图 6.7 所示。

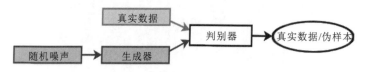

图 6.7   生成式对抗网络系统

GAN 由两部分（神经网络）组成。

● 生成器：它是生成模型本身。它以一个概率分布（随机噪声）作为输入，并试图生成一个逼真的输出图像。其作用类似于 VAE 的解码器部分。

● 判别器：它需要两个交替输入，即训练数据集的真实图像或从生成器生成的伪样本。它试图确定输入图像是来自真实图像还是生成的图像。

这两个网络作为一个系统一起训练。一方面，判别器试图更好地辨别真假图像；另一方面，生成器尝试输出更逼真的图像，因此它可以"欺骗"判别器，使其认为生成的图像是真实的。如果使用原论文中的类比，读者可以将生成器视为一组伪造者，试图生产假币。相反，判别器充当警务人员，试图收缴假币，而两者却不断地试图互相欺骗（因此得名对抗式）。该系统的最终目标是使生成器变得更好，以使判别器无法区分真图像和伪图像。尽管判别器进行分类，但 GAN 仍然是无监督的，因为不需要图像的标签。

6.3.1   训练 GAN

训练 GAN 的主要目标是使生成器生成逼真的图像，而 GAN 框架就是实现该目标的工具。将按顺序分别训练生成器和判别器（一个接一个），并在两个阶段之间交替多次。

在详细介绍之前，先介绍图 6.8 中的一些符号。

● 使用 $G(z, \theta_g)$ 表示生成器，其中，θ_g 是网络权重；z 用作生成器的输入。将其视为启动图像生成过程的随机种子值，它类似于 VAE 中的潜在向量。z 有一个概率分布 $p_z(z)$，通常是随机正态分布或随机均匀分布。生成器输出概率分布为 $p_g(x)$ 的伪样本 x。这里

将 $p_g(x)$ 视为生成器的真实数据的概率分布。

- 使用 $D(x, \theta_d)$ 表示判别器，其中，θ_d 是网络权重。它以 $x \sim p_{data}(x)$ 分布的真实数据或生成的样本 $x \sim p_g(x)$ 作为输入。判别器是二元分类器，如果输入图像是真实的一部分，则网络输出 1；如果输入图像是生成数据的一部分，则网络输出 0。

- 在训练过程中，使用 $J^{(D)}$ 和 $J^{(G)}$ 分别表示判别器和生成器损失函数。

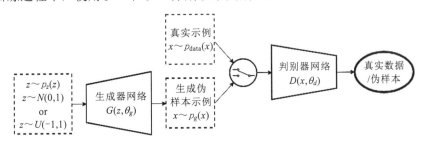

图 6.8　GAN 的详细图示

GAN 训练与常规深度神经网络的训练不同，因为它有两个网络。可以将其视为两个玩家（生成器和判别器）的顺序极小化极大零总和游戏（Sequential Minimax Zero-sum Game）。

- 顺序（Sequential）：意味着玩家接连轮流，类似于国际象棋或井字游戏（而不是同时进行）。首先，判别器尝试最小化 $J^{(D)}$，但是它只能通过调整权重 θ_d 实现。接下来，生成器尝试最小化 $J^{(G)}$，但是它只能调整权重 θ_g。重复此过程多次。

- 极小化极大（Minimax）：意味着第一个玩家（生成器）的策略是最小化对手（判别器）的最大得分（因此而得名）。当训练判别器时，它在区分真样本和伪样本方面（最小化 $J^{(D)}$）变得更好。接下来，当训练生成器时，它试图提高到新改进的判别器的水平（最小化 $J^{(G)}$，相当于最大化 $J^{(D)}$）。这两个网络一直在博弈。以下面的形式表示极小化极大博弈，其中，V 是代价函数：

$$\min_{G} \max_{D} V(G,D)$$

假设在若干训练步骤之后，$J^{(G)}$ 和 $J^{(D)}$ 都将处于某个局部最小值。然后，极小化极大博弈的解被称为纳什均衡（Nash Equilibrium）。不管其他玩家做什么，其中一个玩家不改变其行动时，就会发生纳什均衡。GAN 框架中的纳什均衡发生在生成器变得非常好以至于判别器不再能够区分生成的样本和真实样本时，即判别器的输出将始终为 1/2，而与所显示的输入无关。

- 零总和（Zero-sum）：意味着一个玩家的收益或损失被另一玩家的收益或损失完全平衡，即生成器的损失和判别器的损失之和始终为 0，公式如下：

$$J^{(G)} = -J^{(D)}$$

1. 训练判别器

判别器是一个分类神经网络，可以使用梯度下降和反向传播以常规方式对其进行训练。然而，训练集由等量的真实样本和生成样本组成。接下来讲解如何将其融入训练过程。

（1）根据输入样本（真样本或伪样本），有以下两条路径：

● 从真实数据中选择样本 $x \sim p_{data}(x)$，并使用它产生 $D(x)$。

● 生成伪样本 $x \sim p_g(x)$。此处，生成器和判别器作为单个网络工作。从一个随机向量 z 开始，用它来产生生成样本 $G(z)$。然后，将其用作判别器的输入，以产生最终输出 $D(G(z))$。

（2）计算损失函数，该函数反映训练数据的二元性。

（3）反向传播误差梯度并更新权重。尽管两个网络可以协同工作，但生成器权重 θ_g 将被锁定，而只更新判别器权重 θ_d。这确保改进判别器性能后，可使判别器更好，而不使生成器更糟。

为了理解判别器损失，首先回顾交叉熵损失公式：

$$H(p,q) = -\sum_{i=1}^{n} p_i(x) \log(q_i(x))$$

其中，$q_i(x)$ 是输出属于 i 类（总共 n 个类别）的估计概率，$p_i(x)$ 是实际概率。为简单起见，这里假设将公式应用于单个训练样本。在二元分类的情况下，该公式可以简化，简化后公式如下：

$$H(p,q) = -(p(x)\log q(x) + (1-p(x))\log(1-q(x)))$$

示例中目标概率为 $p(x) \to \{0,1\}$（独热编码），其中一个损失项总是 0。

对于 m 个样本的小批量，公式可以扩展，扩展后公式如下：

$$H(p,q) = -\frac{1}{m}\sum_{j=1}^{m}\Big(p(x_j)\log q(x_j) + (1-p(x_j))\log(1-q(x_j))\Big)$$

了解以上知识后，接下来定义判别器损失，公式如下：

$$J^{(D)} = -\frac{1}{2}\mathbb{E}_{x \sim p_{data}}\log(D(x)) - \frac{1}{2}\mathbb{E}_z\log(1-D(G(z)))$$

尽管看起来很复杂，但对于具有某些 GAN 特定特征的二元分类器而言，这只是交叉熵损失。具体如下：

● 损失的两个组成部分反映了两种可能的类别（真或伪），它们在训练集中数量相等。

● $\frac{1}{2}\mathbb{E}_{x \sim p_{data}}\log(D(x))$ 是从真实数据中采样输入时的损失，理想情况下，$D(x)=1$。

● 在上文中，$\mathbb{E}_{x \sim p_{data}}$ 项（称为期望）意味着 x 是从 p_{data} 采样的。本质上，这部分损失意味着"当从 p_{data} 采样时，期望判别器输出 $D(x)=1$"。最后，0.5 是实际数据的累积分类概率 $p(x)$，因为它恰好构成整个集合的一半。

- $\frac{1}{2}\mathbb{E}_z \log(1-D(G(z)))$ 是从生成的数据中采样输入时的损失。此处可以进行与真实数据部分相同的观察。然而，当 $D(G(z))=0$ 时，该项最大。

总而言之，当所有 $x \sim p_{\text{data}}$ 的 $D(x)=1$ 和所有生成的 $x \sim p_g$（或 $x=G(z)$）的 $D(x)=0$ 时，判别器损失将为 0。

2. 训练生成器

要通过更好地欺骗判别器以训练生成器，需要两个网络，类似于使用伪样本训练判别器的方式。

（1）从一个随机的潜在向量 z 开始，将其输入生成器和判别器，以产生输出 $D(G(z))$。

（2）损失函数与判别器损失相同。然而，此处的目标是使其最大化，而不是使其最小化，因为是欺骗判别器。

（3）在反向传递中，判别器的权重 θ_d 被锁定，只能调整 θ_g。这迫使通过使生成器更好而不是使判别器更糟以使判别器损失最大化。

读者可能会注意到，在此阶段中，只使用生成的数据。损失函数中处理真实数据的部分将始终为 0。因此，将其简化为以下公式：

$$J^{(G)} = \mathbb{E}_z \log(1-D(G(z)))$$

该公式的导数（梯度）为 $-\dfrac{1}{1-D(G(z))}$，在图 6.9 中以连续实线表示，它会对训练造成限制。

早期，当判别器可以轻松地区分真样本和伪样本时（$D(G(z)) \approx 0$），梯度将接近于 0。这将导致对权重 z 的学习很少（这个问题被称为梯度减小）。

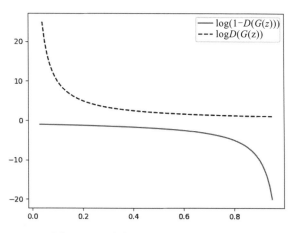

图 6.9　两个生成器损失函数的梯度

通过使用其他损失函数解决此问题：

$$J^{(G)} = \mathbb{E}_z \log(D(G(z)))$$

此函数的导数在图 6.9 中用虚线表示。当生成器性能不佳时，$D(G(z)) \approx 1$ 且同时梯度较大，这种损失仍然是最小的。有了这个损失，博弈就不再是零总和，但这不会对 GAN 框架产生实际影响。

3. 组合判别器和生成器

借助新知识，接下来完整定义极小化极大目标：

$$\min_{G} \max_{D} V(G, D) = \frac{1}{2} \mathbb{E}_{x \sim p_{\text{data}}} \log(D(x)) + \frac{1}{2} \mathbb{E}_{z} \log(1 - D(G(z)))$$

简而言之，生成器试图最小化目标，而判别器试图最大化目标。注意，尽管判别器应将其损失减至最小，但极小化极大目标是判别器损失的负数，因此判别器必须将其最大化。

以下是生成式对抗网络框架的作者介绍的分步训练算法，需要进行多次迭代。

（1）重复执行 k 步，其中 k 是一个超参数。

● 从潜在空间中采样一个小批量（m 个随机样本）$\{z^{(1)}, z^{(2)}, \cdots, z^{(m)}\} \sim p_g(z)$。

● 从真实数据中采样一个小批量（m 个样本）$\{x^{(1)}, x^{(2)}, \cdots, x^{(m)}\} \sim p_{\text{data}}(x)$。

● 通过判别器损失的随机梯度上升更新其权重 θ_d：

$$\nabla_{\theta_d} \frac{1}{m} \sum_{i=1}^{m} \left[\log(D(x^{(i)})) + \log(1 - D(G(z^{(i)}))) \right]$$

（2）从潜在空间中采样一个小批量（m 个随机样本）$\{z^{(1)}, z^{(2)}, \cdots, z^{(m)}\} \sim p_g(z)$。

（3）通过生成器损失的随机梯度下降更新生成器权重：

$$\nabla_{\theta_g} \frac{1}{m} \sum_{i=1}^{m} \log(1 - D(G(z^{(i)})))$$

梯度下降算法的设计目的是寻找损失函数的最小值，而不是纳什均衡，两者是不同的。因此，有时训练可能无法收敛。但由于生成式对抗网络的流行，已经提出了许多改进。如果读者对训练生成式对抗网络感兴趣，可以自己进行研究，以了解更多相关信息。

6.3.2　GAN 的类型

从 GAN 框架首次提出以来，其许多新变体也相继提出。实际上，现在有很多新的 GAN，为了脱颖而出，一些作者提出了富有创意的 GAN 框架名称，例如 DCGAN、CGAN、BicycleGAN、DiscoGAN、GANS for LIFE 和 ELEGANT。本节将讨论其中一些网络。

1. DCGAN

在最初的生成式对抗网络框架提议中，作者仅使用全连接网络。GAN 框架的第一个重大改进是深度卷积生成对抗网络（Deep Convolutional Generative Adversarial Network，DCGAN）。在这种新架构中，生成器和判别器都是卷积网络。它们有一些约束条件，有助于训练稳定。

- 判别器使用步幅卷积代替池化层。
- 生成器是卷积神经网络的一种特殊类型，它使用小数步幅卷积增加图像的大小。
- 生成器和判别器都使用批归一化。
- 除判别器的最后一层外，没有全连接层。
- 除输出层使用 Tanh 外，生成器的所有层使用 LeakyReLU 激活。
- 除输出层使用 Sigmoid 外，判别器的所有层使用 LeakyReLU 激活。

读者可以将它们视为 GAN 训练的常规准则，而不仅仅是 DCGAN。

2．DCGAN 中的生成器

DCGAN 框架中的生成器网络示例如图 6.10 所示。

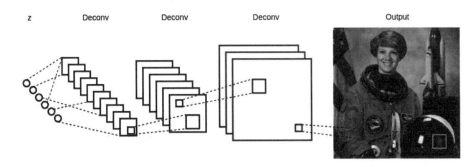

图 6.10　带有反卷积层的生成器网络

生成器从随机潜在向量 z 开始。要将其转换为图像，需使用一种特殊类型的卷积运算（称为转置卷积，也称为反卷积或小数步幅卷积）网络。在第 4 章对反卷积进行了简单介绍，现在对其进行更详细的介绍。转置卷积与常规卷积正好相反。转置卷积有输入、输出和带权重的过滤器。但是，此处将过滤器应用于单个输入神经元以产生多个输出。

接下来使用一个简单的一维转置卷积示例解释此概念，如图 6.11 所示。

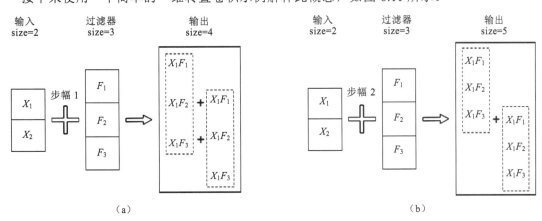

图 6.11　步幅为 1（a）和步幅为 2（b）的转置卷积

将神经元的输出乘以每个过滤器的权重，得到一个与过滤器维度相同的切片。然后，将切片的重叠区域相加，以产生最终输出。注意，这里重叠是在输出层，而常规卷积中重叠区域在输入层。因此，步幅也与输出层相关。通过将步幅设置为大于 1，可以增加输出大小（与输入相比）。利用转置卷积的这一性质，逐步对生成器中的潜在向量 z 进行上采样。

假设输入切片的大小为 I，过滤器的大小为 F，步幅为 S 和输入填充为 P，则输出切片的大小 O 由下式得出：

$$O = S(I-1) + F - 2P$$

例如，图 6.11（a）的输出大小为 $1 \times (2-1) + 3 - 2 \times 0 = 4$。图 6.11（b）的输出大小为 $2 \times (2-1) + 3 - 2 \times 0 = 5$。

 有关 DCGAN 的更多信息，请参阅 Alec Radford、Luke Metz 和 Soumith Chintala 撰写的原论文《深度卷积生成式对抗网络的无监督表示学习》（网址为 https://arxiv.org/abs/1511.06434）。

3. CGAN

条件生成式对抗网络（Conditional GAN，CGAN）是 GAN 框架的扩展，其中生成器和判别器都接收一些附加的条件输入信息 y。它可以是当前图像的类别或一些其他属性。

例如，假设训练 GAN 生成新的 MNIST 图像，则可以添加一个含独热编码图像标签值的额外输入层，如图 6.12 所示。

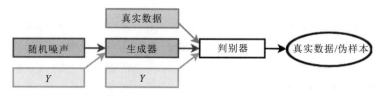

图 6.12　CGAN

CGAN 的缺点是并非无监督，需要使用某种标签才能有效。但是，它有其他一些优点。

● 通过使用更多、更好的结构的信息进行训练，模型可以学习更好的数据表示，并生成更好的样本。

● 在常规 GAN 中，所有的图像信息都存储在潜在向量 z 中。这带来了一个问题：因为 z 可能很复杂，所以无法控制生成图像的属性。例如，假设希望 MNIST GAN 生成某个数字，如 7，将不得不尝试不同的潜在向量，直到达到所需的输出。但是，对于 CGAN，就可以简单地将 7 的独热向量与一些随机 z 结合起来，网络将生成正确的数字。此外，CGAN 仍然可以尝试不同的 z 值，模型将生成不同版本的数字 7。简而言之，CGAN 提供了一种控制（调节）生成器输出的方法。

有关 CGAN 的更多信息，请参阅 Mehdi Mirza 和 Simon Osindero 撰写的原论文《条件生成式对抗网络》（网址为 https://arxiv.org/abs/1411.1784）。

6.3.3　使用 GAN 和 Keras 生成新的 MNIST 图像

本节将演示如何使用 GAN 和 Keras 生成新的 MNIST 图像。

（1）执行导入，代码如下：

```
import matplotlib.pyplot as plt
import numpy as np
from keras.datasets import mnist
from keras.layers import BatchNormalization, Input, Dense, Reshape, Flatten
from keras.layers.advanced_activations import LeakyReLU
from keras.models import Sequential, Model
from keras.optimizers import Adam
```

（2）实现 build_generator 函数。此示例将使用一个简单的全连接生成器。但是，示例仍将遵循 DCGAN 部分中概述的准则，代码如下：

```
def build_generator(latent_dim: int):
    """
    构建生成器网络
    latent_dim 参数：潜在向量大小
    """

    model = Sequential([
        Dense(128, input_dim=latent_dim),
        LeakyReLU(alpha=0.2),
        BatchNormalization(momentum=0.8),
        Dense(256),
        LeakyReLU(alpha=0.2),
        BatchNormalization(momentum=0.8),
        Dense(512),
        LeakyReLU(alpha=0.2),
        BatchNormalization(momentum=0.8),
        Dense(np.prod((28, 28, 1)), activation='tanh'),
        # 重塑到 MNIST 图像大小
        Reshape((28, 28, 1))
    ])

    model.summary()

    # 潜在输入向量 z
    z = Input(shape=(latent_dim,))
    generated = model(z)
```

```
    # 从输入和输出构建模型
    return Model(z, generated)
```

（3）构建判别器。同样，它是一个简单的全连接网络，代码如下：

```
def build_discriminator():
    """
    构建判别器网络
    """

    model = Sequential([
        Flatten(input_shape=(28, 28, 1)),
        Dense(256),
        LeakyReLU(alpha=0.2),
        Dense(128),
        LeakyReLU(alpha=0.2),
        Dense(1, activation='sigmoid'),
    ], name='discriminator')

    model.summary()

    image = Input(shape=(28, 28, 1))
    output = model(image)

    return Model(image, output)
```

（4）实现实际 GAN 训练的 train 函数。该函数实现 6.3.1 小节中概述的过程，代码如下：

```
def train(generator, discriminator, combined, steps, batch_size):
    """
    训练 GAN 系统
    generator 参数：生成器
    discriminator 参数：判别器
    combined 参数：堆叠生成器和判别器
    在训练生成器时会使用组合网络
    steps 参数：训练交替步数
    batch_size 参数：mini-batch 大小
    """

    # 加载数据集
    (x_train, _), _ = mnist.load_data()

    # 重新缩放至[-1, 1]区间
    x_train = (x_train.astype(np.float32) - 127.5) / 127.5
    x_train = np.expand_dims(x_train, axis=-1)

    # 判别器 ground truths
```

```
    real = np.ones((batch_size, 1))
    fake = np.zeros((batch_size, 1))

    latent_dim = generator.input_shape[1]

    for step in range(steps):
        # 训练判别器

        # 选择一批随机图像
        real_images = x_train[np.random.randint(0, x_train.shape[0],
batch_size)]

        # 随机选择一批噪声
        noise = np.random.normal(0, 1, (batch_size, latent_dim))

        # 生成一批新图像
        generated_images = generator.predict(noise)

        # 训练判别器
        discriminator_real_loss = discriminator.train_on_batch
(real_images, real)
        discriminator_fake_loss = discriminator.train_on_batch(generated_
images, fake)
        discriminator_loss = 0.5 * np.add(discriminator_real_loss,
discriminator_fake_loss)

        # 训练生成器
        # 随机潜在向量 z
        noise = np.random.normal(0, 1, (batch_size, latent_dim))

        # 训练生成器
        # 注意，对生成的图像使用“有效”标签
        # 因为试图使判别器损失最大化
        generator_loss = combined.train_on_batch(noise, real)

        # 显示进度
        print("%d [Discriminator loss: %.4f%%, acc.: %.2f%%] [Generator
loss: %.4f%%]" %
            (step, discriminator_loss[0], 100 * discriminator_loss[1],
generator_loss))
```

（5）实现样板函数 plot_generation_images，以在训练结束后显示一些生成的图像。

● 创建一个 n×n 网格（figure 变量）。

● 创建 n×n 随机潜在向量（噪声变量），每个向量生成一个图像。

● 生成图像并将其放置在网格单元中。

● 显示结果。

以下是具体实现代码：

```
def plot_generated_images(generator):
    """
    显示 n×n 二维数字流形
    generator 参数：生成器
    """
    n = 10
    digit_size = 28

    # 包含所有图像的大数组
    figure = np.zeros((digit_size * n, digit_size * n))

    latent_dim = generator.input_shape[1]

    # n×n 随机潜在分布
    noise = np.random.normal(0, 1, (n * n, latent_dim))

    # 生成图像
    generated_images = generator.predict(noise)

    # 用图像填充大数组
    for i in range(n):
        for j in range(n):
            slice_i = slice(i * digit_size, (i + 1) * digit_size)
            slice_j = slice(j * digit_size, (j + 1) * digit_size)
            figure[slice_i, slice_j] = np.reshape(generated_images[i *
n + j], (28, 28))

    # 绘制结果
    plt.figure(figsize=(6, 5))
    plt.axis('off')
    plt.imshow(figure, cmap='Greys_r')
    plt.show()
```

（6）构建生成器、判别器并组合网络。使用 Adam 优化器运行 15 000 步交替训练，并在完成后绘制结果，代码如下：

```
if __name__ == '__main__':
    latent_dim = 64

    # 构建和编译判别器
    discriminator = build_discriminator()
    discriminator.compile(loss='binary_crossentropy',
                          optimizer=Adam(lr=0.0002, beta_1=0.5),
                          metrics=['accuracy'])
```

```
# 构建生成器
generator = build_generator(latent_dim)

# 生成器输入 z
z = Input(shape=(latent_dim,))
generated_image = generator(z)

# 仅训练组合模型的生成器
discriminator.trainable = False

# 判别器将生成的图像用作输入并确定有效性
real_or_fake = discriminator(generated_image)

# 将生成器和判别器堆叠在一个组合模型中
# 训练生成器以欺骗判别器
combined = Model(z, real_or_fake)
combined.compile(loss='binary_crossentropy',
                 optimizer=Adam(lr=0.0002, beta_1=0.5))

# 训练 GAN 系统
train(generator=generator,
      discriminator=discriminator,
      combined=combined,
      steps=15000,
      batch_size=128)

# 显示一些随机生成的图像
plot_generated_images(generator)
```

如果一切按计划进行，运行结果如图 6.13 所示。

图 6.13　运行结果

6.4　小结

　　本章介绍了如何使用生成模型创建新图像，它是当前充满新奇的机器学习领域之一。本章介绍了两种流行的生成算法：VAE 和 GAN。首先介绍了它们的理论基础，然后实现了简单的示例程序（使用每种算法生成新的 MNIST 数字）。

　　本章总结了前面三章中的一系列内容，这些内容都是关于计算机视觉的。第 7 章将介绍如何将深度学习算法应用于自然语言处理（NLP）领域；此外，还将介绍主要的自然语言处理范式和一种新型的神经网络（称为循环神经网络，特别适用于自然语言处理任务）。

第 7 章

循环神经网络和语言模型

前几章中介绍的神经网络架构接受固定大小的输入,并提供固定大小的输出。本章将通过引入循环神经网络(Recurrent Neural Networks,RNN)解除这一限制。循环神经网络通过在可变长度序列上定义递归关系处理这些序列(由此得名)。

处理任意输入序列的能力使得循环神经网络适用于自然语言处理(Natural Language Processing,NLP)和语音识别任务。事实上,循环神经网络可以应用于任何问题,因为已经可以证明它是"图灵完备"的——理论上,它可以模拟常规计算机无法计算的任何程序。例如,谷歌的DeepMind 提出了一种名为可微神经计算机(Differentiable Neural Computer)的模型,它可以学习如何执行简单的算法,如排序。

本章将涵盖以下内容:

- 循环神经网络。
- 语言模型。
- 序列到序列学习。
- 语音识别。

7.1　循环神经网络

循环神经网络是一种神经网络，可以处理长度可变的序列数据。这类数据的示例包括句子中的单词或股票在不同时刻的价格。通过单词顺序暗示序列的元素彼此相关，它们的顺序很重要。例如，如果将一本书中的所有单词顺序打乱，即使仍然知道每个单词的含义，但整个文本失去了原有的含义。

循环神经网络之所以得名，是因为它对一个序列反复应用相同的函数。循环神经网络可以定义为递推关系（Recurrence Relation）：

$$s_t = f(s_{t-1}, x_t)$$

其中，f 是可微函数，s_t 是内部网络状态（在 t 步处）的值向量，x_t 是在 t 步处的网络输入。与状态仅取决于当前输入（和网络权重）的常规网络不同，此处 s_t 是当前输入以及先前状态 s_{t-1} 的函数。s_{t-1} 可以视为网络对之前所有输入的汇总。递推关系定义了状态如何通过先前状态上的反馈循环在序列中逐步演变，如图 7.1 所示。

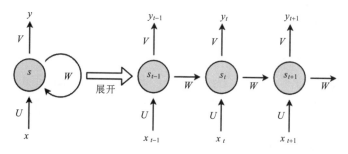

图 7.1　递推关系在序列中逐步演变

图 7.1 中展示了 RNN 递推关系的直观图示：$s_t = s_{t-1}W + x_tU$，最终输出为 $y_t = s_tV$。RNN 状态在序列 $t-1$、t、$t+1$ 上递推展开。注意，所有操作之间都共享参数 U、V 和 W。

RNN 有以下三组参数（或权重）：

● U 将输入 x_t 转换为状态 s_t。
● W 将先前状态 s_{t-1} 转换为当前状态 s_t。
● V 将新计算的内部状态 s_t 映射到输出 y_t。

U、V 和 W 对各自的输入应用线性变换。最基本的变换是加权和。现在可以定义内部状态和网络输出，公式如下：

$$s_t = f(s_{t-1}W, x_tU)$$
$$y_t = s_tV$$

其中，f 是非线性激活函数（如 tanh、Sigmoid 或 ReLU）。

例如，在单词级语言模型中，输入 x 是单词编码的输入向量（$x_1, \cdots, x_t$）序列。状态 s 是状态向量（$s_1, \cdots, s_t$）序列。最后，输出 y 是序列中下一个单词的概率向量（$y_1, \cdots, y_t$）序列。

注意，在循环神经网络中，每个状态都依赖于通过该递推关系进行的所有计算。它的一个重要含义是循环神经网络随着时间的推移具有记忆，因为状态 s 包含基于先前步骤的信息。从理论上讲，循环神经网络可以记住任意时间长度的信息，但在实践中，它只能回顾几步。在梯度消失和爆炸部分中会详细介绍该问题。

目前描述的循环神经网络在某种程度上等效于单层常规神经网络（附加递推关系）。在第 2 章已知单层网络有一些严重的局限性。如同常规网络，通过堆叠多个循环神经网络形成堆叠循环神经网络。在时间 t 处 l 层的 RNN 单元的单元状态 s_t^l 将取来自 $l-1$ 层的 RNN 单元的输出 y_t^{l-1} 和同层 l 的单元的先前单元状态 s_{t-1}^l 作为输入：

$$s_t^l = f(s_{t-1}^l, y_t^{l-1})$$

展开的堆叠循环神经网络如图 7.2 所示。

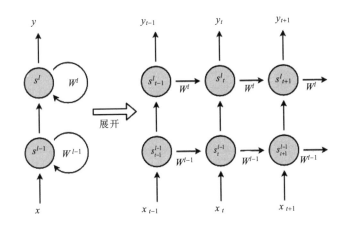

图 7.2 堆叠循环神经网络

循环神经网络并不局限于处理固定大小的输入，因此，它真正扩展了神经网络计算的可能性，如不同长度的序列或不同大小的图像。以下是一些组合。

● 一对一：它是非序列处理，如前馈神经网络和卷积神经网络。注意，前馈网络与将循环神经网络应用于单个时间步之间并没有太大区别。一对一处理的一个示例是图像分类。

● 一对多：此处理基于单个输入生成序列，如从图像中生成字幕（网址为 https://arxiv.org/abs/1411.4555v2）。

● 多对一：此处理基于序列（如文本的情感分类）输出单个结果。

● 间接多对多：将序列编码为状态向量，然后将该状态向量解码为新序列，如语言翻译（网址为 https:////arxiv.org/abs/1406.1078v3 和 http://papers.nips.cc/ paper/5346-sequence-to-sequence-learning-with-neural-networks.pdf）。

● 直接多对多：它会输出每个输入时间步的结果，如语音识别中的帧音素标记。

上述输入/输出组合的示意图如图 7.3 所示。

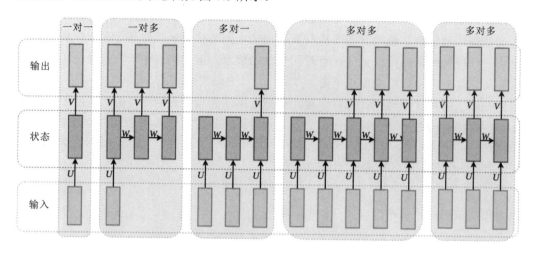

图 7.3　循环神经网络输入/输出组合

7.1.1　实现和训练循环神经网络

以上简要介绍了循环神经网络概念和其应用领域。接下来通过一个非常简单的示例深入研究循环神经网络的细节以及如何对其进行训练：计算序列中 1 的个数。

在这个问题中，将训练一个基本的循环神经网络如何计算输入中的 1 的个数，然后在序列的末尾输出结果。这是"多对一"关系的一个示例。

将使用 Python 和 NumPy 实现此示例。输入和输出示例如下：

$$In:(0,0,0,0,1,0,1,0,1,0)\ Out:3$$

要使用的循环神经网络示意图如图 7.4 所示。

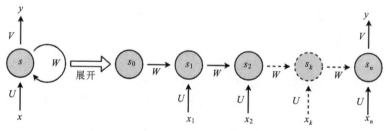

图 7.4　计算输入中 1 的个数的基本 RNN

该网络只有两个参数：输入权重 U 和递推权重 W。输出权重 V 设置为 1，因此只读取最后一个状态作为输出 y。

在继续操作之前，添加一些代码，以便示例可以执行。首先导入 NumPy，并定义训练和数

据 x 以及标签 y。x 是二维的，因为第一个维度表示小批量中的样本。为简单起见，使用单个样本的小批量，代码如下：

```python
import numpy as np

# 第一维表示 mini-batch
x = np.array([[0, 0, 0, 0, 1, 0, 1, 0, 1, 0]])

y = np.array([3])
```

该网络定义的递推关系为 $s_t = s_{t-1}W + x_tU$。注意，它是线性模型，因为在此公式中未应用非线性函数。实现该递推关系，代码如下：

```python
def step(s, x, U, W):
    return x * U + s * W
```

状态 s_t 以及权重 W 和 U 是单个标量值。一个很好的解决方案是只获取整个序列中输入的总和。如果设置 $U=1$，那么无论何时接收到输入，都会得到其全值。如果设置 $W=1$，那么累加的值永远不会衰减。因此，对于本例，将得到期望的输出，即 3。

尽管如此，通过这个简单的示例学习循环神经网络的训练和实现是十分有趣的，这将在本节的其余部分中有所体现。接下来思考如何通过反向传播得到该结果。

1. 随时间反向传播

随时间反向传播（BackPropagation Through Time，BPTT）是用于训练循环网络的典型算法（网址为 http://axon.cs.byu.edu/~martinez/classes/678/Papers/Werbos_BPTT.pdf），顾名思义，它基于反向传播算法。

常规反向传播与随时间反向传播之间的主要区别在于，循环网络在一定数量的时间步内随时间展开（见图 7.4）。展开完成后，最终得到的模型与常规多层前馈网络非常相似，即该网络的一个隐藏层代表一个时间步。唯一的区别是每一层都有多个输入：先前状态 s_{t-1} 和当前输入 x_t。参数 U 和 W 在所有隐藏层之间共享。

前向传递沿着序列展开 RNN，并为每步构建状态栈。以下是前向传递的实现，它返回批量中每个循环步和每个样本的激活 s，代码如下：

```python
def forward(x, U, W):
    # mini-batch 中的样本数量
    number_of_samples = len(x)

    # 每个样本的长度
    sequence_length = len(x[0])

    # 沿序列初始化每个样本的状态激活
    s = np.zeros((number_of_samples, sequence_length + 1))
```

```
# 更新序列的状态
for t in range(0, sequence_length):
    s[:, t + 1] = step(s[:, t], x[:, t], U, W)  # step 函数

return s
```

现在有了前向步和损失函数，接下来定义梯度是如何反向传播的。因为展开的 RNN 等价于一个常规的前馈网络，所以使用在第 2 章中介绍的链式规则，即反向传播。

因为权重 W 和 U 在各层之间共享，所以将为每个循环步累加误差导数，最后，使用累加值更新权重。

首先，需要得到输出 s_t 相对于代价函数（$\partial J / \partial s$）的梯度。一旦有了它，将通过在前向步中构建的激活栈反向传播它。此反向传递将激活从栈中弹出，以在每个时间步累加其误差导数。通过网络传播该梯度的递推关系可以写成如下公式链式规则：

$$\frac{\partial J}{\partial s_{t-1}} = \frac{\partial J}{\partial s_t} \frac{\partial s_t}{\partial s_{t-1}} = \frac{\partial J}{\partial s_t} W$$

其中，J 是损失函数。

参数的梯度累加公式如下：

$$\frac{\partial J}{\partial U} = \sum_{t=0}^{n} \frac{\partial J}{\partial s_t} x_t$$

$$\frac{\partial J}{\partial W} = \sum_{t=0}^{n} \frac{\partial J}{\partial s_t} s_{t-1}$$

以下是反向传递的实现。

（1）U 和 W 的梯度分别在 gU 和 gW 中累加，代码如下：

```
def backward(x, s, y, W):
    sequence_length = len(x[0])

    # 网络输出只是序列的最后一次激活
    s_t = s[:, -1]

    # 计算最终状态下相对于 MSE 代价函数的输出梯度
    gS = 2 * (s_t - y)

    # 将累加梯度设置为 0
    gU, gW = 0, 0

    # 反向累加梯度
    for k in range(sequence_length, 0, -1):
        # 计算参数梯度并累加结果
        gU += np.sum(gS * x[:, k - 1])
        gW += np.sum(gS * s[:, k - 1])
```

```
        # 计算上一层输出的梯度
        gS = gS * W

    return gU, gW
```

（2）尝试使用梯度下降优化网络。需要使用均方误差，代码如下：

```
def train(x, y, epochs, learning_rate=0.0005):
    """训练网络"""

    # 设置初始参数
    weights = (-2, 0)              # (U, W)

    # 累加损失及其各自的权重
    losses = list()
    weights_u = list()
    weights_w = list()

    # 执行迭代梯度下降
    for i in range(epochs):
        # 执行前向和反向传递以获取梯度
        s = forward(x, weights[0], weights[1])

        # 计算损失
        loss = (y[0] - s[-1, -1]) ** 2

        # 存储损失和权重值以供后面显示
        losses.append(loss)

        weights_u.append(weights[0])
        weights_w.append(weights[1])

        gradients = backward(x, s, y, weights[1])

        # 通过 p = p - (gradient * learning_rate)更新每个参数 p
        # gp 是参数 p 的梯度
        weights = tuple((p - gp * learning_rate) for p, gp in zip(weights,
gradients))

    print(weights)

    return np.array(losses), np.array(weights_u), np.array(weights_w)
```

（3）实现相关的 plot_training 函数，该函数显示权重和损失，代码如下：

```
def plot_training(losses, weights_u, weights_w):
    import matplotlib.pyplot as plt
```

```
# 移除 nan 和 inf 值
losses = losses[~np.isnan(losses)][:-1]
weights_u = weights_u[~np.isnan(weights_u)][:-1]
weights_w = weights_w[~np.isnan(weights_w)][:-1]

# 绘制权重 U 和 W
fig, ax1 = plt.subplots(figsize=(5, 3.4))

ax1.set_ylim(-3, 2)
ax1.set_xlabel('epochs')
ax1.plot(weights_w, label='W', color='red', linestyle='--')
ax1.plot(weights_u, label='U', color='blue', linestyle=':')
ax1.legend(loc='upper left')

# 实例化共享相同 x 轴的第二个轴
# 在第二个轴上绘制损失
ax2 = ax1.twinx()

# 取消绘制梯度爆炸的注释
ax2.set_ylim(-3, 200)
ax2.plot(losses, label='Loss', color='green')
ax2.tick_params(axis='y', labelcolor='green')
ax2.legend(loc='upper right')

fig.tight_layout()

plt.show()
```

（4）运行以下代码：

```
losses, weights_u, weights_w = train(x, y, epochs=150)
plot_training(losses, weights_u, weights_w)
```

运行结果如图 7.5 所示（实线表示损失，虚线表示权重）。

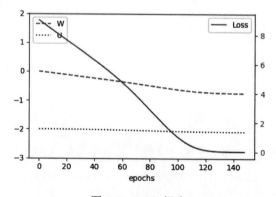

图 7.5　RNN 损失

2．梯度消失和爆炸

前面的示例有一个问题，接下来使用较长的序列进行训练，代码如下：

```
x = np.array([[0, 0, 0, 0, 1, 0, 1, 0, 1, 0, 0, 0, 0, 0, 1, 0, 1, 0, 1,
    0, 0, 0, 0, 0, 1, 0, 1, 0, 1, 0, 0, 0, 0, 0, 1, 0, 1, 0, 1, 0]])

y = np.array([12])

losses, weights_u, weights_w = train(x, y, epochs=150)
plot_training(losses, weights_u, weights_w)
```

输出如下：

```
chapter_07_001.py:5: RuntimeWarning: overflow encountered in multiply
    return x * U + s * W
chapter_07_001.py:40: RuntimeWarning: invalid value encountered in multiply
    gU += np.sum(gS * x[:, k - 1])
chapter_07_001.py:41: RuntimeWarning: invalid value encountered in multiply
    gW += np.sum(gS * s[:, k - 1])
```

出现这些警告的原因是最终参数 U 和 W 不是数字（NaN）。在训练步骤中权重更新和损失的情况如图 7.6 所示。

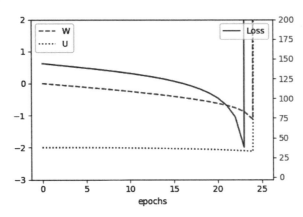

图 7.6　梯度爆炸中的权重更新和损失函数

在图 7.6 中，权重慢慢地向最优方向移动。损失逐渐减小，在 epoch 为 23（确切的 epoch 并不重要）时超调。正在训练的代价函数表面非常不稳定。使用很小的步，可能会移动到代价函数的稳定部分（此处梯度较小），然后突然出现代价函数的跃升和相应的巨大梯度。因为梯度如此巨大，所以它将通过权重更新（权重变为 NaN，如图 7.6 所示，跳出图外）对权重产生很大的影响。这个问题称为梯度爆炸。

此外，还有一个梯度消失问题（与梯度爆炸相反）。梯度在早期状态下随步数呈指数衰减至非常小。实际上，小梯度被最近时间步中较大的梯度所掩盖，网络保留这些早期状态历史的能力消失了。这个问题很难被检测，因为训练仍然可以进行，并且网络将产生有效的输出（与梯度爆炸不同）。它只是无法学习长期依赖关系。

虽然梯度消失和爆炸也存在于常规神经网络中，但在循环神经网络中尤为明显，原因如下：

● 根据序列长度的不同，展开的循环神经网络可能比常规网络更深。

● 权重 W 在所有步间共享。这意味着随时间反向传播梯度的递推关系形成一个等比序列：

$$\frac{\partial s_t}{\partial s_{t-m}} = \frac{\frac{\partial s_t}{\partial s_{t-1}}\dots\partial s_{t-m+1}}{\partial s_{t-m}} = W^m$$

在简单线性循环神经网络中，如果 $|W|>1$（梯度爆炸），梯度呈指数增长。例如，经过 $W=1.5$ 的 50 个时间步等于 $W^{50}=1.5^{50}\approx6\times10^8$。如果 $|W|<1$（梯度消失），则梯度呈指数减小。例如，经过 $W=0.6$ 的 20 个时间步等于 $W^{20}=0.6^{20}\approx3\times10^{-5}$。如果权重参数 W 是一个矩阵，而不是一个标量，那么这个梯度爆炸或消失与 W 的最大特征值（ρ）有关（也称为谱半径）。$\rho<1$ 是梯度消失的充分条件，$\rho>1$ 是梯度爆炸的必要条件。

7.1.2 长短期记忆

Hochreiter 和 Schmidhuber 对梯度消失和爆炸的问题进行了广泛的研究，并提出了一种名为长短期记忆（Long Short-Term Memory，LSTM）的解决方案（网址为 https://www.bioinf.jku.at/publications/older/2604.pdf）。由于具有精心设计的记忆单元，LSTM 可以处理长期依赖关系。事实上，它们工作得非常好，目前在训练 RNN 解决各种问题方面取得的大部分成就都归功于 LSTM 的使用。本节将探讨该记忆单元是如何工作以及如何解决梯度消失问题的。

LSTM 的核心思想是单元状态（除了隐藏层 RNN 状态），其中信息只能被显式写入或移除，以便在没有外界干扰的情况下该状态保持不变。只能通过特定的门修改单元状态，门是让信息通过的一种方式，这些门由 Logistic 函数和逐元素乘积组成。由于 Logistic 函数仅输出 0～1 的值，因此乘积只能减少通过门的值。典型的 LSTM 由三个门组成：遗忘门、输入门和输出门。单元状态、输入和输出都是向量，因此 LSTM 可以在每个时间步上保存不同信息块的组合。

LSTM 单元的示意图如图 7.7 所示（图片来自 http://colah.github.io/posts/2015-08-Understanding-LSTMs/）。

在图 7.7 中，各符号含义如下：

● x_t、c_t 和 h_t 分别是 t 时刻的 LSTM 输入、单元记忆状态和输出（或隐藏层状态）。c_t' 是候选单元状态。输入 x_t 和前一单元输出 h_{t-1} 分别使用权重 W 和权重 U 的集合连接到每个门和候选单元向量。

● c_t 是 t 时刻的单元状态。

● f_t、i_t 和 o_t 是 LSTM 单元的遗忘门、输入门和输出门。

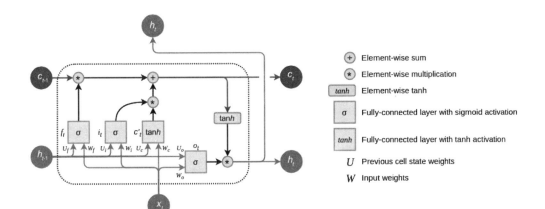

图 7.7　LSTM 单元

从遗忘门开始介绍。顾名思义，它决定了是否要清除记忆状态。该门不在 Hochreiter 提出的原始 LSTM 中，而在 Gers 等人提出的 LSTM 中（网址为 http://citeseerx.ist.psu.edu/viewdoc/download?doi=10.1.1.55.5709&rep=rep1&type=pdf）。遗忘门基于前一单元的输出 h_{t-1} 和当前输入 x_t 作出决策，公式如下：

$$f_t = \sigma(W_f x_t + U_f h_{t-1})$$

它在前一个单元格向量 c_{t-1} 的每个元素上应用逐元素 Logistic 函数。因为该操作是逐元素的，所以此向量的值的范围被压缩在[0,1]。输出为 0，则会完全清除特定的 c_{t-1} 单元块；而输出为 1，则会允许该单元块中的信息通过。这意味着 LSTM 可以去除其单元状态向量中的无关信息。

输入门决定将要添加到记忆单元的新信息。首先决定是否要添加信息，如遗忘门，它基于 h_{t-1} 和 x_t 作出决策。输入门通过 Logistic 函数为单元向量的每个单元块输出 0 或 1。输出 0 表示没有信息添加到该单元块的记忆。最终，LSTM 可以在其单元状态向量中存储特定的信息，公式如下：

$$i_t = \sigma(W_i x_t + U_i h_{t-1})$$

要添加的候选输入 c_t' 基于先前的输出 h_{t-1} 和当前输入 x_t。它通过 tanh 函数进行转换，公式如下：

$$c_t' = \tanh(W_c x_t + U_c h_{t-1})$$

遗忘门和输入门通过选择新状态和旧状态的某些部分决定新单元状态，公式如下：

$$c_t = f_t c_{t-1} \oplus i_t c_t'$$

输出门决定单元的总输出。它将 h_{t-1} 和 x_t 作为输入，并（通过 Logistic 函数）为单元记忆的每个块输出 0 或 1。输出 0 意味着块不输出任何信息，而输出 1 意味着块可以作为单元的输出通过。因此，LSTM 可以从其单元状态向量输出特定的信息块：

$$o_t = \sigma(W_o x_t + U_o h_{t-1})$$

最后，通过 tanh 函数转换 LSTM 单元输出，公式如下：

$$h_t = o_t \tanh(c_t)$$

因为所有这些公式都是可导的，所以可以将 LSTM 单元连接在一起，类似于将简单的 RNN 状态连接在一起，并随时间反向传播训练网络。

但是 LSTM 如何才能不受梯度消失的影响呢？注意，如果遗忘门为 1，输入门为 0，则单元状态从一个步复制到另一个步是相同的。只有遗忘门才能完全清除单元的记忆。因此，记忆可以在很长一段时间内保持不变。另外，注意，输入是一个 tanh 激活，已添加到当前单元的记忆中。这意味着单元的记忆不会爆炸，而且相当稳定。

下面通过一个示例演示 LSTM 是如何展开的。首先使用值 4.2 作为网络输入。输入门设置为 1，以便存储完整的值。然后，在接下来的两个时间步中，遗忘门设置为 1。这样，在这些时间步中，所有信息都被保留，并且因为输入门设置为 0，所以不会添加新信息。最后，输出门设置为 1，输出 4.2 并保持不变。

LSTM 随时间展开的示例如图 7.8 所示（图片来自 http://nikhilbuduma.com/2015/01/11/a-deep-dive-into-recurrent-neural-networks/）。

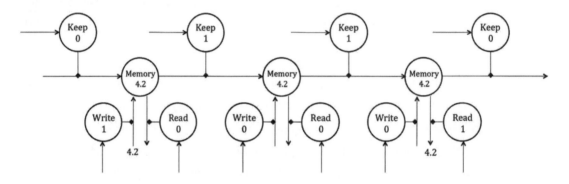

图 7.8　LSTM 随时间展开

7.1.3　门控循环单元

门控循环单元（Gated Recurrent Unit，GRU）是 Kyunghyun Cho 等人在 2014 年引入的一种循环块，作为对 LSTM 的改进（见图 7.9）。GRU 单元通常具有与 LSTM 相似或更好的性能，但是它使用较少的参数和操作。

类似于"经典"RNN，GRU 单元有一个单一的隐藏状态 h_t，可以将其视为 LSTM 的隐藏状态和单元状态的组合。GRU 单元有以下两个门：

● 更新门 z_t，它是 LSTM 中输入门和遗忘门的组合。它根据网络输入 x_t 和先前的单元隐藏状态 h_{t-1} 决定要丢弃的信息以及将要包含的新信息。通过组合这两个门，仅当要在其位置包含新信息时，才可以确保该单元将忘记信息，公式如下：

$$z_t = \sigma(W_z x_t + U_z h_{t-1})$$

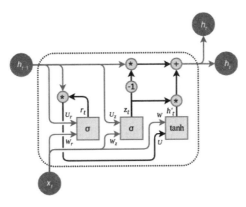

图 7.9　GRU 单元

● 重置门 r_t，它使用先前单元状态 h_{t-1} 和网络输入 x_t 决定将要传递的先前状态量，公式如下：

$$r_t = \sigma(W_r x_t + U_r h_{t-1})$$

接下来是候选状态 h_t'，公式如下：

$$h_t' = \tanh(W x_t + U(r_t h_{t-1}))$$

最后，GRU 在时间 t 的输出 h_t 是先前输出 h_{t-1} 和候选输出 h_t' 之间的线性插值，公式如下：

$$h_t = (1 - z_t)h_{t-1} \oplus z_t h_t'$$

7.2　语言模型

语言模型（Language Modeling）执行计算单词序列概率的任务。语言模型对于许多不同的应用是至关重要的，如语音识别、光学字符识别、机器翻译和拼写纠正。例如，在美式英语中，wreck a nice beach 和 recognize speech 这两个短语在发音上几乎是相同的，但它们各自的意思却完全不同。一个好的语言模型可以根据对话的上下文区分最正确的短语。本节将简单介绍单词和字符级语言模型，以及讲解如何使用 RNN 构建它们。

7.2.1　基于单词的语言模型

基于单词的语言模型定义了单词序列上的概率分布。给定一个长度为 m 的单词序列，它将给整个单词序列分配一个概率 $P(w_1, \cdots, w_m)$。可按以下方式使用这些概率：
● 估计自然语言处理应用中不同短语的可能性。
● 可作为一种生成模型创造新文本。基于单词的语言模型可以计算给定单词跟随单词序列的可能性。

1．N-grams

通常无法直接推理长序列（如 $w_1, \cdots, w_m$）的概率。通过应用以下链式法则计算 $P(w_1, \cdots, w_m)$ 的联合概率：

$$P(w_1, \cdots, w_m) = P(w_1)P(w_2|w_1)P(w_3|w_1, w_2) \cdots P(w_m|w_1, \cdots, w_{m-1})$$

给定前面单词，其后单词的概率将特别难以根据数据进行估计，这就是这种联合概率通常由独立假设（即第 i 个单词只依赖于 $i-1$ 个前面的单词）近似估计的原因。只对 n 个单词序列组合的联合概率进行建模，称为 N-grams。例如，在短语"the quick brown fox"中，有以下 N-grams：

- 1-gram：The、quick、brown 和 fox（也称为 Unigram）。
- 2-grams：The quick、quick brown 和 brown fox（也称为 Bigram）。
- 3-grams：The quick brown 和 quick brown fox（也称为 Trigram）。
- 4-grams：The quick brown fox。

联合分布的推理通过将联合分布分成多个独立部分的 N-grams 模型来近似。

术语 N-grams 可用于指代长度为 n 的其他类型的序列，如 n 个字符。

如果有一个庞大的文本语料库，能够找到直到某个 n（通常是 2~4）的所有 N-grams，并计算每个 N-gram 在该语料库中的出现次数，根据这些计数，估计在给定前 $n-1$ 个单词的情况下每个 N-gram 的最后一个单词的概率如下：

- gram： $P(\text{单词}) = \dfrac{\text{count}(\text{单词})}{\text{语料库中的总单词数}}$

- gram： $P(w_i|w_{i-1}) = \dfrac{\text{count}(w_{i-1}, w_i)}{\text{count}(w_{i-1})}$

- N-gram： $P(w_{n+i}|w_n, \cdots, w_{n+i-1}) = \dfrac{\text{count}(w_n, \cdots, w_{n+i-1}, w_{n+i})}{\text{count}(w_n, \cdots, w_{n+i-1})}$

现在可以使用第 i 个单词仅依赖于前 $i-1$ 个单词的独立性假设来近似联合分布。

例如，对于 Unigram，使用以下公式近似联合分布：

$$P(w_1, \cdots, w_m) = P(w_1)P(w_2)P(w_3) \cdots P(w_m)$$

对于 Trigram，使用以下公式近似联合分布：

$$P(w_1, \cdots, w_m) = P(w_1)P(w_2|w_1)P(w_3|w_1, w_2) \cdots P(w_m|w_{m-2}, w_{m-1})$$

基于词汇量，N-grams 的数量随 n 呈指数增长。例如，如果一个较小的词汇表包含 100 个单词，那么可能的 5-grams 的数量将是 $100^5 = 10\,000\,000\,000$ 个不同的 5-grams。相比之下，莎士比亚的整部作品包含了大约 30\,000 个不同的单词，说明使用较大 n 的 N-grams 是不可行的。不仅存在存储所有概率的问题，而且还需要一个非常大的文本语料库为较大的 n 值创建合适的 N-grams 概率估计公式。这个问题被称为维数灾难（Curse of Dimensionality）。当可能的输入变量（单词）的数量增加时，这些输入值的不同组合的数量呈指数增加。当学习算法对于每个相关的值组合至少需要一个样本时，就会出现维数灾难，这是 N-grams 模型中的情况。n 越大，就越能更好地逼近原分布，并且需要更多的数据以便很好地估计 N-grams 概率。

2. 神经语言模型

克服维数灾难的一种方法是学习单词的低维分布式表示（网站为 http://www.jmlr.org/papers/volume3/bengio03a/bengio03a.pdf）。这种分布式表示是通过学习一个嵌入函数创建的，该函数将词空间转换为词嵌入的低维空间，如图 7.10 所示。

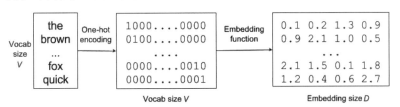

图 7.10　词→独热编码→词嵌入向量

来自词汇表的大小为 V 的单词被转换为大小为 V 的独热编码向量（每个单词都被唯一编码）。然后，嵌入函数将此 V 维空间转换为大小为 D（此处 $D=4$）的分布式表示。

其思想是嵌入函数学习单词的语义信息。它将词汇表中的每个单词与一个连续值向量表示相关联，即词嵌入。每个单词对应于嵌入空间中的一个点，不同的维度对应于单词的语法或语义属性。

这样做的目的是确保嵌入空间中彼此相近的单词具有相似的含义。这样，语言模型就可以利用某些词在语义上相似的信息了。例如，它可能了解到 fox 和 cat 在语义上是相关的，而且"the quick brown fox"和"the quick brown cat"都是正确的短语。然后，将单词序列替换为捕获这些单词特征的嵌入向量序列。嵌入向量序列可以作为各种 NLP 任务的基础。例如，试图对文章的情感进行分类的分类器可能会被训练使用先前学习的词嵌入，而不使用独热编码向量。通过这种方式，情感分类器可以容易地获得单词的语义信息。

词嵌入是解决自然语言处理任务时的重要范式之一。使用词嵌入可以提高其他任务的性能，这些任务可能没有大量可用的标记数据。

（1）神经概率语言模型。通过前馈全连接网络可以学习语言模型和隐含的嵌入函数。给定一个 $n-1$ 单词序列（$w_{t-n+1},\cdots,w_{t-1}$），网络试图输出下一个单词 w_t 的概率分布，如图 7.11 所示。

图 7.11 中，在给定单词 $w_{t-n+1},\cdots,w_{t-1}$ 的情况下，将输出单词 w_t 的概率分布。C 是嵌入矩阵，网络层扮演着不同的角色。

● 嵌入层采用单词 w_i 的独热表示，并将其与嵌入矩阵 C 相乘，将其转换为词嵌入向量。这种计算可以通过查表有效地实现。嵌入矩阵 C 在单词之间共享，因此所有单词都使用相同的嵌入函数。C 用 $V \times D$ 矩阵表示，其中，V 是词汇表大小，D 是嵌入大小。

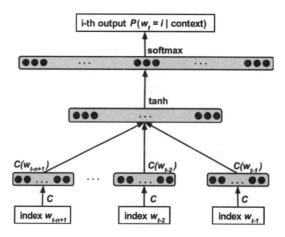

图 7.11　神经网络语言模型

- 将所生成的嵌入连接起来，将其作为隐藏层的输入，该隐藏层使用 tanh 激活。因此，隐藏层的输出由函数 $z = \tanh(H(\mathrm{concat}(C(w_{t-n+1}),\cdots,C(w_{t-1}))+d))$ 表示，其中 H 是嵌入到隐藏层的权重，d 是隐藏的偏置。
- 得到具有权重 U、偏置 b 和 softmax 激活的输出层，该输出层将隐藏层映射到词空间概率分布：$y = \mathrm{softmax}(zU+b)$。

该模型同时学习所有单词在词汇表中的嵌入（嵌入层）和单词序列的概率函数模型（网络输出）。它能够将这个概率函数推广到训练过程中看不到的单词序列。在训练集中可能看不到测试集中特定的单词组合，但在训练过程中可能看到具有相似嵌入特征的序列。因为根据单词的位置（已经存在于文本中）可以构造训练数据和标签，所以训练这个模型是一个无监督的学习任务。

（2）Word2Vec。许多研究都致力于创建更好的词嵌入模型，特别是通过省略对单词序列上概率函数的学习。流行的方法之一是 Word2Vec（网址为 http://papers.nips.cc/paper/5021-distributed-representations-of-words-and-phrases-and-their-compositionality.pdf 和 https://arxiv.org/pdf/1301.3781.pdf）。要使用 Word2Vec 模型创建嵌入向量，需要一个简单的神经网络，它具有以下特性：

- 它有一个输入层、一个隐藏层和一个输出层。
- 输入是一个单一独热编码单词。
- 输出是单个 softmax，它预测最有可能在输入单词的上下文（邻近）中找到的单词。

接下来使用梯度下降和反向传播训练网络。训练集由（输入，目标）单词（在文本中彼此非常接近）的独热编码对组成。例如，如果文本的一部分是序列（quick、brown、fox），则训练样本将包括（quick，brown）、（brown，fox）等单词对。

嵌入向量由网络的输入层到隐藏层的权重表示。它是 $V \times D$ 形矩阵，其中 V 是词汇表的大小，D 是嵌入向量的长度（与隐藏层中的神经元数目相同）。将权重看作一个表，其中每行表示一个单词嵌入向量。因为输入是独热编码，所以在训练期间始终只有一个激活的权重行。对于每个输入样本（单词），只有单词自己的嵌入向量才会参与。因为只对嵌入向量感兴趣，所以当训练结束时，将丢弃网络的其余部分。

根据训练模型的方式，预测方式有以下两种类型：

● 连续词袋（CBOW）：此处，神经网络经过训练，可以预测哪个单词适合放在被故意删除单个词的序列中。例如，给出序列"The quick _____ fox jumps"，网络将预测单词 brown 适合。但是，如前所述，网络只接受一个单词作为输入。因此，将此句转换成多个训练（输入，目标）对：（the，brown）、（quick，brown）、（fox，brown）和（fox，jumps）。

● Skip-Gram：它与 CBOW 相反。给定一个输入单词，网络预测其周围的单词。例如，根据 brown 这个单词可以预测"The quick fox jumps"。如同 CBOW，将此句转换为单词对（brown，the）、（brown，quick）、（brown，fox）、（brown，jumps）。

CBOW 和 Skip-Gram 的对比图如图 7.12 所示。

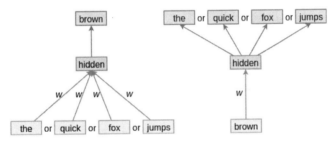

图 7.12　CBOW（左）和 Skip-Gram（右）

还有其他流行的嵌入模型，如 GloVe（网址为 https://nlp.stanford.edu/projects/glove/）和 FastText（网址为 https://fasttext.cc/）。

（3）可视化词嵌入向量。一些词嵌入的二维投影如图 7.13 所示（图片来自 http://colah.github.io/posts/2014-07-NLP-RNNs-Representations/）。语义上接近的词在嵌入空间中也彼此接近。

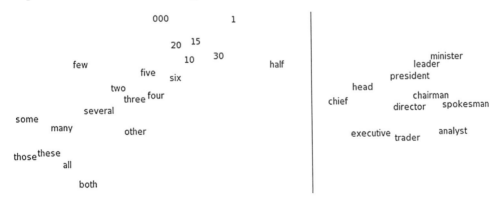

图 7.13　相关词在二维嵌入空间中彼此接近

一个令人惊讶的结果是，这些词嵌入可以捕获单词之间的语义差异，如图 7.14 所示（图片来自 https://www.aclweb.org/anthology/N/N13/N13-1090.pdf）。例如，它可能捕获到 woman 和 man 之间的嵌入差异是性别编码，并且在其他与性别相关的单词（如 queen 和 king）中，这种差异是相同的。

- embed(woman) - embed(man) ≈ embed(aunt) - embed(uncle)。
- embed(woman) - embed(man) ≈ embed(queen) - embed(king)。

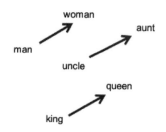

图 7.14　词嵌入可以捕捉单词之间的语义差异

7.2.2　使用基于字符的模型生成新文本

本节将介绍如何通过 TensorFlow 使用基于字符的模型生成新文本。这是"多对多"关系的示例。本节将仅介绍最有趣的代码部分。

在大多数情况下，语言模型是在单词级别上进行的，其中分布在|V|单词的固定词汇表上。现实任务中的词汇，如语音识别中使用的语言模型，常常超过 100 000 个单词。这种高维性使得输出分布的建模非常具有挑战性。此外，当涉及对包含非单词字符串的文本数据进行建模时，这些单词级模型是非常有限的，如多位数字或未包含在训练数据中的单词（词汇表之外的单词）。

为了解决这些问题，使用字符级语言模型。它们对字符序列（而不是单词序列）的分布进行建模，从而允许在更小的词汇表上计算概率。字符级模型的词汇表包含了文本语料库中所有可能的字符。不过，这些模型也有缺点。通过对字符序列（而不是单词序列）进行建模，需要对更长的序列进行建模，以便随时间的推移捕获相同的信息。为了捕获这些长期依赖关系，需要使用 LSTM 语言模型。

下面将详细介绍如何在 TensorFlow 中实现字符级 LSTM，以及如何根据列夫·托尔斯泰的《战争与和平》（*War and Peace*）对其进行训练。LSTM 将根据先前的字符对下一个字符的概率 $P(c_t|c_{t-1}\cdots c_{t-n})$ 进行建模。

因为全文太长，无法使用随时间反向传播训练网络，所以要使用批量变体（称为截断 BPTT），将训练数据分成固定序列长度的批量，然后一批一批地训练网络。因为批量是连续的，所以可以使用一个批量的最终状态作为下一个批量的初始状态。这样就可以利用存储在状态中的信息，而不必完全向后传递整个输入文本。

1. 数据的预处理和读取

训练一个好的语言模型，需要大量的数据。列夫·托尔斯泰的《战争与和平》的英译本有 50 多万字，这本书是面向公众的，可以从古腾堡计划网站上免费下载纯文本版本（网址为 http://www.gutenberg.org/）。首先，对此书作一部分预处理，删除古腾堡许可证、图书信息和目录。接下来，去掉句子中间的换行符，并将允许的最大连续换行数减少到两行（代码位于 https://github.com/ivan-vasilev/Python-Deep-Learning-SE/blob/master/ch07/language%20model/data_processing.py）。

为了将数据输入网络，需要将其转换为数字格式。每个字符将与一个整数相关联。在示例中，从文本语料库中提取 98 个不同的字符。接下来，提取输入和目标。对于每个输入字符，将预测下一个字符。因为使用截断 BPTT 进行训练，所以将从文本按序列位置提取所有训练批量，以利用序列的连续性。图 7.15 说明了将文本转换为索引列表并将其分为输入和目标批量的过程（该代码位于 https://github.com/ivan-vasilev/Python-Deep-Learning-SE/blob/master/ch07/language%20model/data_reader.py）。

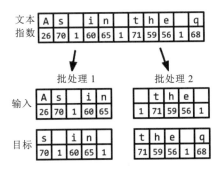

图 7.15　将文本转换为长度为 5 的整数标签的输入和目标批量

2. LSTM 网络

现在，训练一个两层的 LSTM 网络，每层中有 512 个单元（完整代码位于 https://github.com/ivan-vasilev/Python-Deep-Learning-SE/blob/master/ch07/language%20model/model.py）。因为使用截断 BPTT，所以需要在批量之间存储状态。

（1）为输入和目标定义占位符。占位符是模型和训练数据之间的链接。通过将其值设置为占位符，可以向网络提供单个批量。输入和目标的第一个维度是批量大小，第二个维度是文本序列。这两个占位符都采用序列批量，其中字符由其索引表示，代码如下：

```
self.inputs = tf.placeholder(tf.int32, [self.batch_size, self.sequence_length])
self.targets = tf.placeholder(tf.int32, [self.batch_size, self.sequence_length])
```

（2）将字符输入网络需要将其转换成独热编码向量。这在 TensorFlow 中可以通过以下代码轻松完成：

```
self.one_hot_inputs = tf.one_hot(
    self.inputs, depth=self.number_of_characters)
```

（3）定义多层 LSTM 架构。首先，需要为每一层定义 LSTM 单元。lstm_sizes 是每层列表的大小，此示例中是(512,512)，代码如下：

```
cell_list = [tf.nn.rnn_cell.LSTMCell(lstm_size) for lstm_size in
self.lstm_sizes]
```

（4）将单元包裹在单个多层 RNN 单元中，代码如下：

```
self.multi_cell_lstm = tf.nn.rnn_cell.MultiRNNCell(cell_list)
```

（5）要在批量之间存储状态，需要获取网络的初始状态并将其包裹在要存储的变量中。由于计算原因，TensorFlow 将 LSTM 状态存储在两个单独的张量（c 和 h 来自 7.1.2 小节）的元组中。使用 flatten 方法展平此嵌套数据结构，将每个张量包裹在变量中，然后使用 pack_sequence_as 方法将其重新打包为原始结构，代码如下：

```
self.initial_state = self.multi_cell_lstm.zero_state(
    self.batch_size, tf.float32)
# 转换为变量，以便可以在批量之间存储状态
# 注意，LSTM 状态是张量的元组
# 必须重新创建此结构才能用作 LSTM 状态
self.state_variables = tf.contrib.framework.nest.pack_sequence_as(
    self.initial_state,
    [tf.Variable(var, trainable=False)
    for var in tf.contrib.framework.nest.flatten(self.initial_state)])
```

（6）现在已将初始状态定义为变量，接下来就可以开始随时间展开网络了。TensorFlow 提供了 dynamic_rnn 方法，该方法根据每个输入的序列长度动态展开。此方法将返回一个由表示 LSTM 输出和最终状态的张量组成的元组，代码如下：

```
lstm_output, final_state = tf.nn.dynamic_rnn(
    cell=self.multi_cell_lstm, inputs=self.one_hot_inputs,
    initial_state=self.state_variables)
```

（7）接下来，需要将最终状态存储为下一批量的初始状态。使用 state_variable.assign 方法将每个最终状态存储在正确的初始状态变量中。在返回 LSTM 输出之前，control_dependencies 方法强制状态更新，代码如下：

```
store_states = [
    state_variable.assign(new_state)
    for (state_variable, new_state) in zip(
        tf.contrib.framework.nest.flatten(self.state_variables),
        tf.contrib.framework.nest.flatten(final_state))]
```

```
with tf.control_dependencies(store_states):
    lstm_output = tf.identity(lstm_output)
```

（8）为了从最终 LSTM 输出中获取 logit 输出，需要对输出进行线性变换，以使维度为"批量大小×序列长度×字符数量"。在此之前，需要将输出展平为大小为"输出数×输出特征数"的矩阵，代码如下：

```
output_flat = tf.reshape(lstm_output, (-1, self.lstm_sizes[-1]))
```

然后，使用权重矩阵 *W* 和偏置 *b* 定义并应用线性变换以获得 logit，应用 Softmax 函数，并将其重塑为大小为"批量大小×序列长度×字符数量"的张量，代码如下：

```
# 定义输出层
self.logit_weights = tf.Variable(
    tf.truncated_normal(
        (self.lstm_sizes[-1], self.number_of_characters), stddev=0.01),
    name='logit_weights')
self.logit_bias = tf.Variable(
    tf.zeros((self.number_of_characters)), name='logit_bias')
# 应用最后一层变换
self.logits_flat = tf.matmul(
    output_flat, self.logit_weights) + self.logit_bias
probabilities_flat = tf.nn.softmax(self.logits_flat)
self.probabilities = tf.reshape(
    probabilities_flat,
    (self.batch_size, -1, self.number_of_characters))
```

LSTM 字符语言模型的展开图如图 7.16 所示。

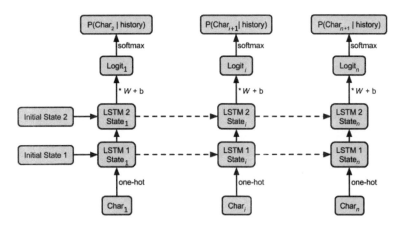

图 7.16　字符语言模型展开

3．训练

现在已经定义了输入、目标和网络架构，接下来实现训练。

（1）定义一个损失函数，该函数描述在给定输入和目标的情况下输出错误字符序列的代价。因为是通过先前的字符预测下一个字符，所以这是一个分类问题，要使用交叉熵损失。为此，使用 sparse_softmax_cross_entropy_with_logits TF 函数，该函数将 logit 网络输出（在 softmax 之前）作为输入，并将目标作为类标签。为了减少整个序列和所有批量的损失，将使用它们的平均值。首先必须将目标展平为一维向量，以使其与展平的网络 logit 输出兼容，代码如下：

```
# 展平目标以与展平的 logit 兼容
targets_flat = tf.reshape(self.targets, (-1,))
# 得到所有输出的损失
loss = tf.nn.sparse_softmax_cross_entropy_with_logits(
    logits=self.logits_flat, labels=targets_flat, name='x_entropy')
self.loss = tf.reduce_mean(loss)
```

（2）定义 TensorFlow 训练操作，该操作将在输入批量和目标批量之间优化网络。使用 Adam 优化器稳定梯度更新，再通过裁剪以防止梯度爆炸，代码如下：

```
trainable_variables = tf.trainable_variables()
gradients = tf.gradients(loss, trainable_variables)
gradients, _ = tf.clip_by_global_norm(gradients, 5)
self.train_op = optimizer.apply_gradients(zip(gradients,
trainable_variables))
```

（3）从小批量优化开始，如果 data_feed 是返回输入和目标连续批量的生成器，则可以通过占位符反复将它们提供给网络以训练模型。每 100 个小批量重置一次初始状态，以便网络学习如何处理序列开头处的初始状态。使用 TensorFlow saver 可以保存模型，方便稍后重新加载以供采样，代码如下：

```
with tf.Session() as sess:
    sess.run(init_op)
    if restore:
        print('Restoring model')
        model.restore(sess)
    model.reset_state(sess)
    start_time = time.time()
    for i in range(minibatch_iterations):
        input_batch, target_batch = next(iter(data_feed))
        loss, _ = sess.run(
            [model.loss, model.train_op],
            feed_dict={model.inputs: input_batch, model.targets:
target_batch})
```

4. 采样

训练模型后，通过对序列进行采样以生成新文本。使用与训练模型相同的代码初始化采样架构，但是需要将 batch_size 设置为 1，将 sequence_length 设置为 None。这样就可以生成不同长度的单个字符串和样本序列。然后，使用训练后保存的参数初始化模型的参数。首先从采样开始，向模型输入初始字符串（prime_string）以初始化网络状态。之后，根据 softmax 的输出分布对下一个字符进行采样。然后，将新采样的字符作为新网络的输入，并获取下一个字符的输出分布，代码如下：

```
def sample(self, session, prime_string, sample_length):
    self.reset_state(session)
    # 初始状态
    print('prime_string: ', prime_string)
    for character in prime_string:
        character_idx = self.label_map[character]
        out = session.run(
            self.probabilities,
            feed_dict={self.inputs: np.asarray([[character_idx]])})
    output_sample = prime_string
    print('start sampling')
    # sample_length 步采样
    for _ in range(sample_length):
        sample_label = np.random.choice(
            self.labels, size=(1), p=out[0, 0])[0]
        output_sample += sample_label
        sample_idx = self.label_map[sample_label]
        out = session.run(
            self.probabilities,
            feed_dict={self.inputs: np.asarray([[sample_idx]])})

    return output_sample
```

5. 训练示例

现在有了用于训练和采样的代码，就可以用列夫·托尔斯泰的《战争与和平》训练网络，并从每 2 次批量迭代中采样网络学到的知识。使用"She was born in the year"这句话来启动该网络，并观察网络在训练期间如何完善。

经过 500 次批量训练后，得到的结果如下：She was born in the year sive but us eret tuke Toffhin e feale shoud pille saky doctonas laft the comssing hinder to gam the droved at ay vime。该网络已经收集了一些字符分布，并提出了一些类似单词的字符串。

经过 5 000 次批量训练后，网络收集了许多不同的单词和名称：She was born in the year he had meaningly many of Seffer Zsites. Now in his crownchy-destruction, eccention, was formed a wolf of Veakov one also because he was congrary, that he suddenly had first did not reply。它还发明了一些看似合理的词，如 congrary 和 eccention。

经过 50 000 次批量训练后，网络输出以下文本：She was born in the year 1813. At last the sky may behave the Moscow house there was a splendid chance that had to be passed the Rostóvs', all the times: sat retiring, showed them to confure the sovereigns。它似乎已经发现，年号跟在 year 后

是合理的。短语似乎有意义，但句子本身却没有意义。

　　经过 500 000 次批量训练后，停止该训练，网络输出以下文本：She was born in the year 1806, when he entered his thought on the words of his name. The commune would not sacrifice him: "What is this?" asked Natásha. "Do you remember?"。从中可以发现，网络正在尝试造句，但句子并不连贯。值得注意的是，网络现在可以模拟完整句子中的对话，包括引号和标点符号。

　　虽然 RNN 语言模型并不完美，但它仍然能够生成连贯的文本短语。读者可以通过使用不同的架构、增加 LSTM 层的大小、在网络中放置第三个 LSTM 层或下载更多文本数据来进一步试验，以了解自己可以改进当前模型的程度。

　　到目前为止，本书所介绍的语言模型已应用于许多不同的应用程序中，领域范围从语音识别到创建能够与用户建立对话的智能聊天机器人。

7.3　序列到序列学习

　　许多 NLP 问题可以表示为序列到序列（Sequence to Sequence，Seq2Seq）的任务。它是一种将一个输入序列转换成另一个不同输出序列的任务类型，不一定与输入具有相同的长度。为了更好地解释这个概念，接下来列举一些示例。

- 机器翻译是最流行的序列到序列任务类型。输入序列是一种语言中一个句子的单词，输出序列是翻译成另一种语言的同一个句子的单词。例如，将英语序列"Tourist attraction"翻译成德语"Touristenattraktion"。不仅输出句子的长度不同，而且输入和输出序列的元素之间也没有直接的对应关系。一个输出元素还可以对应于两个输入元素的组合。使用单个神经网络实现的机器翻译称为神经机器翻译（Neural Machine Translation，NMT）。
- 语音识别，获取音频输入的不同时间帧，并将其转换为文本。
- 问答聊天机器人，其中输入序列是文本问题，输出序列是该问题的答案。
- 文本摘要，其中输入是文本文档，输出是文本内容的简短总结。

2014 年，Sutskever 和 Cho 等人介绍了一种称为序列到序列（或编码器到解码器）学习的方法，该方法使用 RNN，是一种"间接多对多"关系，特别适合解决以上示例问题。

- 序列到序列模型由两部分组成：编码器和解码器。其工作原理如下：
- 编码器是 RNN。原论文使用 LSTM，但 GRU 或其他类型也可以工作。编码器以常规方式工作，一次一个时间步地读取输入序列，并在每一步后更新其内部状态。一旦到达特殊的<EOS>（序列结束）符号，编码器将停止读取输入序列。假设使用一个文本序列，<EOS>符号表示一个句子的结束。
- 一旦编码器完成，网络将会给解码器发信号，解码器就会使用一个特殊的<GO>输入信号开始生成输出序列。编码器也是 RNN（LSTM 或 GRU）。编码器和解码器之间的链路是最新的编码器状态向量 h_t（也称为思想向量），在第一个解码器步骤中作为递推关系提供。在 $t+1$ 步处的解码器输出 y_{t+1} 是输出序列的一个元素。在 $t+2$ 步处使用此输出作为输入，然后生成新的输出，以此类推。

序列到序列模型图如图 7.17 所示（图片来自 https://arxiv.org/abs/1409.3215）。

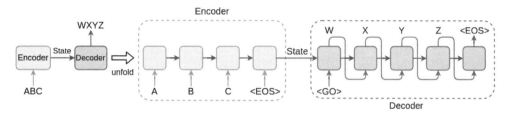

图 7.17　序列到序列模型

对于文本序列，使用词嵌入向量作为编码器输入。解码器输出将是词汇表中所有单词的 softmax。

总而言之，序列到序列模型通过将输入序列编码为一个固定长度的状态向量，然后使用该向量作为基础来生成输出序列，从而解决了输入/输出序列长度变化的问题。通过最大化概率对其形式化，公式如下：

$$p(y_1,\cdots,y_{T'}|x_1,\cdots,x_T) = \prod_{t=1}^{T'} p(y_t \mid v, y_1, \cdots, y_{t-1})$$

上式等效于下式：

$$p(y_1,\cdots,y_{T'}|x_1,\cdots,x_T) = p(y_1|v)p(y_2|v,y_1)\cdots p(y_{T'} \mid v, y_1, \cdots, y_{T'-1})$$

每项含义如下：

- $p(y_1,\cdots,y_{T'}|x_1,\cdots,x_T)$ 是条件概率，其中 $(x_1,\cdots,x_T)$ 是长度为 T 的输入序列，$(y_1,\cdots,y_{T'})$ 是长度为 T' 的输出序列。
- v 是输入序列的固定长度编码（编码器的最后状态向量）。
- $p(y_{T'} \mid v, y_1, \cdots, y_{T'-1})$ 是给定先前单词 y 以及向量 v，输出单词 $y_{T'}$ 的概率。

原序列到序列论文介绍了一些增强模型训练和性能的技巧：

- 输入序列反向提供给解码器。例如，"ABC"→"WXYZ"将变成"CBA"→"WXYZ"。目前还没有明确地解释这样操作的原因，但论文作者分享了他们的观点。由于这是一个分步模型，如果序列顺序正常，原句中的每个单词都会远离输出句中相应的词。如果颠倒序列顺序，输入/输出单词之间的平均距离不会改变，但是第一个输入单词将非常接近第一个输出单词。这将有助于模型在输入和输出序列之间建立更好的"通信"。
- 除了<EOS>和<GO>，该模型还使用了其他两个特殊符号。
    - <UNK> – unknown：它是用来代替生僻单词，这样词汇表的大小不会增长得过大。
    - <pad>：出于性能原因，必须使用固定长度的序列训练模型。然而，这与实际训练数据相矛盾，在现实世界中，序列可以具有任意长度。为了解决这个问题，较短的序列用特殊的\<pad>符号填充。

注意力机制的序列到序列模型

解码器必须仅基于思想向量生成整个输出序列。为此，思想向量必须对输入序列的全部信息进行编码。但是，编码器是一个 RNN，它的隐藏状态将携带有关最后序列元素（相比于最前序列元素）的更多信息。

使用 LSTM 单元和反转输入会有帮助，但不能完全阻止它。正因为如此，思想向量在某种程度上成了瓶颈，序列到序列模型在短句中工作得很好，但在长句中性能就会下降。为了解决这个问题，Bahdanau 等人（网址为 https://arxiv.org/abs/1409.0473）提出了一个称为注意力机制的序列到序列扩展，该扩展为解码器提供了一种方法，使其可以处理所有编码器隐藏状态，而不仅仅是最后一个。虽然作者在神经机器翻译的背景下提出了它，但它是通用的，可以应用于任何序列到序列任务。注意力机制流程图如图 7.18 所示。

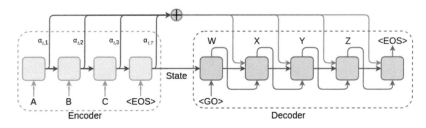

图 7.18　注意力机制流程图

注意力通过在编码器和解码器之间插入额外的上下文向量来工作。也就是说，在时间 t 的隐藏解码器状态 s_t 现在不仅是 $t-1$ 步处的隐藏状态和解码器输出的函数，而且还是上下文向量 c_t 的函数，公式如下：

$$s_t = f(s_{t-1}, y_{t-1}, c_t)$$

每个解码器步都有一个唯一的上下文向量，一个解码器步的上下文向量只是所有编码器隐藏状态的加权和，公式如下：

$$c_t = \sum_{i=1}^{T} \alpha_{t,i} h_i$$

- c_t 是总输出时间步 T 中一个解码器输出时间步 t 的上下文向量。
- h_i 是总输时间步 T 中编码器时间步 i 的隐藏状态。
- $\alpha_{t,i}$ 是在当前解码器时间步 t 的上下文中与 h_i 相关联的权重。如果 $\alpha_{t,i}$ 大，则解码器将在步 t 处注意 h_i。然而，根据当前输出步，输入序列状态将具有不同的权重。例如，如果输入和输出序列的长度为 10，则权重将由 10×10 的矩阵表示，总权重为 100。但是，如何计算权重？首先，解码器位置 t 的所有权重之和为 1，使用 softmax 来实现，公式如下：

$$\alpha_{t,i} = \frac{\exp(e_{t,i})}{\sum_{k=1}^{T} \exp(e_{t,k})}$$

其中，$e_{t,k}$ 是一个对齐模型，它对位置 k 周围的输入与位置 t 处的输出匹配程度进行评分。此分数基于先前的解码器状态 s_{t-1}（使用 s_{t-1} 是因为尚未计算 s_t）和编码器状态 h_k，公式如下：

$$e_{t,k} = a(s_{t-1}, h_k)$$

因为使用梯度下降和反向传播训练序列到序列模型，所以 e 必须是可微的。因此，e 通常是具有一个隐藏层的简单神经网络。

7.4　语音识别

在前面的讲解中，读者已了解了如何使用 RNN 学习许多不同时间序列的模型。本节将研究如何使用这些模型识别和理解语音。本节将简要概述语音识别流程，并提供在流程的每个部分使用神经网络的高级方法。

7.4.1　语音识别流程

语音识别根据提供的声学观测尝试找到最可能的单词序列的转录：

转录= argmax(P(单词|音频特征))

通常在不同的部分根据该概率函数建模（注意，通常忽略归一化项 P(音频特征)）：

P (单词|音频特征) = P (音频特征|单词)×P (单词)

= P (音频特征|音素) ×P (音素|单词) × P (单词)

 音素是定义单词发音的基本声音单位。例如，单词 bat 由三个音素组成：/b/、/ae/ 和 /t/。每个音素都与特定的声音相关。英语口语大约包括 44 个音素。

这些概率函数中的每一个将由识别系统的不同部分建模。典型的语音识别流程：首先接收音频信号并执行预处理和特征提取，然后在声学模型中使用这些特征。声学模型试图学习如何区分不同的声音和音素：P(音频特征|音素)。然后在发音词典的帮助下将这些音素与字符或单词进行匹配：P(音素|单词)。将从音频信号中提取的单词的概率与语言模型的概率 P(单词)组合。然后通过解码搜索找到最可能的序列。此语音识别流程如图 7.19 所示。

现实生活中的大型词汇语音识别流程通常基于上述流程。但是，它们在每一步都使用了大量的技巧和试探法来使问题变得容易处理。虽然这些细节不在本小节的介绍范围内，但是可以使用开源码软件 Kaldi（网址为 https://github.com/kaldi-asr/kaldi）训练高级语音识别系统。

图 7.19 典型语音识别流程

以下内容将简要描述此标准流程中的每个步骤，以及深度学习如何帮助改善它们。

7.4.2 语音作为输入数据

语音是传达信息的一种声音。它通过诸如空气之类的介质传播振动。如果这些振动频率在 20 Hz 和 20 kHz 之间，人类可以听见，这些振动可以被捕获并转换成数字信号，然后用于计算机上的音频信号处理。它们通常由麦克风捕获，然后以离散样本对连续信号进行采样。典型的采样率为 44.1 kHz，这意味着每秒测量传入音频信号的振幅为 44 100 次。注意，这大约是人类最大听觉频率的两倍。某人说"hello world"的录音样本如图 7.20 所示。

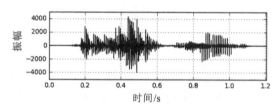

图 7.20 "hello world" 在时域内的语音信号

7.4.3 预处理

图 7.20 中的音频信号是在 1.2s 内录制的。为了将音频数字化，每秒采样 44 100 次（44.1 kHz）。这意味着对该 1.2s 的音频信号采集了大约 50 000 个振幅样本。

仅作为一个小样本，就在时间维度上有许多点。为了减小输入数据的大小，通常在将这些音频信号输入语音识别算法之前对其进行预处理，以减少时间步数量。典型的变换是将信号转换成频谱图，频谱图表示信号中的频率如何随时间变化。

这种频谱变换是通过将时间信号划分为重叠窗口并对每个窗口进行傅里叶变换完成的。傅里叶变换将信号随时间分解为组成信号的频率（网址为 https://pdfs.semanticscholar.org/fe79/085198a13f7bd7ee95393dcb82e715537add.pdf）。产生的频率响应被压缩到固定频点中。这种频点阵列也称为滤波器组（Filter Bank）。滤波器组是滤波器的集合，这些滤波器在多个频带中分离出信号。

假设之前的"hello world"录音被划分为 25 ms 的重叠窗口，步长为 10 ms。然后，在加窗傅里叶变换的帮助下，所得窗口被转换为频率空间。这意味着每个时间步的振幅信息被转换为每个频率的振幅信息。根据对数刻度（也称为梅尔刻度，Mel Scale）将最终频率映射到 40 个频率点。得到的滤波器组谱图如图 7.21 所示。这种转换将时间维度从 50 000 个样本减少到 118 个样本，其中每个样本是一个大小为 40 的向量。可使用这些向量作为语音识别模型的输入。

图 7.21 所示为在 7.4.2 小节中的语音信号的梅尔频谱。

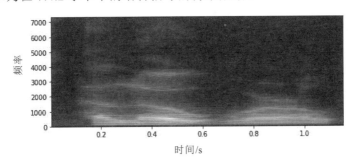

图 7.21 语音信号的梅尔频谱

尤其是在较早的语音识别系统中，这些梅尔刻度滤波器组甚至可以通过去相关来处理，以消除线性依赖性。通常，这是通过对滤波器组的对数进行离散余弦变换（DCT）来完成的。该离散余弦变换是傅里叶变换的一种变体。这种信号变换也称为梅尔频率倒谱系数（MFCC）。

最近，诸如卷积神经网络之类的深度学习方法已经学会了其中一些预处理步骤（网址为 https://arxiv.org/abs/1804.09298）。

7.4.4　声学模型

在语音识别中，如果希望将所说的单词输出为文本，可以通过学习一个与时间相关的模型来实现。该模型接受音频特征序列，并输出所说单词的可能序列分布。该模型称为声学模型（Acoustic Model）。

声学模型试图对由单词或音素序列生成音频特征序列的可能性进行建模：

$$P(音频特征|单词)=P(音频特征|音素) \times P(音素|单词)。$$

在深度学习流行之前，典型的语音识别声学模型使用隐马尔可夫模型（Hidden Markov Model，HMM）对语音信号的时间变化进行建模（网址为 http://mi.eng.cam.ac.uk/~mjfg/mjfg_NOW.pdf 和 http://www.cs.ubc.ca/~murphyk/Bayes/rabiner.pdf）。每个 HMM 状态都会发出混合的高斯信号，以对音频信号的频谱特征进行建模。发射的高斯信号形成高斯混合模型（GMM），它们确定每个 HMM 状态在一个短声学特征窗口中的拟合程度。HMM 用于对数据的序列结构进行建模，而 GMM 用于对信号的本地结构进行建模。

在给定 HMM 的隐藏状态下，HMM 假设连续的帧是独立的，因为 HMM 具有很强的条件独立性，所以声学特征通常是不相关的。

改善语音识别流程的一种方法是使用深度网络代替 GMM。

1. 循环神经网络

下面介绍如何使用 RNN 对顺序数据建模。将 RNN 直接应用于语音识别的问题在于，训练数据的标签需要与输入完全对齐。如果数据没有对齐，输入到输出的映射将包含太多噪声，网络无法学习任何信息。早期尝试通过使用混合 RNN-HMM 模型对声学特征的序列上下文进行建模，其中 RNN 对 HMM 模型的发射概率进行建模，很大程度上与使用 DBN 的方式相似（网址为 http://www.cstr.ed.ac.uk/downloads/publications/1996/rnn4csr96.pdf）。

后面的实验试图训练 LSTM 在给定帧上输出音素的后验概率（网址为 https://www.cs.toronto.edu/~graves/nn_2005.pdf）。

语音识别的下一步将是消除对齐标签数据的必要性，以及消除对混合 HMM 模型的需要。

2. CTC

为每个序列步独立定义标准 RNN 目标函数，每步都会输出其独立标签分类。这意味着训练数据必须与目标标签完全对齐。设计一个全局目标函数，使完全正确的标记的概率最大化。其思想是将网络输出解释为给定完整输入序列的所有可能标记序列上的条件概率分布。然后，给定输入序列，通过搜索最可能的标签，将网络用作分类器。

连接时序分类（Connectionist Temporal Classification，CTC）是一个目标函数，用于定义所有输出序列的所有对齐的分布。它尝试优化输出序列和目标序列之间的总编辑距离。此编辑距离是将输出标签更改为目标标签所需的最小插入、替换和删除数。

CTC 网络的每步都有一个 Softmax 输出层。此 Softmax 函数输出每个可能标签的标签分布以及一个额外的空白符号（∅），此额外的空白符号表示在该时间步上没有相关的标签。因此，CTC 网络将在输入序列中的任何点输出标签预测。然后，通过从路径中移除所有空白和重复标签，将输出转换为序列标签。这对应于当网络从预测无标签切换到预测标签或者从预测一个标签切换到另一个标签时输出新标签。例如，"∅aa∅ab∅∅"翻译为"aab"。实际上，仅标签的整个顺序必须正确，因此不需要对齐数据。

执行此缩减意味着可以将多个输出序列缩减为相同的输出标签。为了找到最可能的输出标签，必须添加与该标签对应的所有路径。搜索这个最可能的输出标签的任务称为解码。

语音识别中此类标记的示例可以是给定声学特征序列输出的一系列音素。建立在 LSTM 之上的 CTC 目标函数可以消除使用 HMM 对时间变化建模的需要。使用 CTC 序列到序列模型的另一种方法是基于注意力的模型。

7.4.5 解码

从音频特征和音素分布中获取实际单词的过程称为解码。一旦使用声学模型对音素分布进行建模并训练了语言模型，就可以将其与发音词典结合起来，以获得单词相对于音频特征的概率函数：

$$P(单词|音频特征)=P(音频特征|音素) \times P(音素|单词) \times P(单词)$$

这个概率函数还没有给出最终的文本，仍然需要对单词序列的分布进行搜索，以找到最有可能的文本。这个搜索过程被称为解码。所有可能的解码路径都可以用点阵数据结构表示，如图 7.22 所示（图片来自 https://www.isip.piconepress.com/projects/speech/software/legacy/lattice_tools/）。

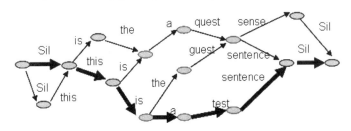

图 7.22　精简后的单词点阵

通过搜索所有可能的单词序列，可以找到给定音频特征序列的最可能的单词序列（网址为 http://mi.eng.cam.ac.uk/~mjfg/mjfg_NOW.pdf）。一种基于动态规划的流行搜索算法是 Viterbi 算法（网址为 http://members.cbio.mines-paristech.fr/~jvert/svn/bibli/local/Forney1973Viterbi.pdf），它可以确保找到最可能的状态序列。该算法是广度优先的搜索，通常与查找 HMM 中最可能的状态序列有关。

对于大词汇量语音识别，Viterbi 算法在实际使用中变得棘手。因此，在实践中，启发式搜索算法（如波束搜索）用于尝试查找最可能的序列。波束搜索算法在搜索过程中仅保留 n 个最佳解，并假定所有其他解都不会导致最可能的状态序列。

存在许多不同的解码算法（网址为 http://www.cs.cmu.edu/afs/cs/user/tbergkir/www/11711fa16/aubert_asr_decoding.pdf），但从概率函数中寻找最佳转录仍然是一个尚未解决的问题。

7.4.6　端到端模型

深度学习方法，如连接时序分类和注意力模型可以通过端到端的方式学习完整的语音识别流程。它们并没有明确地对音素进行建模。这意味着端到端模型将在一个模型中学习声学和语言模型，并直接输出单词分布。这些模型通过将所有内容组合到一个模型中来说明深度学习的威力，一个模型在概念上就变得更容易理解。

7.5　小结

本章介绍了如何训练 RNN、RNN 特有的训练问题以及如何使用 LSTM 和 GRU 解决这些问题。此外，本章还描述了语言建模的任务，以及 RNN 如何解决语言模型中的一些难题。然后，本章通过一个实际案例（基于列夫·托尔斯泰的《战争与和平》生成文本）将所有这些内容放在一起，说明如何训练字符级语言模型。接下来，本章介绍了序列到序列模型和注意力机制。最后，本章简要介绍了如何将深度学习（特别是 RNN）应用于语音识别问题。

接下来将介绍如何让计算机控制的代理在强化学习的帮助下在物理或虚拟环境中导航。得益于深度神经网络，这个振奋人心的机器学习领域在过去几年中取得了一些巨大的进步。

第 *8* 章

强化学习理论

读者或许阅读过 20 世纪 50 年代和 60 年代的科幻小说,书中充满了对 21 世纪生活的憧憬。这些小说描绘了一个拥有个人喷气背包、水下城市、星际旅行、飞行汽车以及真正具有独立思考能力的智能机器人的人类世界。现在已经到了 21 世纪,可是人类还没有得到那些飞行的汽车,但感谢深度学习,人类得到了机器人。

强化学习(Reinforcement Learning,RL)是一种让机器与环境交互的方式,类似于人类与物理世界交互的方式。与目前介绍的许多算法类似,强化学习不是一个新概念。但是,最近该领域出现了一些复苏,这在很大程度上得益于深度学习的成功。事实上,在强化学习框架中集成深度网络可以产生很好的效果。本章将介绍强化学习的主要范式和算法。然后,讲解如何将强化学习与深度网络相结合,用以让计算机在动态环境中导航,如计算机游戏。游戏为测试强化学习算法提供了一个很好的平台。游戏为算法提供了一个巨大但可控的虚拟环境。它与物理世界不同,在物理世界中,即使是一项简单的任务,如让机器人使用手臂捡起物体,也需要分析大量的传感数据,并控制手臂运动的许多连续反应命令。此外,与物理环境相比,虚拟环境可以更轻松地创建和模拟不同的训练和评估场景。

当提及计算机游戏,人类可以通过屏幕上可见的像素和很少的指令学习玩游戏。如果将相同的像素加上一个目标输入计算机代理,只要给出正确的算法,这个问题就可以解决。这就是为何许多研究人员将游戏视为开发真正人工智能自学机器(可独立于人类运行)的好环境。另外,如果读者喜欢玩游戏,那么本章将充满趣味。

本章将涵盖以下内容:

- 强化学习范式。
- 马尔可夫决策过程。
- 使用动态规划寻找最优策略。
- 蒙特卡罗法。
- 时序差分法。
- 价值函数近似。
- 经验回放。
- Q 学习实例。

8.1　强化学习范式

本节将讨论强化学习的主要范式。在第 1 章提到了一些强化学习的内容，但是为了让读者有更深刻的印象以及使内容完整，此处有必要再次对它们进行介绍。为了方便介绍和使读者更容易理解，下面以迷宫游戏为例。迷宫由矩形网格表示，其中值为 0 的网格单元表示墙壁，值为 1 的网格单元表示路径，一些位置包含中间奖励。迷宫中的代理可以使用路径在不同位置之间移动。代理的目标是导航到迷宫的另一端，并在这样做的同时获得尽可能大的奖励。强化学习工作的基本情景如图 8.1 所示。

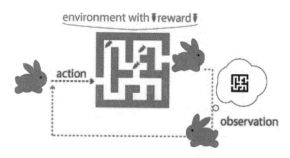

图 8.1　强化学习工作的基本情景

强化学习系统的一些元素如下：

● 代理（agent）：试图学习行动的实体。在游戏中，它是试图在迷宫中寻找出路的玩家。

● 环境（environment）：代理操作的环境。此处指迷宫（网格）本身。

● 状态（state）：代理可获取的有关其当前环境的所有信息。在迷宫中，状态只是代理的位置。在国际象棋游戏中，状态将是棋盘上所有棋子的位置。

● 行动（action）：代理可以采取的一个或一组可能的响应。在迷宫中，行动可能是代理在十字路口（上、下、左或右）选择的方向。在执行每个行动后，环境将更改其状态，然后向代理提供反馈。

● 奖励（reward）：代理在每次行动后从环境中获得的反馈。奖励可能是图 8.1 中的出口或胡萝卜。一些迷宫也可能有陷阱，这些陷阱会给出负奖励（代理应该尽量避免）。从长远来看，代理的主要目标是最大化总回报（累积奖励）。

● 策略（policy）：根据当前状态确定代理将执行的行动。在深度学习的背景下，通过训练神经网络可以作出决策。在训练过程中，代理将尝试修改其策略以作出更好的决策。找到最优策略的任务称为策略改进（Policy Improvement）或控制，是强化学习的主要任务之一。

● 价值函数（Value Function）：决定从长远来看对代理有利（与即时奖励不同）的行动。

当在一个给定的状态上应用价值函数时，价值函数可以计算从那个状态开始到未来某个状态的期望总回报。在决定采取何种行动时，代理的策略将考虑价值函数，并在较小程度上考虑即时奖励。找到价值函数的任务称为预测（Prediction，也称为策略评估），是强化学习的另一个主要任务。

在继续讲解之前，首先声明本章部分内容的灵感来自《强化学习（第二版）》（网址为 http://incompleteideas.net/book/the-book-2nd.html，作者为 Richard S. Sutton 和 Andrew G. Barto）。

8.1.1 强化学习和其他机器学习方法之间的差异

强化学习和其他机器学习方法之间重要的区别之一是，强化学习延迟了奖励，即在环境提供任何奖励信号之前，代理可能必须采取许多行动。例如，在迷宫游戏中，奖励可能只有在到达迷宫出口时才会到来。因此，当评估一个行动时，代理必须考虑整个问题，而不仅仅是直接的后果。这不同于监督学习，监督学习中的算法为每个训练样本接收某种反馈（如标签），并且不了解最终目标（或对最终目标不感兴趣）。刚才定义的各种强化学习系统元素提供了一种在没有即时奖励的情况下进行自主决策的机制。但是，由于拥有决策权并且没有即时反馈，代理必须在利用（遵循现有策略）与探索（一种试错方法，以期寻求更好的策略）之间保持良好的平衡。

8.1.2 强化学习算法的类型

可以根据不同的因素对强化学习算法进行分类，这一小节将概述一些算法。

首先，根据价值函数的性质划分强化学习算法，可以确定两种主要类型，具体如下：

● 表格法（Tabular Solutions）：如果可能的状态和行动的数量足够少，就可以将价值函数表示为表格（数组），并且代理完全熟悉环境。迷宫就是此种场景的一个案例，整个迷宫存储在一个表格中，并且迷宫本身并不太大。利用表格法，通常可以找到真正的最优价值函数和最优策略。

● 近似法（Approximate Solutions）：状态和行动空间可以任意大。想象一下，训练一名代理只需查看屏幕上呈现的图像便可以玩计算机游戏，这不足为奇——毕竟，这就是我们学习玩游戏的方式。然而，可能渲染的图像数量很大，在这种情况下，计算机不可能知道所有状态和行动，也就不可能通过表格表示价值函数。最重要的是，大量可能的状态意味着代理将不可避免地遇到以前从未见过的情况。解决这类问题的方法是找到价值函数的近似值，它也可以对未知数据进行泛化。所幸的是，深度神经网络已被证明是这一角色的很好的候选者。

强化学习代理的类型

下面介绍强化学习代理的类型。强化学习代理的类型如下：

- 基于价值函数的代理（Value-Based Agents）：它存储价值函数，并基于此作出决策。这样的代理将基于行动导致的状态价值决定要采取的行动。这些代理不使用策略。
- 基于策略的代理（Policy-Based Sgents）：在决定采取行动时，代理仅使用策略，而不使用价值函数。
- 行动器-评价器代理（Actor-Critic Agents）：同时使用价值函数和策略制定决策。
- 有模型代理（Model-Based Agents）：它包括环境模型。给定一个状态和一个行动，代理可以将模型用作真实环境的模拟，以预测下一个状态并进行奖励。换言之，该模型允许代理计划其未来的行动。
- 无模型代理（Model-Free Agents）：它没有环境内部模型，可以通过试错法学习策略。无模型代理学习采取其未来行动。

有模型代理和无模型代理可以是基于价值函数、基于策略或行动器-评价器。使用策略的强化学习代理可以进一步分类，具体如下：

- 在线策略（On-Policy）：代理根据当前策略采取行动。
- 离线策略（Off-Policy）：代理将其行动基于一个行为策略，同时尝试优化另一个目标策略。如果还不理解，请勿担心，随着进一步介绍，它会变得逐渐清晰。

8.2　马尔可夫决策过程

马尔可夫决策过程（Markov Decision Process，MDP）是用于对决策进行建模的数学框架。使用它可以描述强化学习问题。假设对环境有全面的了解。马尔可夫决策过程提供了对 8.1 节中定义的属性的正式定义（并添加了一些新属性）。

- S 是所有可能的环境状态的有限集合，s_t 是时间 t 处的状态。
- a 是所有可能行动的集合，a_t 是时间 t 处的行动。
- P 是环境的动态（也称为转移概率矩阵）。它定义了在给定现有状态 s 和行动 a（对于所有状态和行动）的情况下转换到新状态 s' 的条件概率，公式如下：

$$P_{ss'}^a = Pr(s_{t+1} = s' \mid s_t = s, a_t = a)$$

因为马尔可夫决策过程是随机的（它包括随机性），所以有状态之间的转移概率。这些概率表示环境的模型，即在给定其当前状态和行动 a 的情况下环境可能发生的变化。如果该过程是确定性的，则不需要它。有的模型代理有一个内部表示 P，用于预测其行动的结果。

注意，新状态仅取决于当前状态，而不取决于任何先前状态。换言之，当前状态完全表征了环境的总体状态，这使马尔可夫决策过程成为无记忆过程。马尔可夫决策过程的这一特征称为马尔可夫属性。

- R 是奖励函数。它描述了代理采取行动 a 并从 $s \rightarrow s'$ 转移时将收到的奖励：

$$R_{ss'}^a = \mathbb{E}[r_{t+1} \mid s_{t+1} = s', s_t = s, a_t = a]$$

因为马尔可夫决策过程描述的环境和转移概率描述的不同状态之间的转移是随机的，所以需要期望 $\mathbb{E}$。换言之，当代理采取行动时，无法确定将以何种新状态（以及奖励）结束。但是，奖励可以通过合理地预期计算得出。使用 r_t 表示时间步 t 的奖励。

● γ 是折扣因子，是范围[0:1]的一个值，表示算法对即时奖励（而不是未来奖励）的重视程度。

马尔可夫决策过程示例如图 8.2 所示。

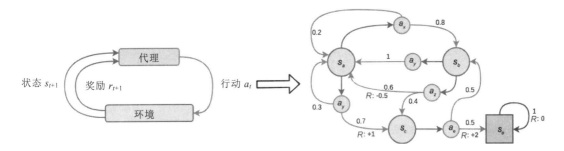

图 8.2　马尔可夫决策过程

图 8.2 左侧表示代理采取行动并接收新状态和奖励。右侧表示一个简单的马尔可夫决策过程的示例，有 4 个状态（s_a、s_b、s_c 和终止状态 s_e）和 4 个行动（a_x、a_y、a_z 和 a_e）。每个行动都有转移概率，但只有某些行动有奖励。

为了更好地理解马尔可夫决策过程，思考如何使用类似于图 8.2 的图形表示迷宫游戏。现有与迷宫网格单元数量相同的状态 s_a、s_b、s_c、…。每个状态将与 4 个行动（向上、向下、向左和向右）相关联。然而，迷宫墙将使某些状态无法采取某些行动，因此它们的概率为 0。由于这是一个确定性模型，其余的状态/行动对的概率为 1。换言之，当代理向某个方向移动时，它肯定会在相应的相邻迷宫位置结束。

现在描述一个马尔可夫决策过程状态序列（Episode）的逐步执行（例如，一个状态序列可能是一局棋）。

（1）这个状态序列从时间 $t = 0$ 的初始状态 s_0 开始，在 $t = T$ 到达终止状态时结束。

（2）重复以下过程直到到达终止状态：

● 代理采取 a_t 行动。

● 环境根据转移概率 $P_{s_t s_{t+1}}^{at} = Pr(s_{t+1} \mid s_t, a_t)$ 采样奖励 r_{t+1} 和新状态 s_{t+1}。

● 代理接收新状态 s_{t+1} 和奖励 r_{t+1}。

马尔可夫决策过程和代理将产生以下序列（或轨迹）：

$$s_0, a_0, r_1, s_1, a_1, r_2, s_2, a_2, r_3, \cdots, a_{T-1}, r_T, s_T$$

有些强化学习问题可能是连续的，而不是间歇的，比如通过将杆子的底端向左或向右移动以平衡杆子，目标是无限期地保持杆子直立。此处不会详细介绍这个场景，但是应该注意，为间歇任务描述的算法也可以用于连续任务（$T=\infty$）。尽管如此，从长远来看，代理的目标是最大化总回报（所有未来奖励的总和）。在一个连续的任务中，这是无穷大的。借助折扣因子可以解决这个问题，折扣因子在[0:1]。时间步 t 处的折扣回报，公式如下：

$$G_t = r_{t+1} + \gamma r_{t+2} + \gamma^2 r_{t+3} + \ldots = \sum_{j=0}^{T} \gamma^j r_{t+j+1}$$

虽然和仍然是无限的，但如果 $\gamma < 0$，则 G_t 将有一个有限值。如果 $\gamma = 0$，则代理只对即时奖励感兴趣，而放弃长期回报。相反，如果 $\gamma = 1$，则代理将认为所有未来的奖励都等于即时奖励。由于某些原因，使用递推关系可以重写该公式：

$$\begin{aligned} G_t &= r_{t+1} + \gamma r_{t+2} + \gamma^2 r_{t+3} + \gamma^3 r_{t+4} + \ldots + \gamma^{T-1} r_T \\ &= r_{t+1} + \gamma(r_{t+2} + \gamma r_{t+3} + \gamma^2 r_{t+4} + \ldots + \gamma^{T-2} r_T) \\ &= r_{t+1} + \gamma G_{t+1} \end{aligned}$$

接下来讨论价值函数和策略。价值函数估计一个给定状态的累积未来奖励。然而，奖励取决于代理的未来行动，而这些行动是由代理的策略（用 π 表示）决定的。在形式上，策略将状态 s 映射为从 s 开始选择每个可能行动 a 的概率。价值函数和策略是密不可分的。

两种类型的价值函数定义如下：

● 状态–价值函数 $v_\pi(s)$：描述从状态 s_t 开始，然后遵循策略 π 的期望回报，公式如下：

$$v_\pi(s) = \mathbb{E}_\pi[G_t | s = s_t] = \mathbb{E}_\pi\left[\sum_{j=0}^{T} \gamma^j r_{t+j+1} \mid s = s_t\right]$$

$\mathbb{E}_\pi[.]$ 是在时间步 t 的总回报的期望值 G_t。此处使用期望值，因为环境转移函数和策略（取决于策略类型）都可能以随机的方式行动。一方面，当代理执行一个行动 a 时，环境可能会处于任意数量的不同状态，这取决于转移概率。另一方面，在同等条件下，可以选择一种随机采取行动的策略。因此，只能近似计算 s_t 状态的值。

● 行动–价值函数 $q_\pi(s,a)$ 或 q 函数：该函数描述了从 s 开始，然后采取行动 a，并遵循策略 π 的期望回报，公式如下：

$$q_\pi(s,a) = \mathbb{E}_\pi[G_t | s = s_t, s = a_t] = \mathbb{E}_\pi\left[\sum_{j=0}^{T} \gamma^j r_{t+j+1} \mid s = s_t, s = a_t\right]$$

行动–价值函数的定义遵循与状态–价值函数相同的假设。

接下来，使用 $\pi(a|s)$ 表示策略 π 在给定当前状态 s 的情况下选择行动 a 的概率。那么，状态–价值函数和行动–价值函数之间的以下等式成立：

$$v_\pi(s) = \sum_a \pi(a|s) q_\pi(s,a)$$

状态–价值函数等于所有传出（从状态 s）行动 a 的行动–价值函数之和乘以选择每个行动的策略概率。请注意，来自 s 的所有传出行动的概率之和是 $\sum_a \pi(a|s) = 1$。

8.2.1　贝尔曼方程

贝尔曼方程（Bellman Equations）是以 Richard Bellman 的名字命名的，Bellman 还介绍了动态规划方法。在动态规划中，通过将复杂问题分解成更简单的递归子问题并找到最优解从而找到复杂问题的最优解。例如，使用自下而上的动态方法可以求出第 k 个斐波那契数。

尽管读者可能已经很熟悉此方法，但是为了完整起见，本书仍将简单讲解该方法。从第一个和第二个斐波那契数（0 和 1）开始。第三个数字正好是前两个数字的总和。那么，第四个数字是第三个数字和第二个数字之和，现在已经知道这两个数字了，因此很容易找到第四个数字。通过只存储最后两个数字，可以在 $O(n)$ 的时间复杂度和 $O(1)$ 的存储复杂度内计算序列中的任意数。此处通过将问题分解为更小的子问题来解决问题。本书不会进一步讲解关于动态规划本身的内容，如果读者想了解更多，可以自行搜索详细讲解。

贝尔曼方程描述了动态规划中的子问题和主问题之间的关系，也可以应用于马尔可夫决策过程中。如前所述，使用递归的方式可以定义折扣回报 G_t。下面讲解如何使用递归定义状态-价值函数。

首先，使用 G_t 的递归定义重写状态-价值函数，公式如下：

$$v_\pi(s) = \mathbb{E}_\pi[G_t \mid s = s_t] = \mathbb{E}_\pi[r_{t+1} + \gamma G_{t+1} \mid s = s_t]$$

分析它的两个组成部分，从即时奖励的期望 r_{t+1} 开始，公式如下：

$$\mathbb{E}_\pi[r_{t+1} \mid s = s_t] = \sum_a \pi(a \mid s) \sum_{s'} P_{ss'}^a R_{ss'}^a$$

尽管看似复杂，但并不难理解。已知 $\sum_a \pi(a \mid s) = 1$。接下来，$P_{ss'}^a$ 是转移概率，$R_{ss'}^a$ 是通过 a 在 $s \to s'$ 转移时环境将采样的期望奖励。最后，对所有可能的行动 a 和所有可能的结果状态 s' 求和。总之，即时奖励的期望是策略选择每个行动 a 的概率、转移概率和转移的期望奖励的乘积之和。

接下来，分析第二部分，公式如下：

$$\mathbb{E}_\pi[\gamma G_{t+1} \mid s = s_t]$$
$$= \mathbb{E}_\pi\left[\gamma \sum_{j=0}^{T} \gamma^k r_{t+j+2} \mid s = s_t\right]$$
$$= \sum_a \pi(a \mid s) \sum_{s'} P_{ss'}^a \gamma \mathbb{E}_\pi\left[\sum_{j=0} \gamma^j r_{t+j+2} \mid s' = s_{t+1}\right]$$

该等式与前面的等式相同，但这次使用的是总折扣回报，而不是即时奖励。

了解以上内容后，使用新的定义重写状态-价值函数，公式如下：

$$v_\pi(s) = \sum_a \pi(a \mid s) \sum_{s'} P_{ss'}^a \left[R_{ss'}^a + \gamma \mathbb{E}_\pi\left[\sum_{j=0} \gamma^j r_{t+j+2} \mid s' = s_{t+1} \right] \right]$$

最后，最里面的期望值等于 $v_\pi(s' = s_{t+1})$。因此，可以定义状态-价值函数的贝尔曼方程，公式如下：

$$v_\pi(s) = \sum_a \pi(a \mid s) \sum_{s'} P_{ss'}^a [R_{ss'}^a + \gamma v_\pi(s')]$$

状态-价值函数的示意图如图 8.3 所示。

从图 8.3 可以很直观地看到，它以递归的方式将价值计算分解为来自下一个状态/行动对（策略概率之和）即时期望奖励和当前状态之后所有状态的折扣回报。

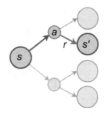

图 8.3　状态-价值函数

行动-价值函数的贝尔曼方程如下：

$$
\begin{aligned}
q_\pi(s,a) &= \mathbb{E}_\pi \left[\sum_{j=0}^T \gamma^j r_{t+j+1} \mid s_t = s, a_t = a \right] \\
&= \sum_{s'} P_{ss'}^a \left[R_{ss'}^a + \gamma \sum_{a'} \pi(a' \mid s') \, q_\pi(s',a') \right] \\
&= \sum_{s'} P_{ss'}^a [R_{ss'}^a + \gamma v_\pi(s')]
\end{aligned}
$$

根据以上介绍的等效性，可以得到方程的第二种形式。

行动-价值函数的示意图如图 8.4 所示。

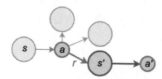

图 8.4　行动-价值函数

贝尔曼方程很重要，因为它能够用 s_{t+1} 状态的值描述 s_t 状态的值。换言之，如果已知 s_{t+1} 的值，则可以轻松计算 s_t 的值，并且通过迭代方法，可以计算所有状态的值。

8.2.2　最优策略与价值函数

从长远来看，代理的目标是使总累积奖励最大化。使总累积奖励最大化的策略称为最优策略，使用 π_* 表示。最优策略可能会有所不同，但它们都共享同一价值函数（最优价值函数）。

使用以下形式表示关于最优策略 π_* 的状态-价值函数和行动-价值函数：

$$v_*(s) = \max_\pi v_\pi(s)$$
$$q_*(s,a) = \max_\pi q_\pi(s,a)$$

展开最优行动-价值函数。首先，从状态 s 和行动 a 开始。接下来，为了满足最优条件，必须遵循最优策略 π_*，因此可以用 $v_*(s)$ 表示 $q_*(s,a)$：

$$q_*(s,a) = \mathbb{E}[r_{t+1} + \gamma v_*(s_{t+1}) \mid s_t = s, a_t = a]$$

此外，最优策略下状态 s 的状态-价值函数必须等于从该状态开始的最佳行动的期望回报，公式如下：

$$v_*(s) = \max_a q_*(s,a)$$

基于此，为 $v_*(s)$ 定义贝尔曼最优方程，公式如下：

$$\begin{aligned}
v_*(s) &= \max_a q_*(s,a) \\
&= \max_a \mathbb{E}[r_{t+1} + \gamma v_*(s_{t+1}) \mid s_t = s, a_t = a] \\
&= \max_a \sum_{s'} P_{ss'}^a [R_{ss'}^a + \gamma v_*(s')]
\end{aligned}$$

其中 $s_{t+1} = s'$。然后，为 $q_*(s,a)$ 定义贝尔曼最优方程，公式如下：

$$\begin{aligned}
q_*(s,a) &= \max_a \mathbb{E}[r_{t+1} + \gamma q_*(s_{t+1},a') \mid s_t = s, a_t = a] \\
&= \sum_{s'} P_{ss'}^a [R_{ss'}^a + \gamma \max_a q_*(s',a')]
\end{aligned}$$

其中 $s_{t+1} = s'$，$a' = a_{t+1}$。

上面推导了一系列方程，但它们到底有什么用呢？正如以上所述，使用贝尔曼方程将一个状态的值表示为另一个状态的值。贝尔曼最优方程建立在此基础上，为寻找最优策略（从长远来看，最优策略可以使期望回报最大化）的迭代方法提供了基础。

8.3 使用动态规划寻找最优策略

动态规划（Dynamic Programming，DP）是许多强化学习算法的基础。动态规划算法的主要范式是使用状态-价值函数和行动-价值函数作为工具，在给定完全已知的环境模型中，寻找最优策略。

8.3.1 策略评估

这里从策略评估或者给定特定策略 π 如何计算状态-价值函数 v_π 入手，这项任务也称为预测。假设状态-价值函数是一个表，使用前面定义的状态-价值贝尔曼方程实现策略评估。

（1）输入以下内容：

- 策略 π 。
- 一个小阈值 θ ，用于评估何时停止。

（2）初始化以下各项：

- Δ 变量为 0。将其与 θ 结合使用以评估是否停止。
- 对所有状态使用某个值初始化表 v_π 。

（3）重复以下各项（直到 $\Delta < \theta$ ）：

- $\Delta = 0$ 。
- 对于 s 中的每个状态 s_i ，执行以下操作。
    ◆ 提取 s_i 的期望总回报 $v_{s_i} = v_\pi(s_i)$ 。
    ◆ 用贝尔曼方程更新折扣回报 s_i ，公式如下：

$$v_\pi(s_i) = \sum_a \pi(a \mid s_i) \sum_{s_i'} P_{s_i s_i'}^a [R_{s_i s_i'}^a + \gamma v_\pi(s_i')]$$

分析该公式以使其清晰。给定当前状态 s_i ，迭代所有可能的行动 a ，对于这些行动，策略 π 给出非零概率。然后，对于这些行动中的每一个计算奖励 $R_{s_i s_i'}^a$ （状态 $s_i \to s_i'$ 的转移）和新状态 s_i' 的折扣回报 $\gamma v_\pi(s_i')$ 的总和。将所有这些都包含在通常概率（策略和转移）中，最终结果给出了 s_i 状态的更新折扣回报。总之，就是使用相邻状态值更新状态值。

$$\Delta = \max(\Delta, |v_{s_i} - v_\pi(s_i)|)$$

策略评估示例

为了更好地理解这一点，此处列举一个示例。假设有一个简单的机器人，在网格环境中导航（本例也称为 Gridworld 环境），如图 8.5 所示，并作以下假设：

- 网格大小为 4×4。它与之前定义的迷宫示例非常相似，不同之处在于它没有墙。对单元格依次进行编号（从 1 到 16），其中单元格 1 和 16 是终止状态。
- 机器人可以向上、向下、向左或向右导航到任何相邻状态。使机器人脱离网格的行动会将机器人保持在当前状态（但仍会收到奖励）。
- 环境是确定的，换言之，执行某行动时移至相应相邻状态的转移概率始终为 1。例如，如果机器人执行"向上"行动，则机器人移至上一单元格的概率为 1。
- 任何两个状态之间的转移都会收到负奖励-1。唯一的例外是，当转移从两个终止状态中的任何一个开始时，奖励为 0。
- 本例使用的折扣因子为 1。
- 机器人使用一个简单的策略，为任何单元格的四个行动中的每一个提供相等的概率 0.25。
- 所有状态的价值均初始化为 0。

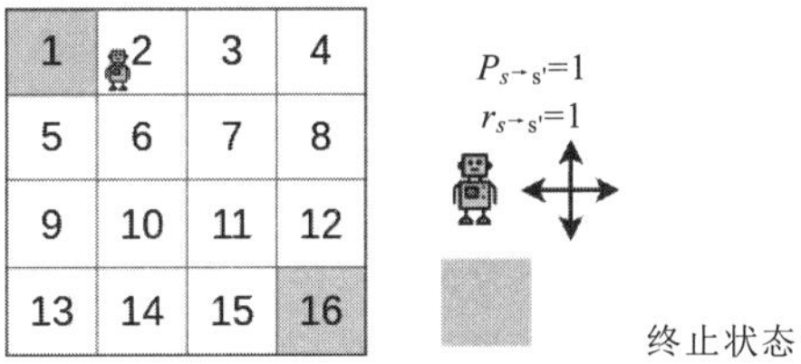

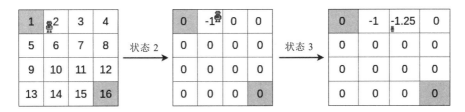

图 8.5　Gridworld 环境

给定这些条件后,假设处于策略评估过程的第一次迭代中,并且想要更新单元格 2 的价值,公式如下:

$$v_\pi(s_2) = \sum_a^{\uparrow\downarrow\leftarrow\rightarrow} \pi(a \mid s_2) \sum_{s_i'}^{2,6,1,3} P_{s_2 s_i'}^a [R_{s_2 s_i'}^a + \gamma v_\pi(s_i')]$$

首先,已知任何行动的 $\pi(a \mid s_2)$ 都是 0.25。接下来,已知转移概率 P 总是 1,即使是在机器人向上偏离边缘时也是如此,此时机器人将"转移"到其当前状态 2。奖励 R 总是-1,即使是处于终止状态也是如此。最后,每个相邻状态的期望回报 $v_\pi(s_i')$ 为 0,因为这是评估的第一次迭代,初始价值均为零。因此,得出以下等式:

$$v_\pi(s_2) = \sum_a^{\uparrow\downarrow\leftarrow\rightarrow} 0.25 \sum_{s_i'}^{2,6,1,3} [-1+0] = (0.25 \times (-1)) + (0.25 \times (-1)) + (0.25 \times (-1)) + (0.25 \times (-1)) = -1$$

接下来,计算相邻状态 3 的新期望回报。其中一种情况是在状态 3→状态 2 转移。在这种情况下,将使用状态 2 的新更新的期望回报 $v_\pi(s_2) = -1$,公式如下:

$$v_\pi(s_3) = \sum_a^{\uparrow\downarrow\leftarrow\rightarrow} 0.25 \sum_{s_i'}^{3,7,2,4} [-1+v_\pi(s_i')] = (0.25 \times (-1)) + (0.25 \times (-1)) + (0.25 \times (-1-1)) + (0.25 \times (-1)) = -1.25$$

上述两个步骤的示意图如图 8.6 所示。

图 8.6　策略评估过程的前两个步骤

继续为其他状态执行相同的步骤。在评估过程的下一次迭代中,将使用新更新的价值函数对每个状态重复相同的步骤。

8.3.2　策略改进

在评估策略后,如何对其进行改进? 此任务也称为控制(Control)。假定策略表示为一张表,其中为每个状态存储了最优行动（表格法）。此外，假设已存在一个价值函数 v_π 和一个策略 π。对于每个状态 s，将执行以下操作：

（1）假设从 s 开始采取所有可能的行动，这也包括策略选择的行动。对于每一个行动，如果采取行动并在此之后继续遵循策略 π，可以使用行动-价值贝尔曼方程计算期望回报。

（2）将策略选择的行动的期望回报与其余行动的期望回报进行比较。如果一些新计算的期望回报大于现有策略选择的行动的期望回报，将在每次处于 s 状态时更新策略以采取新行动。这种方法是贪婪算法，因为总是采取最大回报。它也相对简单，因为在评估不同行动的性能时，只做了一步前向。

（3）重复上述步骤，直到策略在所有情况下都选择最优行动为止，即直到不再需要更新策略为止。

使用等式描述该算法。其中，π' 表示更新后的策略，argmax 表示行动期望回报之间的比较，等式如下：

$$\begin{aligned}
\pi'(s) &= \arg\max_a q_\pi(s,a) \\
&= \arg\max_a \mathbb{E}[r_{t+1} + \gamma v(s') \mid s,a] \\
&= \arg\max_a \sum_{s'} P_{ss'}^a [R_{ss'}^a + \gamma v_\pi(s')]
\end{aligned}$$

为了更好地理解策略改进，使用前面介绍的 Gridworld 示例。假设策略评估已经完成，并且所有迭代之后的结果如图 8.7 所示。

0	-14	-20	-22
-14	-18	-20	-20
-20	-20	-18	-14
-22	-20	-14	0

图 8.7　策略评估结果以及每个单元格的期望回报

假设希望在机器人位于单元格 6（见图 8.7）中时改进策略。初始策略具有采取四个行动中每个行动的均等概率：$\pi(6) = [$上：0.25，下：0.25，左：0.25 或右：0.25$]$。在对四个行动中的每个行动应用行动-价值贝尔曼方程后，将获得以下期望回报：上：-1 -14 = -15，下：-1 -20 = -21，左：-1 -14 = -15，右：-1-20 = -21（这只是转移奖励和下一个状态的期望回报之和）。与向下和向右（-21）相比，向上和向左的行动具有更好的期望回报（-15）。此时，将策略更新为 $\pi(6) = [$上：0.5，下：0，左：0.5，右：0$]$。

8.3.3　策略和价值迭代

本小节将把到目前为止所学到的知识整合在一起,并将策略评估和改进整合到一个算法中。

从策略迭代开始,它是指交替进行策略评估和策略改进步骤,直到过程收敛。策略迭代步骤的示意图如图 8.8 所示。

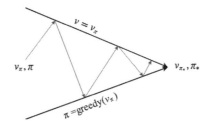

$$\pi_0 \xrightarrow{\text{评估}} v_{\pi 0} \xrightarrow{\text{提高性能}} \pi_1 \xrightarrow{\text{评估}} v_{\pi 1} \xrightarrow{\text{提高性能}} \pi_2 \xrightarrow{\text{评估}} \cdots \cdots \xrightarrow{\text{提高性能}} \pi_* \xrightarrow{\text{评估}} v_{\pi_*}$$

图 8.8　策略迭代步骤

策略迭代有一个缺点:它在每次迭代中执行评估。评估本身就是一个迭代过程,很耗时。事实证明,只进行一次策略评估迭代可以提高其性能,而不是等待 Δ 降至 θ 阈值以下。一次评估和一次改进步骤的贝尔曼方程是相似的(除了改进中的最大值)。正因为如此,结合这两个步骤可以得到一个更好的优化算法,称为价值迭代。

评估和改进步骤具有友好/对抗的关系。一方面,如果策略相对于价值函数过于贪婪,则通常会使该价值函数相对于策略无效。这是因为现有函数将不再代表更新后的策略将要采取的行动。另一方面,如果更新价值函数可以更好地表示策略,则该策略将不再对价值函数贪婪,因为不再需要对其进行更新。同时,两者之间的相互作用将趋向于最优策略和价值函数。有限的MDP 具有有限数量的策略,这意味着策略迭代将在有限的时间内收敛。

策略收敛到最优解的过程的示意图如图 8.9 所示。

图 8.9　策略收敛到最优解的过程

 如果读者对动态规划预测和控制的 Python 实现示例感兴趣,请在网址 https://github.com/dennybritz/reinforcement-learning/tree/master/DP 上进行搜索学习。

8.4　蒙特卡罗法

本节将描述第一种算法,该算法不需要完全了解环境(无模型):蒙特卡罗(Monte Carlo,MC)法。此处代理使用自己的经验找到最优策略。

8.4.1　策略评估

8.3 节描述了给定策略 π（规划）如何估计价值函数 $v_\pi(s)$。蒙特卡罗法通过扫描整个状态序列，然后平均不同状态序列中每个状态的累积回报来实现。

下面通过以下步骤了解其工作方式：

（1）输入策略 π。

（2）初始化以下各项：

● 对所有状态，使用某个值初始化表 v_π。

● 对于每个状态 s，returns(s)为空列表。

（3）对多个状态序列执行以下操作：

● 遵循策略 π 生成新状态序列：$s_0, a_0, r_1, s_1, a_1, r_2, s_2, a_2, r_3, \ldots, a_{T-1}, r_T, s_T$。

● 初始化累积折扣回报 $G = 0$。

● 从 $T-1$ 开始，一直到 0，迭代该状态序列的每步 t。

  ◆　用 $t+1$ 步的奖励更新 G：$G = G + \gamma r_{t+1}$。

  ◆　如果 s_t 状态没有出现在前面状态序列的任何步 $s_0, s_1, s_2, \cdots, s_{t-1}$ 中会进行以下操作。

    ➢　将 G 的当前值追加到与 s_t 相关联的 returns(s_t)列表中。

    ➢　使用 returns(s_t)的平均值更新价值函数，公式如下：
$$v_\pi(s_t) = \text{average}(\text{returns}(s_t))$$

这种蒙特卡罗变体称为首次访问（first-visit），因为如果一个状态 s 在一个状态序列中多次出现，只会在该状态第一次出现在状态序列中时将 G 添加到 returns(s)中，忽略其他情况。反之，每次状态出现在状态序列中时添加折扣奖励，称为每次访问（Every-Visit）。使用与首次访问相同的伪代码，但是将移除对状态是否已经发生的检查。随着每个状态 s 的出现次数接近无穷大，首次访问蒙特卡罗法和每次访问蒙特卡罗法都收敛于实际价值函数 v_π。与动态规划策略评估不同，蒙特卡罗法不使用其他状态的值计算当前状态的值，而是仅依靠自身的经验计算（状态序列）。

8.4.2　探索性初始化策略改进

蒙特卡罗法策略的改进遵循与动态规划相同的一般模式。换言之，将评估和改进步骤交替进行，直到收敛为止。但是，由于没有环境模型，最好估计行动-价值函数 $q_\pi(s, a)$（状态-行动对），而不是状态-价值函数。如果有一个模型，要遵循贪婪策略，然后选择行动/奖励和具有最高期望回报的下一个状态值的组合（类似于动态规划）。但是此处，行动价值将更好地选择新策略。因此，要找到最佳策略，必须估计 $q_\pi(s, a)$。蒙特卡罗可以用与估计状态价值函数相同的方式来实现，即生成多个状态序列，然后平均每个状态/行动对的回报。但是，如果策略是确定性的，则代理每次进入特定状态 s 时，都会选择相同的行动 a。因此，有些状态/行动对可能永远不会被访问，也就无法估计它们的 $q_\pi(s, a)$。解决此问题的一种方法是确保每个状态序列以状态/行动对开始（而不仅仅是状态），并且每个状态/行动对具有初始状态序列的非零概率。随着状态序列数达到无穷大，每个状态/行动对都会参与。此假设称为探索性初始化（Exploring Starts，ES）。

接下来，描述首次访问蒙特卡罗探索性初始化。在算法的每一步，将估计一个状态/行动对的 $q_\pi(s, a)$，然后相对于行动-价值函数以贪婪的方式更新状态 s 的策略。

（1）输入策略 π。

（2）初始化以下各项：

● 对所有状态/行动对，使用某个值初始化表 $q_\pi(s, a)$。

● 对于每个状态/行动对，returns(s,a) 为空列表。

（3）对多个状态序列，执行以下操作：

● 遵循策略 π 生成新状态序列：$s_0, a_0, r_1, s_1, a_1, r_2, s_2, a_2, r_3, \cdots, a_{T-1}, r_T, s_T$。

● 初始化累积折扣回报 $G = 0$。

● 从 $T-1$ 开始，一直到 0，迭代该状态序列的每步 t。

◆ 用 $t+1$ 步的奖励更新 G：$G = G + \gamma r_{t+1}$。

◆ 如果 (s_t, a_t) 对没有出现在前面状态序列的任何步 $s_0, a_0, s_1, a_1, \cdots, s_{t-1}, a_t$ 中，则要进行以下步骤：

➤ 将 G 的当前值追加到与 (s_t, a_t) 相关联的 returns(s_t, a_t) 列表中。

➤ 使用 returns(s_t, a_t) 的平均值更新价值函数：

$$q_\pi(s_t, a_t) = \text{average}(\text{returns}(s_t, a_t))$$
$$\pi(s_t) = \arg\max_a q_\pi(s_t, a)$$

该算法与 8.4.1 小节描述的算法非常相似 [但使用 $q_\pi(s, a)$ 代替 $v_\pi(s)$]。类似地，还有一个"每次访问"版本，该版本将状态序列中每次状态/行动对出现时的折扣奖励平均化。值得注意的是策略改进步骤。首先，为 s 状态计算 $q_\pi(s, a)$ 的新值。然后，根据行动-价值函数，通过简单地选择具有最大期望回报的行动（在所有以 s 起始的行动中），以一种贪婪方式更新该状态的策略 $\pi(s)$。

8.4.3　ε-贪婪策略改进

前面介绍了如果遵循确定性策略则可能无法覆盖所有状态/行动对。这会破坏估计行动价值函数的努力，使用"探索性初始化"假设解决了这个问题。但是这种假设是不寻常的，最好避免这种情况。实际上，问题的核心是盲目地遵循策略，这阻止了探索所有可能的状态/行动对。通过引入不同的策略可以解决该问题吗？事实证明可以。本小节将介绍具有不确定性 ε-贪婪（epsilon-贪婪）策略的蒙特卡罗控制，核心思想很简单，大多数时候，ε-贪婪策略的行为与到

目前为止使用的贪婪策略相同。但当概率为 ε 时，它会选择一个随机行动，而不是最优行动。特别地，以最小的概率 $\in/|A(s)|$ 选择从 s 状态开始的所有非最优行动，其中 $A(s)$ 是 s 状态的行动数。最优行动（由贪婪策略选择）选中的概率为 $1-\in-\in/|A(s)|$。以下是 ε-贪婪策略的首次访问蒙特卡罗算法：

（1）输入策略 π。

（2）初始化以下各项：

● 对所有状态/行动对，使用某个值初始化表 $q_\pi(s,a)$。

● 对于每个状态/行动对，$\mathrm{returns}(s,a)$ 为空列表。

（3）对多个状态序列，执行以下操作：

● 遵循策略 π 生成新状态序列：$s_0,a_0,r_1,s_1,a_1,r_2,s_2,a_2,r_3,\cdots,a_{T-1},r_T,s_T$。

● 初始化累积折扣回报 $G=0$。

● 从 $T-1$ 开始，一直到 0，迭代该状态序列的每步 t。

　◆ 用 $t+1$ 步的奖励更新 G：$G=G+\gamma r_{t+1}$。

　◆ 如果 (s_t,a_t) 对没有出现在前面状态序列的任何步 $s_0,a_0,s_1,a_1,...,s_{t-1},a_t$ 中，则要进行以下步骤：

　　➤ 将 G 的当前值追加到与 (s_t,a_t) 相关联的 $\mathrm{returns}(s_t,a_t)$ 列表中。

　　➤ $a_*=\arg\max_a q_\pi(s_t,a)$。

　　➤ 对于所有行动 a_i，从状态 s 开始，公式如下：

$$\pi(a_i,s_t)=\begin{cases} 1-\in+\dfrac{\in}{|A(s)|}, a_i=a_* \\ \dfrac{\in}{|A(s)|}, a_i\neq a_* \end{cases}$$

与常规贪婪策略不同，ε-贪婪具有不确定性（每个行动均以概率选择），将为从 s_t 状态开始的每个行动 a_i 分配一个概率。

如果对 MC 预测和控制的 Python 实现示例感兴趣，可以参考网址 https://github.com/dennybritz/reinforcement-learning/tree/master/MC 上的内容进行学习。

8.5　时序差分法

时序差分法（Temporal Difference，TD）是一类无模型强化学习方法。一方面，它可以从代理的经验中学习，如蒙特卡罗算法；另一方面，它可以根据其他状态的价值估计状态价值，如动态规划。和其他方法类似，接下来将探讨其策略评估和改进任务。

8.5.1　策略评估

时序差分法依靠自己的经验进行策略评估。但与蒙特卡罗不同的是，它不需要等到一个状态序列结束。它可以在序列状态的每一步之后更新行动-价值函数。时序差分法以其最基本的形式使用以下公式执行状态-价值更新：

$$v(s_t) = v(s_t) + \alpha[r_{t+1} + \gamma v(s_{t+1}) - v(s_t)]$$

其中，α 为步长（学习率），其范围为[0,1]。分析这个等式，将更新状态 s_t 的价值，并遵循 π 策略，该策略导致代理从 s_t 状态转移到 s_{t+1} 状态。在转移期间，代理收到 r_{t+1} 奖励，将 $r_{t+1} + v(s_{t+1})$ 视为 $v(s_t)$ 的标签（目标）价值。

假设标签比 $v(s_t)$ 更准确，因为它包含了实际上是由环境给出的奖励 r_{t+1} [除 $v(s_{t+1})$ 之外]。相反，$v(s_t)$ 只是一个估计，将此与蒙特卡罗算法进行比较，在蒙特卡罗算法中，目标价值是整个状态序列的总折扣回报 G。换言之，时序差分法使用估计值（期望更新），而蒙特卡罗算法使用实际折扣回报（样本更新）。接下来，$r_{t+1} + \gamma v(s_{t+1}) - v(s_t)$ 是标签和算法预测值之差（称为时序差分误差），如同神经网络中的分类。最后，使用步长 α 更新价值函数，该步长确定每次更新时值改变的速度。该过程与神经网络的权重更新规则非常相似。马尔可夫决策过程状态序列示意图 8.10 所示。

图 8.10　马尔可夫决策过程状态序列

此方法称为单步 TD 或 TD(0)。其他变体包括 n 步 TD 和 TD(λ)。

TD(0)的工作原理如下：

（1）输入策略 π。

（2）对所有状态使用某个值初始化表 v_π。

（3）对多个状态序列重复以下步骤：

● 开始一个新状态序列，其初始状态为 $s_{t=0}$。

● 重复以下步骤直到达到终止状态：

◆ 使用策略 π 为当前状态 s 选择行动 a_t。

◆ 采取行动 a_t，转移到新状态 s_{t+1}，并观察奖励 r_{t+1}。

◆ 更新价值函数 $v(s_t) = v(s_t) + \alpha[r_{t+1} + \gamma v(s_{t+1}) - v(s_t)]$。

◆ $s_t = s_{t+1}$。

与蒙特卡罗算法和动态规划相比，时序差分法有许多优势。首先，与动态规划不同，它是无模型的。接下来，这是一种在线方法（不断更新价值）。蒙特卡罗算法仅在状态序列结束后才执行更新，这对长状态序列而言可能代价高昂。这也使得将时序差分法应用于连续任务（而不是间歇任务）成为可能。

8.5.2　Sarsa 控制

Sarsa 控制是一种在线策略时序差分法控制方法，如同蒙特卡罗算法控制，尝试估计行动-价值函数以找到最优策略。这样做的原因与在前面概述的原因相同。本次将迭代多个状态序列，并在每个状态序列的每一步之后在线更新 $q_\pi(s,a)$。使用类似于前面的公式表示此过程，不同之处在于该公式用于行动-价值函数：

$$q(s_t, a_t) = q(s_t, a_t) + \alpha[r_{t+1} + \gamma q(s_{t+1}, a_{t+1}) - q(s_t, a_t)]$$

其中 $q_\pi(s_{\text{terminal}}, a)=0$ 为终止状态的每个行动。从 s_t 状态开始，采取一个行动（遵循策略），转移到下一个状态 s_{t+1}，然后采取下一个行动 a_{t+1}（再次遵循策略）。马尔可夫决策过程状态/行动对序列示意图如图 8.11 所示。

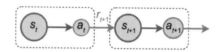

图 8.11　马尔可夫决策过程状态/行动对序列

　　该方法的名称为 Sarsa 控制，是因为状态序列轨迹的五个元素顺序为 s_t、a_t、r_{t+1}、s_{t+1}、a_{t+1}。

接下来讲解 Sarsa 控制的工作原理（提示：它类似于 TD(0)）。

（1）输入策略 π。

（2）对所有状态/行动对，使用某个值初始化表 $q_\pi(s, a)$。

（3）对多个状态序列重复以下步骤：

● 开始一个新状态序列，其初始行动/状态对为 $s_{t=0}$、$a_{t=0}$。

● 重复以下步骤直到达到终止状态：

　　◆ 采取行动 a_t，转移到新状态 s_{t+1}，并观察奖励 r_{t+1}。

　　◆ 遵循策略 π（如 ε-贪婪），选择下一个行动 a_{t+1}。

　　◆ 更新行动-价值函数 $q(s_t, a_t) = q(s_t, a_t) + \alpha[r_{t+1} + \gamma q(s_{t+1}, a_{t+1}) - q(s_t, a_t)]$。

　　◆ $s_t = s_{t+1}$，$a_t = a_{t+1}$。

如果对 Sarsa 的 Python 实现示例感兴趣，可以参考网址 https://github.com/dennybritz/reinforcement-learning/tree/master/TD 进行学习。

8.5.3　Q 学习控制

Q 学习是一种离线策略时序差分法控制方法。它由 Watkins 于 1989 年开发。经过一些改进后，是当今流行的强化学习算法之一。与 Sarsa 和 MC 类似，它必须估计行动-价值函数。Q 学习的定义如下：

$$q(s_t, a_t) = q(s_t, a_t) + \alpha[r_{t+1} + \gamma \max_a q(s_{t+1}, a) - q(s_t, a_t)]$$

尽管它类似于 Sarsa 的定义，但有一个实质性的区别：时序差分法是一种离线策略方法，这意味着有两种不同的策略。

● 行为策略：代理使用此策略在环境中实际导航。这与 Sarsa 相同，从 s_t 状态开始，采取行动 a_t（遵循行为策略），转移到下一个状态 s_{t+1}，然后采取下一行动 a_{t+1}（再次遵循行为策略）。需要注意的是，行为策略可能并不总是选择具有最大预期望回报值的行动 a_{t+1}。例如，ε-贪婪策略有时会选择随机的非最优行动。

● 目标策略：代理使用此策略计算行动-价值更新函数中的时序差分误差。目标策略总是贪婪的，即无论行为策略可能选择何种行动 [用 $\max_a q(s_{t+1}, a)$ 表示]，更新规则都将始终使用期望回报最大的行动 a_{t+1}。

这两种策略有何作用？一方面，将直接近似最优行动价值函数 q_*，因为使用贪婪目标策略进行估计。如果使用相同的贪婪策略导航代理，将不可避免地排除一些行动价值对。使用非最优行为策略将确保可以在估计中包括所有状态/行动对。相反，如果使用非最优策略进行估计，则不会近似最优函数。

了解以上知识后，接下来讲解 Q 学习的工作原理。

（1）输入策略 π。

（2）对所有状态/行动对，使用某个值初始化表 $q_\pi(s, a)$。

（3）对多个状态序列重复以下步骤：

● 开始一个新状态序列，其初始行动/状态对为 $s_{t=0}$、$a_{t=0}$。

● 重复以下步骤直到达到终止状态：

◆ 采取行动 a_t，转移到新状态 s_{t+1}，并观察奖励 r_{t+1}。

◆ 遵循行为策略（如 ε-贪婪），选择下一个行动 a_{t+1}。

◆ 使用贪婪目标策略更新行动价值函数，公式如下：

$$q(s_t, a_t) = q(s_t, a_t) + \alpha[r_{t+1} + \gamma \max_a q(s_{t+1}, a) - q(s_t, a_t)]$$

◆ $s_t = s_{t+1}$，$a_t = a_{t+1}$。

如果对 Q 学习的 Python 实现示例感兴趣，可以参考网址 https://github.com/dennybritz/reinforcement-learning/tree/master/TD 进行学习。

8.5.4　双 Q 学习

假设大多数行动 a（从状态 s 开始）有实际行动-价值 $q_*(s, a)=0$，即从状态 s 开始的每个行动的实际回报为 0。但是，实际行动-价值未知，只是尝试估计它，希望估计值最终会收敛到最优值。估计值 $q_*(s,a)$ 是不确定的——有些估计值可能会略高于 0，而另一些估计值可能会略低于 0。此处存在一个问题。当使用贪婪目标策略计算每个状态/行动对的估计时，总是使用最大期望回报（略微为正）的行动-价值对。这意味着所有对的估计行动-价值将略高于实际行动-价值（零）。因此，通过不断高估期望回报，对行动价值函数的近似将偏离最优。此问题称为最大化偏差（Maximization Bias）。

Q 学习中出现最大偏差的原因是使用相同的贪婪目标策略选择最大期望回报的行动 a_{max}，同时估计其行动价值 $q(s,a_{max})$。如果高估行动 a_{max}，则行动-价值估计将选择它，并将其高估值用作所有行动的目标。双 Q 学习的思想是将选择和估计分解为两个单独的行动-价值估计：q_1 和 q_2。两者都将尝试估计最优行动-价值函数 q_*，但是要将状态/行动对分成两组——第一组训练 q_1，第二组训练 q_2。使用 q_1 选择最优行动，使用 q_2 估计其值。q_3 的更新规则如下：

$$q_1(s_t,a_t) = q_1(s_t,a_t) + \alpha[r_{t+1} + \gamma q_2(s_{t+1}, \arg\max_a q_1(s_{t+1},a)) - q_1(s_t,a_t)]$$

q_1 和 q_2 仍然会受到最大化偏差的影响。但通过使用不同的训练集，至少可以确保它们在从同一状态 s 开始时会高估不同的行动 a。通过这种方式，即使 q_1 选择了高估的行动，也不会高估行动-价值 q_2，从而将最大化偏差最小化。在前面的公式中可以反转 q_1 和 q_2 的作用。为此，Q 学习算法的每一步都是"掷硬币（概率为 0.5）"，并根据结果更新 q_1 或 q_2。

以下为双 Q 学习的步骤：

（1）输入策略 π。

（2）对所有状态/行动对，使用某个值初始化表 $q_0(s, a)$ 和 $q_1(s, a)$。

（3）对多个状态序列重复以下步骤：

● 开始一个新状态序列，其初始状态为 $s_{t=0}$。

● 重复以下步骤直到达到终止状态：

◆ 遵循基于 q_1 和 q_2 的行为策略（如 ε-贪婪），选择行动 a_t。

◆ 采取行动 a_t，转移到新状态 s_{t+1}，并观察奖励 r_{t+1}。

◆ 以 0.5 的概率更新两个行动-价值估计之一：

$$q_1(s_t,a_t) = q_1(s_t,a_t) + \alpha[r_{t+1} + \gamma q_2(s_{t+1}, \arg\max_a q_1(s_{t+1},a)) - q_1(s_t,a_t)]$$

$$q_2(s_t,a_t) = q_2(s_t,a_t) + \alpha[r_{t+1} + \gamma q_1(s_{t+1}, \arg\max_a q_2(s_{t+1},a)) - q_2(s_t,a_t)]$$

◆ $s_t = s_{t+1}$。

8.6　价值函数近似

到目前为止，一直在假设状态-价值函数和行动-价值函数是表格形式。但是，在大量价值空间的任务（如计算机游戏）中，不可能将所有可能的价值存储在表中，而是尝试近似价值函数。为了将其形式化，要将表格价值函数 v_π 和 q_π 视为具有与表单元格数量相同的参数的实际函数。随着状态空间的增加，参数的数量也会增加，最终将无法存储。不仅如此，在状态众多的情况下，代理将会进入前所未见的状态，然后，目标将找到具有以下属性的另一组函数 $\hat{v}$ 和 $\hat{q}$：

- 与表格形式相比，使用明显更少的参数近似 v_π 和 q_π。
- 泛化得足够好，以至于可以完美近似以前未见的情况。

使用以下形式表示这些函数：

$$\hat{v}(s, w) \approx v_\pi(s)$$

$$\hat{q}(s, a, w) \approx q_\pi(s, a)$$

其中，w 是函数参数。使用任何函数都可以进行近似，但本书将重点介绍神经网络。在这种情况下，w 是网络权重。

到目前为止，一切顺利，但是如何训练这个网络呢？为此，要将强化学习任务视为一个有监督学习问题，其中需满足以下条件：

- 网络输入是当前状态或状态/行动对（取决于它估计 v 还是 q）。
- 网络输出是价值函数的近似 $\hat{v}$ 或 $\hat{q}$。
- 目标数据（标签）是实际价值函数 v_π 或 q_π。

基于这些假设，将使用用于训练的状态-价值函数和行动-价值函数定义损失函数，公式如下：

$$J_v(w) = \frac{1}{2}\mathbb{E}_\pi\left[v_\pi(s) - \hat{v}(s, w)\right]^2$$

$$J_q(w) = \frac{1}{2}\mathbb{E}_\pi\left[q_\pi(s, a) - \hat{q}(s, a, w)\right]^2$$

它只是相对于权重 w 的所有状态下实际值和近似值之差的和的均方误差。$\mathbb{E}_\pi$ 表示状态分布的期望，该状态分布为每个状态分配一个重要度量值。将状态分布视为状态 s 相对于其他状态所花费的时间。

接下来，使用随机梯度下降优化更新网络参数。为此，需要损失函数相对于权重的梯度（一阶导数）。借助链式规则进行计算，公式如下：

$$\nabla_w J_v(w) = \nabla_w \frac{1}{2}\mathbb{E}_\pi\left[v_\pi(s) - \hat{v}(s, w)\right]^2 = -\mathbb{E}\left[v_\pi(s) - \hat{v}(s, w)\right]\nabla_w \hat{v}(s, w)$$

$$\nabla_w J_q(w) = \nabla_w \frac{1}{2}\mathbb{E}_\pi\left[q_\pi(s, a) - \hat{q}(s, a, w)\right]^2 = -\mathbb{E}\left[q_\pi(s, a) - \hat{q}(s, a, w)\right]\nabla_w \hat{q}(s, a, w)$$

然后，将梯度与学习率简单相乘以计算权重更新增量，公式如下：

$$\Delta w = -\alpha \nabla_w J_{v,w}(w)$$

$$w = w + (-\alpha \nabla_w J_{v,w}(w))$$

但是，当实际价值函数未知时，如何实现？强化学习的全部意义不就是找到 v_π 和 q_π 吗？完全正确。为了克服这一挑战，此处将使用一个技巧。回顾之前介绍的状态-价值函数更新规则，公式如下：

$$v(s_t) = v(s_t) + \alpha[\underbrace{r_{t+1} + \gamma v(s_{t+1})}_{\text{target}} - \underbrace{v(s_t)}_{\text{apprx.}}]$$

可知 $r_{t+1}+\gamma v(s_{t+1})$ 是如何作目标价值的， $v(s_t)$ 是近似价值，而 $r_{t+1}+\gamma v(s_{t+1})-v(s_t)$ 只是两者之差。事实上，这正是在当前任务中要使用的目标。然而，却不使用真实价值函数（未知），而使用网络作为近似器。然后权重更新如下：

$$w=w-\alpha(\underbrace{r_{t+1}+\gamma\overbrace{\hat{v}(s_{t+1},w)}^{\text{net output t+1}}}_{\text{target}}-\underbrace{\hat{v}(s_t,w)}_{\text{net output t}})\nabla_w\hat{v}(s_t,w)$$

按照时序差分算法（Sarsa、Q 学习）的步骤，让代理与环境交互，从而在线训练网络。使用交互经验流（行动、奖励、新状态）作为训练集。随着网络训练损失收敛到 0，代理的行为将得到改善。

以下是使用价值函数近似的 TD(0)预测方法的步骤：

（1）输入以下内容：

● 策略 π。

● 值函数近似器，$\hat{v}$（神经网络）。

（2）对多个状态序列重复以下步骤：

● 开始以 $s_{t=0}$ 为初始状态的新状态序列。

● 重复以下步骤直到达到终止状态：

◆ 遵循策略 π，为当前状态 s 选择行动 a_t。

◆ 采取行动 a_t，转移到新状态 s_{t+1}，并观察奖励 r_{t+1}。

◆ 更新网络权重，公式如下：
$$w=w-\alpha(r_{t+1}+\gamma\hat{v}(s_{t+1},w)-\hat{v}(s_t,w))\nabla_w\hat{v}(s_t,w)$$

◆ $s_t=s_{t+1}$。

1. Sarsa 控制和 Q 学习的价值近似

Sarsa 控制使用类似的更新规则，因此对 Sarsa 控制应用相同的方法，但将近似地使用行动-价值函数，公式如下：

$$q(s_t,a_t)=q(s_t,a_t)+\alpha[r_{t+1}+\gamma q(s_{t+1},a_{t+1})-q(s_t,a_t)]$$
$$w=w-\alpha(\underbrace{r_{t+1}+\gamma\overbrace{\hat{q}(s_{t+1},a_{t+1},w)}^{\text{net output t+1}}}_{\text{target}}-\underbrace{\hat{q}(s_t,a_t,w)}_{\text{net output t}})\nabla w\hat{q}(s_t,a_t,w)$$

Q 学习也是如此：

$$q(s_t,a_t)=q(s_t,a_t)+\alpha\left[r_{t+1}+\gamma\max_a q(s_{t+1},a)-q(s_t,a_t)\right]$$
$$w=w-\alpha(\underbrace{r_{t+1}+\gamma\overbrace{\max_a\hat{q}(s_{t+1},a,w)}^{\text{net output t+1}}}_{\text{target}}-\underbrace{\hat{q}(s_t,a_t,w)}_{\text{net output t}})\nabla w\hat{q}(s_t,a_t,w)$$

2. 改善 Q 学习性能

下面将介绍一种有助于改进 Q 学习性能的技巧——固定目标 Q 网络。

Q 学习中的价值函数近似的一个问题是，在使用相同的网络计算 t 时间的估计价值和时序差分目标价值时，后者是基于 $t+1$ 时间的估计价值（前面等式）的。假设在 t 步使用在 $t+1$ 的时序差分目标更新网络权重，则在下一次迭代中，将使用更新后的网络在 $t+2$ 步计算下一个时序差分目标。结果，时序差分目标与网络权重之间具有很强的相关性，当权重改变时，时序差分目标也会改变。把它想象成一个移动的球门柱——当网络试图靠近时序差分目标时，目标会移动并远离。这可能会导致训练振荡和不稳定。解决此问题的一种方法是使用固定权重为 w^{fixed} 的单独网络计算目标价值。

该过程的工作原理如下：

（1）创建固定目标网络作为主网络的副本，即网络架构和权重的副本。

（2）使用目标网络生成 n 次迭代的时序差分值。在整个过程中，w^{fixed} 权重将被"冻结"，即不会对其执行任何更新。

（3）经过 n 次迭代后，将目标网络替换为主网络最新版本的另一个副本。然后，重复整个过程。

使用固定权重的网络将防止时序差分目标价值移动，并使训练稳定。以下是权重更新规则，包括新固定目标网络：

$$w = w - \alpha(\underbrace{r_{t+1} + \gamma \max_{a} \overbrace{\hat{q}(s_{t+1}, a, w^{\text{fixed}})}^{\text{net output } t+1}}_{\text{target}} - \underbrace{\hat{q}(s_t, a_t, w)}_{\text{net output } t})\nabla w \hat{q}(s_t, a_t, w)$$

8.7　经验回放

正如 8.6 节中所述，因为代理从环境中接收经验流，所以是在线训练网络。但环境通常是连续的，连续的经验可能差别不大。例如，假设代理是一辆正在下坡的汽车，在下坡的同时，汽车会收到一致的反馈，即速度增加。如果向网络提供这种统一的训练数据，它就有可能开始主导所有其他经验。网络可能会"忘记"以前的情况，从而使性能下降（这是某些神经网络的缺点），使用经验回放（Experience Replay）可以解决这个问题。随着环境交互的进行，将存储最近 n 次交互的滑动窗口（状态 s_{t-1}，行动 a_{t-1}，奖励 r_t，状态 s_t），其中 $t = t_{\text{now}-n} \ldots t_{\text{now}}$。通过从滑动窗口的各个点提取样本以创建一个小批量，而不是用最新数据训练网络。通过这种方式，网络将接收多样化的训练数据，并将表现得更好。通过对经验进行优先级排序（按优先级排序的经验回放）也可以改进经验回放。例如，如果转移产生较高的时序差分误差，则要不断地使用此训练样本，直到它有所改善。

至此，强化学习的理论介绍完毕。现在读者根据所学理论足以解决一些有趣的强化学习任务。下面将演示如何使用 Q 学习设计一个非常简单的计算机游戏。

8.8　Q 学习实例

本节将 Q 学习和简单的神经网络相结合使用以控制手推车立杆任务中的代理。此案例将使用 ε-贪婪策略和经验回放。它是一个典型的强化学习问题。代理必须平衡通过接头连接到手推车上的杆子。在每一步，代理可以向左或向右移动手推车。若每步保持杆子平衡，代理便得到奖励 1。如果杆子偏离直立超过 15°，游戏结束，如图 8.12 所示。

图 8.12　手推车立杆任务

为了帮助完成此任务，将使用 OpenAI Gym（网址为 https://gym.openai.com/），它是一个用于开发和比较强化学习算法的开源工具包。它可以让代理执行各种任务，如步行、玩乒乓球、弹球、"雅达利（Atari）"游戏或"毁灭战士（Doom）"游戏。

先使用 pip 安装 gym，代码如下：

```
pip install gym[all]
```

接下来，开始写代码。

（1）导入模块，代码如下：

```
import random
from collections import deque

import gym
import matplotlib.pyplot as plt
import numpy as np
import tensorflow as tf
```

（2）创建手推车立杆环境，代码如下：

```
env = gym.make('CartPole-v0')
```

gym.make 方法创建代理运行的环境。传递"CartPole-v0"字符串来通知 OpenAI Gym 创建手推车立杆环境，该环境用 env 对象表示，env 对象将与游戏进行交互。env.reset()方法将环境置于其初始状态，并返回一个描述环境初始状态的数组。后续调用 env.step(action)便可以与环境进行交互，并返回新状态以响应代理的行动。调用 env.render()将在屏幕上显示当前状态。环境状态是由四个浮点值组成的数组，这些浮点值描述了推车和杆的位置和角度。

（3）使用环境状态数组作为网络的输入。它由一个包含 20 个节点的隐藏层、一个 tanh 激活函数和一个具有两个节点的输出层组成。一个输出层的节点将学习当前状态下向左移动的期望奖励，另一个输出层的节点将学习向右移动的期望奖励。

具体代码如下：

```
# 构建网络
input_size = env.observation_space.shape[0]

input_placeholder = tf.placeholder("float", [None, input_size])

# 隐藏层的权重和偏置
weights_1 = tf.Variable(tf.truncated_normal([input_size, 20], stddev=0.01))
bias_1 = tf.Variable(tf.constant(0.0, shape=[20]))

# 输出层的权重和偏置
weights_2 = tf.Variable(tf.truncated_normal([20, env.action_space.n],
stddev=0.01))
bias_2 = tf.Variable(tf.constant(0.0, shape=[env.action_space.n]))

hidden_layer = tf.nn.tanh(tf.matmul(input_placeholder, weights_1) + bias_1)
output_layer = tf.matmul(hidden_layer, weights_2) + bias_2

action_placeholder = tf.placeholder("float", [None, 2])
target_placeholder = tf.placeholder("float", [None])
```

为什么选择一个具有 20 个节点的隐藏层？为什么要使用 tanh 激活函数？选择超参数是一门深奥的艺术，本书给出的最佳回答是，这些值对手头的任务很有效。在选择网络架构时，通常关心计算时间和防止过拟合。在强化学习中，这两个问题都不是很重要。尽管关心计算时间，但瓶颈通常是运行游戏所花费的时间。至于过拟合，强化学习没有划分训练/验证/测试集，反而有一个让代理获得奖励的环境，因此，过拟合并不是必须担心的问题（在开始训练跨多个环境操作的代理之前），这就是强化学习代理不经常使用正则化器的原因。需要注意的是，在训练过程中，随着代理改进其策略，训练集的分布可能会发生重大变化，总是存在代理可能过拟合早期训练样本的风险，这会使以后的学习变得更加困难。

网络越深越好吗？或许如此，但对于复杂性较低的任务，更多层往往无法改善性能。使用额外的隐藏层运行网络几乎无差别。一个隐藏层提供了在这项任务中学习目标所需的能力。

Sigmoid 激活函数也可以工作（只有一个隐藏层），为什么选择 tanh 激活呢？此目标可以是负数（对于负期望回报）。这表明由 tanh 函数提供的(-1:1)范围可能比 Sigmoid 函数提供的(0:1)范围更好。Sigmoid 函数必须与偏置结合使用来判断负奖励，这是事后的大量猜测和推理，而最终回答是，此结合在本任务中非常有效。

（4）定义损失函数和优化器，代码如下：

```
# 网络估计
q_estimation = tf.reduce_sum(tf.multiply(output_layer, action_placeholder),
reduction_indices=1)

# 损失函数
loss = tf.reduce_mean(tf.square(target_placeholder - q_estimation))

# 使用优化器
train_operation = tf.train.AdamOptimizer().minimize(loss)

# 初始化 TensorFlow 变量
session = tf.Session()
session.run(tf.global_variables_initializer())
```

q_estimation 变量是 q 值网络预测。output_layer 乘以 action_placeholder 张量将为除采取的行动以外的所有行动返回 0。损失是网络估计与 target_placeholder 之差。

（5）定义简化的 ε-贪婪策略，代码如下：

```
def choose_next_action(state, rand_action_prob):
    """
    简化的 ε-贪婪策略
    state 参数：当前状态
    rand_action_prob 参数：选择随机行动的可能性
    """

    new_action = np.zeros([env.action_space.n])

    if random.random() <= rand_action_prob:
        # 随机选择一个行动
        action_index = random.randrange(env.action_space.n)
    else:
        # 给定状态选择行动
        action_values = session.run(output_layer, feed_dict={input_placeholder:
[state]})[0]
        # 将采取最高价值的行动
        action_index = np.argmax(action_values)

    new_action[action_index] = 1
    return new_action
```

（6）定义 train 函数，该函数适用于单个 mini_batch，代码如下：

```
def train(mini_batch):
    """
    在单个小批量上训练网络
    mini_batch 参数：小批量
    """
```

```
last_state, last_action, reward, current_state, terminal = range(5)

# 获取批量的变量
previous_states = [d[last_state] for d in mini_batch]
actions = [d[last_action] for d in mini_batch]
rewards = [d[reward] for d in mini_batch]
current_states = [d[current_state] for d in mini_batch]
agents_expected_reward = []

# 代理采取每个行动获得的期望奖励
agents_reward_per_action = session.run(output_layer,
                           feed_dict={input_placeholder: current_states})
for i in range(len(mini_batch)):
    if mini_batch[i][terminal]:
        # 这是一个终止, 所以没有未来奖励……
        agents_expected_reward.append(rewards[i])
    else:
        # 否则计算期望奖励……
        discount_factor = 0.9
        agents_expected_reward.append(
            rewards[i] + discount_factor * np.max(agents_reward_per_
action[i]))

# 学习在这些状态下的这些行动会导致这种奖励
session.run(train_operation, feed_dict={
    input_placeholder: previous_states,
    action_placeholder: actions,
    target_placeholder: agents_expected_reward})
```

（7）定义 q_learning 函数，它将把整个过程组合在一起，代码如下：

```
def q_learning():
    """Q 学习方法"""

    episode_lengths = list()

    # 经验回放缓冲区和定义
    observations = deque(maxlen=200000)

    # 设置第一个行动为无
    last_action = np.zeros(env.action_space.n)
    last_action[1] = 1
    last_state = env.reset()

    total_reward = 0
```

```
    episode = 1

    time_step = 0

    # 最初选择随机行动的概率
    rand_action_prob = 1.0

    while episode <= 400:
        # 在屏幕上渲染手推车立杆
        # 对此进行注释以加快执行
        # env.render()

        # 遵循策略选择行动
        last_action = choose_next_action(last_state, rand_action_prob)

        # 采取行动并接收新状态和奖励
        current_state, reward, terminal, info = env.step(np.argmax(last_
action))
        total_reward += reward

        if terminal:
            reward = -1.
            episode_lengths.append(time_step)

            print("Episode: %s; Steps before fail: %s; Epsilon: %.2f
reward %s" %
                    (episode, time_step, rand_action_prob, total_reward))
            total_reward = 0

        # 将转移存储在 previous_observations 中
        observations.append((last_state, last_action, reward, current_
state, terminal))

        # 只有完成观察才训练
        min_experience_replay_size = 5000
        if len(observations) > min_experience_replay_size:
            # 经验回放 observations 中的 128 个 mini-batch
            mini_batch = random.sample(observations, 128)

            # 训练网络
            train(mini_batch)

            time_step += 1

        # 重置环境
```

```
    if terminal:
        last_state = env.reset()
        time_step = 0
        episode += 1
    else:
        last_state = current_state

    # 逐渐降低随机行动的概率
    # 从 1 开始到 0
    if rand_action_prob > 0 and len(observations) > min_experience_
replay_size:
        rand_action_prob -= 1.0 / 15000

    # 显示状态序列长度
    plt.xlabel("Episode")
    plt.ylabel("Length (steps)")
    plt.plot(episode_lengths, label='Episode length')
    plt.show()
```

（8）通过调用 q_learning()运行任务。如果一切按计划进行，代码将生成一张图，显示每个状态序列的长度，如图 8.13 所示。

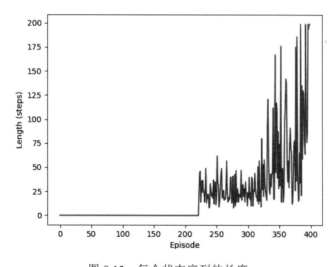

图 8.13　每个状态序列的长度

以上运行结果看起来不错。对于前 200 左右的状态序列，希望用足够的样本填充经验回放缓冲区，而没有进行任何训练。然后，很快在 400 左右达到了每个状态序列 200 步的阶段，在此处环境对最大状态序列长度施加了限制。

8.9　小结

本章介绍了强化学习，从一些基本范例开始，然后讨论如何将强化学习表示为马尔可夫决策过程，以及强化学习的核心方法（动态规划、蒙特卡罗法和时序差分法），接着学习了 Sarsa、Q 学习和使用神经网络进行价值函数近似。最后，使用 OpenAI Gym 教一个简单的代理玩经典的手推车立杆游戏。

第 9 章将借助一些前沿的强化学习算法[如蒙特卡罗树搜索（Monte Carlo Tree Search）和深度 Q 学习（Deep Q-learning）]尝试解决更高级的强化学习问题，如"阿尔法围棋"和"雅达利游戏"。

第 9 章

游戏深度强化学习

第 8 章介绍了强化学习，它是一种使计算机与环境交互的方法。本章将基于这些知识探索一些更高级的强化学习算法和任务。如果读者现在还不会创建 Terminator 游戏，也不必担心，将目标稍微降低，本章只讲解如何让机器玩"雅达利突围"和"阿尔法围棋"之类的游戏。

本章将涵盖以下内容：

- 遗传算法玩游戏简介。
- 深度 Q 学习。
- 策略梯度方法。
- 有模型的方法。

9.1　遗传算法玩游戏简介

　　长期以来，对 AI 玩视频游戏环境的最佳结果和大部分研究都是围绕遗传算法展开的。这种算法包括创建一组模块，这些模块使用参数控制 AI 的行为，然后通过选择基因设置参数值的范围，再使用这些基因的不同组合创建一组代理，这些代理将在游戏中运行。

　　需要选择最成功的代理基因集，然后使用成功代理基因的组合创建新一代代理。它们将再次在游戏上运行，以此类推，直到达到停止标准为止（通常达到最大迭代次数或游戏中的性能水平）。有时候，在创造新一代代理时，某些基因可能会发生突变而产生新基因。MarI/O 就是一个很好的例子，它是一种使用神经网络遗传算法学习玩经典 SNES 游戏"超级马里奥世界"的 AI，如图 9.1 所示。

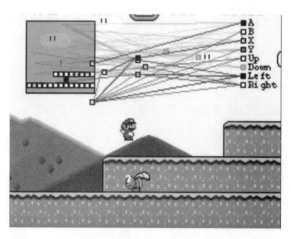

图 9.1　"超级马里奥世界"的神经网络遗传进化

　　这些方法的最大缺点是，它们需要大量的时间和计算来模拟所有参数的变化。每一代的每个基因都必须贯穿整个游戏，直到终止状态。该技术没有利用游戏中人类可以使用的任何丰富信息。每当收到奖励或惩罚时，都会有关于状态和所采取行动的上下文信息，但是遗传算法仅使用运行的最终结果确定拟合度。与其说它们在学习，不如说它们在试错。本章将介绍更好的方法——深度强化学习（深度网络和强化学习的结合）。

9.2　深度 Q 学习

　　在第 8 章的最后，一个代理在 Q 学习和带有一个隐藏层的简单网络的帮助下学习玩手推车立杆游戏。手推车立杆环境的状态用四个数值变量来描述：手推车的位置和速度、杆子的角度和速度。使用这些变量作为 q-函数近似网络的输入，并成功训练代理以防止杆子在超过 200 个状态序列步时发生翻倒。但如果人类在玩游戏，会根据所看到的屏幕图像操控手推车。换言之，如果人类是"代理"，所使用的环境"状态"将是屏幕上显示的帧序列。与人工代理使用的四个变量相比，人工代理的任务比人类的任务简单得多。然而，人类理解屏幕上的内容不会有任何问题。人类可以遵循相同的"程序"学习任何游戏，并不局限于手推车立杆。代理能不能做同样的事情（只从屏幕图像中学习，而不需要事先了解游戏规则）？当提出这个问题时，读者可能已经猜到有一种方法可以做到这一点。2013 年，Minh 等人发布了开创性的论文《使用深度强化学习玩雅达利》（网址为 https://arxiv.org/abs/1312.5602）。他们演示了如何使用 Q 学习和卷积神经网络作为价值函数近似器来玩一系列的雅达利游戏。论文描述的解决方案与第 8 章介绍的示例非常相似，但有以下两个主要区别：

● 论文中使用经验回放和卷积神经网络作为 q-函数近似器。

● 网络输入是由 n 个最新游戏帧组成的序列。正如第 4 章所述，卷积神经网络的输入可以是灰度或 RGB 图像，此处将 RGB 游戏帧转换为灰度，然后将最新帧的序列用作网络的输入。

使用深度 Q 学习玩"雅达利突围"游戏

前面讲解了深度 Q 学习，接下来将实现一个"雅达利突围"游戏的效果。在此游戏中，玩家可以使用球击倒位于屏幕顶部的八排砖块。如果所有的砖块都被击倒，则游戏获胜；如果球到达了屏幕底部，则游戏失败。说明一下，球会从屏幕墙壁上反弹。

玩家可以通过左右滑动垫板（位于底部）来防止球掉落。每击落一块砖奖励一次，如图 9.2 所示。

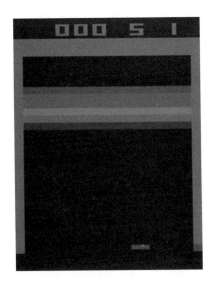

图 9.2　"雅达利突围"游戏

由于强化学习的性质，此示例可能需要花费很长时间进行训练（通常需要几个小时，有时甚至需要一天以上的时间）。

通过以下技巧和改进，并使用深度 Q 学习解决此任务。

● ε-贪婪策略。
● 经验回放。
● 固定 q 目标网络。
● 深度网络将使用四个连续的游戏帧作为输入，因为需要多个帧才能确定球的方向。

本节的代码基于论文《使用深度强化学习玩雅达利》，部分灵感来自网址为 https://github.com/dennybritz/reinforcement-learning/ 上的内容。此外，还引入《Rainbow：深度强化学习的组合改进》（网址为 https://arxiv.org/abs/1710.02298）中的一些内容进行了改进。

（1）进行导入，代码如下：

```
import os
import pickle
import random
import zlib
from collections import deque
from collections import namedtuple

import gym
import matplotlib.pyplot as plt
import numpy as np
import tensorflow as tf
```

（2）定义强化学习算法的一些参数。常量用注释标注，描述了其用途，代码如下：

```
resume = True                          #从检查点（如果存在）恢复训练
CHECKPOINT_PATH = 'deep_q_breakout_path_7'
MB_SIZE = 32                           # mini-batch 大小
ER_BUFFER_SIZE = 1000000               # 经验回放 (ER) 缓冲区大小
COMPRESS_ER = True                     # 压缩 ER 缓冲区中的状态序列
EXPLORE_STEPS = 1000000                # 退火算法 epsilon 的帧
EPSILON_START = 1.0                    # 开始随机行动的概率
EPSILON_END = 0.1                      # 终止随机行动的概率
STATE_FRAMES = 4                       # 该状态下要存储的帧数
SAVE_EVERY_X_STEPS = 10000             # 在磁盘上保存模型的频率
UPDATE_Q_NET_FREQ = 1                  # 更新 q 网络的频率
UPDATE_TARGET_NET_EVERY_X_STEPS = 10000  # 将 q 网络权重复制到目标网络
DISCOUNT_FACTOR = 0.99                 # 折扣因子
```

（3）定义 initialize 函数，该函数执行以下操作：

● 初始化 TensorFlow 会话。

- 创建估计网络 q_network 和目标网络 t_network。
- 定义 TensorFlow 操作，这些操作将权重从 q_network 复制到 t_network。t_net_updates 中定义的每个网络参数都有一个这样的操作。
- 初始化 Adam 优化器。
- 初始化 frame_proc 例程，该例程将 RGB 帧转换为网络输入。
- 从先前保存的检查点（checkpoint）恢复 TensorFlow 会话（即网络和优化器），以继续训练。

具体实现代码如下：

```
def initialize():
    """初始化会话、网络和环境"""
    # 创建环境
    env = gym.envs.make("BreakoutDeterministic-v4")

    tf.reset_default_graph()

    session = tf.Session()

    # 跟踪训练步总数
    tf.Variable(0, name='global_step', trainable=False)

    # 创建 q 网络和目标网络
    q_network = build_network("q_network")
    t_network = build_network("target_network")

    # 创建将 q 网络权重复制到目标网络的操作
    q_net_weights = [t for t in tf.trainable_variables()
                        if t.name.startswith(q_network.scope)]
    q_net_weights = sorted(q_net_weights, key=lambda v: v.name)
    t_net_weights = [t for t in tf.trainable_variables()
                        if t.name.startswith(t_network.scope)]
    t_net_weights = sorted(t_net_weights, key=lambda v: v.name)

    t_net_updates = \
        [n2_v.assign(n1_v) for n1_v, n2_v in zip(q_net_weights,
    t_net_weights)]

    # 游戏帧预处理器
    frame_proc = frame_preprocessor()

    optimizer = tf.train.AdamOptimizer(0.00025)
    # optimizer = tf.train.RMSPropOptimizer(0.00025, 0.99, 0.0, 1e-6)

    # 训练 op
```

```
        train_op = optimizer.minimize(q_network.loss, global_step=
    tf.train.get_global_step())

        # 恢复检查点
        saver = tf.train.Saver()

        if not os.path.exists(CHECKPOINT_PATH):
            os.mkdir(CHECKPOINT_PATH)

        checkpoint = tf.train.get_checkpoint_state(CHECKPOINT_PATH)
        if resume and checkpoint:
            session.run(tf.global_variables_initializer())
            session.run(tf.local_variables_initializer())

            print("\nRestoring checkpoint...")
            saver.restore(session, checkpoint.model_checkpoint_path)
        else:
            session.run(tf.global_variables_initializer())
            session.run(tf.local_variables_initializer())

        return session, \
               q_network, \
               t_network, \
               t_net_updates, \
               frame_proc, \
               saver, \
               train_op, \
               env
```

需要注意的是，该函数返回多个变量。稍后，当进行函数调用时，将把它们变成全局变量。当下面代码引用其中一些变量时，要知道哪些变量是在此处定义的。

（4）定义 build_network 函数。将使用它构建评估网络和目标网络。该函数的结果是一个 namedtuple，它包含网络的输入（占位符）和输出（张量）。网络本身具有以下属性：

- 使用 ReLU 激活的三个卷积层和两个全连接层。
- 它解决了回归（目标和输出估计之差）问题。因此，无须任何修改（如 softmax）就可以获取最后一个隐藏层的输出。
- 这里要使用 Huber 损失，它与均方误差有些类似，并允许执行类似于误差调整的操作：将奖励放在[-1,1]。
- 给定输入状态，输出是所有可能的环境行动的 q 估计。此处有四个行动，如图 9.3 所示。

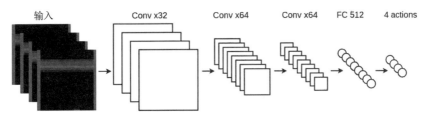

图 9.3 输出所有行动的价值估计

具体实现代码如下:

```python
def build_network(scope: str, input_size=84, num_actions=4):
    """构建网络图"""

    with tf.variable_scope(scope):
        # 输入是 84,84 形状的 STATE_FRAMES 灰度帧
        input_placeholder = tf.placeholder(dtype=np.float32,
                            shape=[None, input_size, input_size,
STATE_FRAMES])

        normalized_input = tf.to_float(input_placeholder) / 255.0

        # 行动预测
        action_placeholder = tf.placeholder(dtype=tf.int32, shape=[None])

        # 目标行动
        target_placeholder = tf.placeholder(dtype=np.float32, shape=[None])

        # 卷积层
        conv_1 = tf.layers.conv2d(normalized_input, 32, 8, 4,
                            activation=tf.nn.relu)
        conv_2 = tf.layers.conv2d(conv_1, 64, 4, 2,
                            activation=tf.nn.relu)
        conv_3 = tf.layers.conv2d(conv_2, 64, 3, 1,
                            activation=tf.nn.relu)

        # 全连接层
        flattened = tf.layers.flatten(conv_3)
        fc_1 = tf.layers.dense(flattened, 512,
                            activation=tf.nn.relu)

        q_estimation = tf.layers.dense(fc_1, num_actions)

        # 仅获取所选行动的预测
        batch_size = tf.shape(normalized_input)[0]
        gather_indices = tf.range(batch_size) * tf.shape
(q_estimation)[1] + action_placeholder
```

```
            action_predictions = tf.gather(tf.reshape(q_estimation, [-1]),
    gather_indices)

            # 计算损失
            loss = tf.losses.huber_loss(labels=target_placeholder,
                                        predictions=action_predictions,
                                        reduction=tf.losses.Reduction.MEAN)

        Network = namedtuple('Network',
                             'scope '
                             'input_placeholder '
                             'action_placeholder '
                             'target_placeholder '
                             'q_estimation '
                             'action_predictions '
                             'loss ')

        return Network(scope=scope,
                       input_placeholder=input_placeholder,
                       action_placeholder=action_placeholder,
                       target_placeholder=target_placeholder,
                       q_estimation=q_estimation,
                       action_predictions=action_predictions,
                       loss=loss)
```

（5）定义 frame_preprocessor 函数。注意，该函数使用 TensorFlow 操作图将 RGB 游戏帧转换为网络的输入张量，通过裁剪、调整大小并将其转换为灰度来实现。使用此操作链的输出作为网络的输入，如图 9.4 所示。

图 9.4　游戏帧（左）和同一帧的示例，作为网络的输入进行预处理

具体实现代码如下：

```
def frame_preprocessor():
    """预处理输入数据"""

    with tf.variable_scope("frame_processor"):
        input_placeholder = tf.placeholder(shape=[210, 160, 3], dtype=
tf.uint8)
        processed_frame = tf.image.rgb_to_grayscale(input_placeholder)
        processed_frame = tf.image.crop_to_bounding_box(processed_
frame, 34, 0, 160, 160)
        processed_frame = tf.image.resize_images(
            processed_frame,
            [84, 84],
            method=tf.image.ResizeMethod.NEAREST_NEIGHBOR)

        processed_frame = tf.squeeze(processed_frame)

    FramePreprocessor = namedtuple('FramePreprocessor', 'input_placeholder
processed_frame')

    return FramePreprocessor(
        input_placeholder=input_placeholder,
        processed_frame=processed_frame)
```

（6）定义 choose_next_action 函数，该函数实现 ε-贪婪策略。给定当前 state，首先对网络进行 q 估计；然后，使用 epsilon 值修改最可能行动的概率；最后，通过考虑修改后的概率对新行动进行半随机选择。此处应注意，随着代理收集的经验增加，epsilon 值会线性减小（它是在函数外部实现的）。以下是具体实现代码：

```
def choose_next_action(state, net, epsilon):
    """ε-贪婪策略 """

    # 给最后状态选择一个行动
    tmp = np.ones(env.action_space.n, dtype=float) * epsilon /
env.action_space.n
    q_estimations = session.run(net.q_estimation,
        feed_dict={net.input_placeholder: np.reshape(state, (1,) +
state.shape)})[0]

    tmp[np.argmax(q_estimations)] += (1.0 - epsilon)

    new_action = np.random.choice(np.arange(len(tmp)), p=tmp)

    return new_action
```

（7）实现 populate_experience_replay_buffer 函数。该函数将在实际训练开始之前生成初始经验回放缓冲区，并且可以运行多个游戏状态序列。在一个状态序列中，代理遵循在 choose_next_action 中定义的 ε-贪婪策略。状态序列步以游戏帧的形式出现，这些帧以四个为一组的形式组合（STATE_FRAMES 参数），然后存储在变量缓冲区（类型为 deque）中。当一个状态序列结束后，重新设置环境并开始一个新的状态序列，然后重复这一过程，直到缓冲区被填满。在将状态保存到缓冲区之前可以选择对其进行压缩（COMPRESS_ER 常量）。此选项在默认情况下处于选中状态，因为它减少了内存消耗，并且对性能没有显著影响。具体实现代码如下：

```python
def populate_experience_replay_buffer(buffer: deque, initial_buffer_
size: int):
    """经验回放缓冲区的初始填充"""

    # 根据当前步初始化 epsilon
    epsilon_step = (EPSILON_START - EPSILON_END) / EXPLORE_STEPS
    epsilon = max(EPSILON_END,
                  EPSILON_START -
                  session.run(tf.train.get_global_step()) * epsilon_step)

    # 用初始经验填充回放存储区
    state = env.reset()
    state = session.run(frame_proc.processed_frame,
                        feed_dict={frame_proc.input_placeholder: state})

    state = np.stack([state] * STATE_FRAMES, axis=2)

    for i in range(initial_buffer_size):

        # 使用 q_network 采样下一个状态
        action = choose_next_action(state, q_network, epsilon)

        # 执行一个行动步
        next_state, reward, terminal, info = env.step(action)
        next_state = session.run(frame_proc.processed_frame,
                    feed_dict={frame_proc.input_placeholder: next_state})

        # 在单个数组中堆叠游戏帧
        next_state = np.append(state[:, :, 1:], np.expand_dims(next_state,
2), axis=2)

        # 将经验存储在 ER 中
        if COMPRESS_ER:
            buffer.append(
                zlib.compress(
                    pickle.dumps((state, action, reward, next_state,
terminal), 2), 2))
        else:
```

```
        buffer.append((state, action, reward, next_state, terminal))

    # 将下一个状态设置为当前状态
    if terminal:
        state = env.reset()
        state = session.run(frame_proc.processed_frame,
                        feed_dict={frame_proc.input_placeholder: state})

        state = np.stack([state] * STATE_FRAMES, axis=2)
    else:
        state = next_state

    print("\rExperience replay buffer: {} / {} initial ({} total)".format(
        len(buffer), initial_buffer_size, buffer.maxlen), end="")
```

（8）实现 deep_q_learning 函数，该函数是程序的核心部分。顾名思义，它运行 Q 学习算法。尽管该函数很长，但本书已尽力提供足够的注释以使其易于理解。接下来介绍一些重要细节。在进行一些初始化之后，开始主循环。循环的一次迭代表示一个状态序列中的一步。对于每步，执行以下操作：

● 计算新减小的 epsilon 值，该值随每次迭代线性减小。减少的参数由配置常数定义。
● 如有必要，通过将权重从 q 网络复制到目标网络以同步 q 网络和目标网络。
● 根据新 epsilon 和当前状态，遵循 ε-贪婪策略选择一个新行动。
● 将行动发送到环境 env 并接收 next_state 和 reward。
● 将(state, action, reward, next_state, terminal)元组存储在 observations 经验回放缓冲区中。注意，还存储了状态是否为终止（游戏结束）。
● 从经验回放缓冲区中采样一个 mini_batch 经验。
● 然后，使用目标网络 t_network 采样下一个行动 q_values_next 的估计。
● 通过考虑状态是否为 terminal，计算下一个行动的估计折扣回报 targets_batch。
● 执行一个梯度下降步骤。DeepMind 建议每四帧进行一次梯度更新。使用 UPDATE_Q_NET_FREQ 常量完成此操作，但是在本例中，选择在每帧上更新，即 UPDATE_Q_NET_FREQ=1。
● 如果状态为 terminal（游戏结束），将保存进度，生成图表，重置环境，然后重新开始（在同一循环中）。

函数具体代码如下：

```
def deep_q_learning():
    """Q 学习训练过程"""

    # 构建经验回放
    observations = deque(maxlen=ER_BUFFER_SIZE)
```

```
    print("Populating replay memory...")
    populate_experience_replay_buffer(observations, 100000)

    # 初始化统计
    stats = namedtuple('Stats', 'rewards lengths')(rewards=list(),
lengths=list())
    global_time = session.run(tf.train.get_global_step())
    time = 0

    episode = 1

    episode_reward = 0
    global_reward = 0

    # 从初始状态开始训练
    state = env.reset()
    state = session.run(frame_proc.processed_frame,
                        feed_dict={frame_proc.input_placeholder: state})
    state = np.stack([state] * STATE_FRAMES, axis=2)

    while True:
        # env.render()

        # 根据当前步初始化 epsilon
        epsilon_step = (EPSILON_START - EPSILON_END) / EXPLORE_STEPS
        epsilon = max(EPSILON_END, EPSILON_START - (global_time - 1) *
epsilon_step)

        # 将 q 网络权重复制到目标网络
        if global_time % UPDATE_TARGET_NET_EVERY_X_STEPS == 0:
            session.run(t_net_updates)
            print("\nCopied model parameters to target network.")

        # 采样下一个行动
        action = choose_next_action(state, q_network, epsilon)

        # 使用选定的行动执行下一步
        next_state, reward, terminal, info = env.step(action)

        # 预处理的方式
        next_state = session.run(frame_proc.processed_frame,
                                 feed_dict={frame_proc.input_placeholder:
next_state})

        # 在单个数组中堆叠游戏帧
        next_state = np.append(state[:, :, 1:], np.expand_dims(next_state,
```

```
2), axis=2)

            # 将经验存储在 ER 中
            if COMPRESS_ER:
                observations.append(
                    zlib.compress(pickle.dumps((state, action, reward, next_state,
terminal), 2), 2))
            else:
                observations.append((state, action, reward, next_state, terminal))

            # 从经验回放存储区中采样一个 mini-batch
            mini_batch = random.sample(observations, MB_SIZE)
            if COMPRESS_ER:
                mini_batch = [pickle.loads(zlib.decompress(comp_item)) for
comp_item in mini_batch]

            states_batch, action_batch, reward_batch, next_states_batch,
terminal_batch = \
                    map(np.array, zip(*mini_batch))

            if global_time % UPDATE_Q_NET_FREQ == 0:
                # 使用目标网络计算下一个 q 价值
                q_values_next = session.run(t_network.q_estimation,
                    feed_dict={t_network.input_placeholder: next_states_batch})

                # 计算 q 价值和目标
                targets_batch = reward_batch + \
                        np.invert(terminal_batch).astype(np.float32) * \
                        DISCOUNT_FACTOR * \
                        np.amax(q_values_next, axis=1)

                # 执行梯度下降更新
                states_batch = np.array(states_batch)

                _, loss = session.run([train_op, q_network.loss],
                                feed_dict={
                                q_network.input_placeholder: states_batch,
                                q_network.action_placeholder: action_batch,
                                q_network.target_placeholder: targets_batch})

        episode_reward += reward
        global_reward += reward
        time += 1
        global_time += 1

        print("\rEpisode {}: "
```

```
                "time {:5}; "
                "reward {}; "
                "epsilon: {:.4f}; "
                "loss: {:.6f}; "
                "@ global step {} "
                "with total reward {}".format(
            episode,
            time,
            episode_reward,
            epsilon,
            loss,
            global_time,
            global_reward), end="")

    if terminal:
        # 状态序列结束

        print()

        stats.rewards.append(int(episode_reward))
        stats.lengths.append(time)

        time = 0
        episode_reward = 0
        episode += 1

        state = env.reset()
        state = session.run(frame_proc.processed_frame,
                        feed_dict={frame_proc.input_placeholder: state})
        state = np.stack([state] * STATE_FRAMES, axis=2)
    else:
        # 将下一个状态设置为当前状态
        state = next_state

    # 保存检查点以备后用
    if global_time % SAVE_EVERY_X_STEPS == 0:
        saver.save(session, CHECKPOINT_PATH + '/network',
                    global_step=tf.train.get_global_step())

        # 绘制结果并保存图形
        plot_stats(stats)

        fig_file = CHECKPOINT_PATH + '/stats.png'
        if os.path.isfile(fig_file):
            os.remove(fig_file)
```

```
plt.savefig(fig_file)
plt.close()

# 保存 stats
with open(CHECKPOINT_PATH + '/stats.arr', 'wb') as f:
    pickle.dump((stats.rewards, stats.lengths), f)
```

（9）实现 plot_stats 函数，该函数简单地绘制状态序列长度和奖励的移动平均值，代码如下：

```
def plot_stats(stats):
    """绘制 stats"""
    plt.figure()

    plt.xlabel("Episode")

    # 绘制奖励
    # 滚动平均值 50
    cumsum = np.cumsum(np.insert(stats.rewards, 0, 0))
    rewards = (cumsum[50:] - cumsum[:-50]) / float(50)

    fig, ax1 = plt.subplots()

    color = 'tab:red'

    ax1.set_ylabel('Reward', color=color)
    ax1.plot(rewards, color=color)
    ax1.tick_params(axis='y', labelcolor=color)

    # 绘制状态序列长度
    # 滚动平均值 50
    cumsum = np.cumsum(np.insert(stats.lengths, 0, 0))
    lengths = (cumsum[50:] - cumsum[:-50]) / float(50)

    ax2 = ax1.twinx()

    color = 'tab:blue'
    ax2.set_ylabel('Length', color=color)
    ax2.plot(lengths, color=color)
    ax2.tick_params(axis='y', labelcolor=color)
```

（10）运行整个程序，代码如下：

```
if __name__ == '__main__':
    session, q_network, t_network, t_net_updates, frame_proc, saver,
train_op, env = \
        initialize()
    deep_q_learning()
```

　　如果一切顺利，在训练几个小时后，便会看到状态序列的平均长度和奖励是如何开始增加的。状态序列长度和奖励随训练的变化而变化的示意图如图 9.5 所示。

　　在训练的某一时刻，平均状态序列的奖励高达 25。如果忽略平均值，单个状态序列的奖励大于 40。换言之，在比赛结束前，球已经能够击倒 40 多块砖。尽管这不是特别令人惊讶的结果，但它清楚地表明了代理已学会以非随机的方式与环境进行交互。

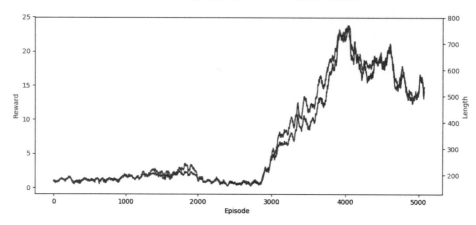

图 9.5　状态序列长度和奖励随训练的变化而变化

　　第 8 章介绍的双 Q 学习可以改进上述结果。由于已经使用深度 Q 学习，新的缩写将变成 DDQN。在深度 Q 学习中，有两个近似网络。其中一个用来计算下一个行动 q 价值，而另一个则从这些值中实际选择最优行动。

　　示例中已经有两个网络，即 q_network 和 t_network，在双 Q 学习场景中可以使用它们。换言之，如同前面，使用 t_network 计算下一个行动 q 价值。但是，将使用 q_network 选择最优行动。实际上，从 deep_q_learning 函数中删除以下代码便可实现：

```
# 计算 q 价值和目标
targets_batch = reward_batch + \
                np.invert(terminal_batch).astype(np.float32) * \
                DISCOUNT_FACTOR * \
                np.amax(q_values_next, axis=1)

# 执行梯度下降更新
states_batch = np.array(states_batch)
```

然后，将删除部分替换为以下代码：

```
# 根据 q 网络的最优行动
best_actions = np.argmax(q_values_next, axis=1)

# 接下来，用目标网络预测下一个 q 价值
q_values_next_target = session.run(t_network.q_estimation,
```

```
feed_dict={t_network.input_placeholder: next_states_batch})

# 计算 q 价值和目标
# 使用 t 网络估计
# 通过 q 网络选择最优行动（双 Q 学习）
targets_batch = reward_batch + \
            np.invert(terminal_batch).astype(np.float32) * \
            DISCOUNT_FACTOR * \
            q_values_next_target[np.arange(MB_SIZE), best_actions]
```

此外，为 EPSILON_END = 0.01 常量设置一个新值。经过这些更改，代码将产生如图 9.6 所示的结果。

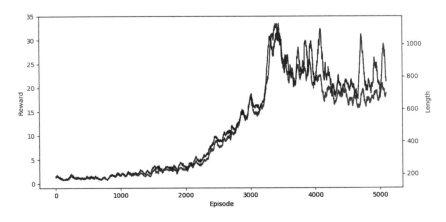

图 9.6 深度 Q 学习训练的移动平均值

正如所见，与常规 Q 学习相比，深度 Q 学习效果更好。实际上，在一个状态序列中，代理设法获取了 61 的奖励，而另一状态序列则持续了 2778 步（由于移动平均值而无法看到）。在两种情况下，代理都在一个点达到峰值，然后结果逐渐下降。

但是，这些示例表明，在强化学习场景中训练价值函数近似器并不容易。从图 9.6 中可以得出，结果在训练后期开始偏离随机。如果要查看代理是否学习到任何信息，甚至需要等待数小时。

9.3 策略梯度方法

到目前为止，介绍的所有强化学习算法都尝试学习状态-价值函数或行动-价值函数。例如，在 Q 学习中，通常遵循 ε-贪婪策略，该策略没有参数（实际只有一个参数），并依赖于价值函数。本节将介绍一些新内容：如何借助策略梯度方法以近似策略本身。本节将采用与 8.6 节中类似的方法。

前面已介绍过价值近似函数，它由一组参数 w（神经网络权重）描述。此处将介绍参数化策略 π_θ，它由一组参数 θ 描述。与价值函数近似类似，θ 可以是神经网络的权重。

前面使用 $\pi(a|s)$ 符号描述概率：给定当前状态 s，随机（而非确定性）策略 π 分配给行动 a 的概率。此处将用 $\pi(a|s,\theta)$ 表示参数化策略。即，策略将根据环境状态 s 以及 θ 所描述的其内部"状态"推荐新行动。

假设有一些标量价值函数 $J(\theta)$，它可以测量参数化策略 π_θ 相对于其参数 θ 的性能，目标是使其最大化。策略梯度方法使用梯度上升以最大化 $J(\theta)$ 的方式更新参数 θ。换言之，计算 $J(\theta)$ 相对于 θ 的一阶导数（或梯度），并使用它来增加 $J(\theta)$ 的方式更新 θ。使用以下等式表示：

$$\theta_{t+1} = \theta_t + \alpha \nabla_{\theta_t} J(\theta_t)$$

其中，α 是学习速率，$\nabla_{\theta_t} J(\theta_t)$ 是 $J(\theta)$ 相对于 θ 的导数，并且 $\nabla_{\theta_t} J(\theta_t)$ 表示递增的梯度。这个过程与在训练过程中用于最小化神经网络损失函数的梯度下降相反。

与价值函数近似相比，近似策略有以下优点：

● 通过训练，近似策略可以接近确定性策略，而价值近似方法中的 ε-贪婪策略始终包含随机决策分量 ε（即使 ε 很小）。

● 有时，与价值近似函数相比，使用一个更简单的函数可以近似策略。

● 如果有环境的先验知识，则可以将其嵌入策略参数。

● 因为行动概率变化平稳，所以可以得到更好的收敛性。在价值近似方法中，如果估计行动价值的微小变化导致最大估计有不同行动，则该变化可导致行动选择剧烈变化。例如，假设一个简单的迷宫行走机器人在遇到的第一个 T 字路口会向左移动。Q 学习的连续迭代最终将表明右边是更可取的。但是因为路径完全不同，所以必须重新计算每个状态/行动 q 价值，并且先前的知识几乎没有价值。

策略方法的一个缺点是它可以收敛到 $J(\theta)$ 的局部最大值（而不是全局最大值）。

$J(\theta)$ 的结果是一个衡量策略性能的标量值，性能到底意味着什么呢？如前所述，代理的目标是最大化累计总奖励。使用相同的度量可以衡量策略性能。换言之，代理从遵循策略 π_θ 得到的总奖励越高，策略就越好。然后，定义单个状态序列的策略性能，公式如下：

$$J(\theta) = v_{\pi_\theta}(s_0)$$

其中，s_0 是状态序列的初始状态，$v_{\pi_\theta}(s_0)$ 是遵循参数化策略 π_θ 时的状态价值函数。换言之，求梯度 ∇v_{π_θ} 和求 $\nabla_\theta J(\theta)$ 是相同的。借助策略梯度定理可以求 ∇v_{π_θ}，该定理建立了以下公式：

$$\nabla_\theta J(\theta) = v_{\pi_\theta}(s_0) \propto \sum_s \mu(s) \sum_a q_\pi(s,a) \nabla_\theta \pi(a|s,\theta)$$

该公式包含以下组成部分：

● $\mu(s)$ 是状态概率分布，将其视为分配给每个状态的权重。与其他状态相比，将状态分布选择为在该状态下花费的时间。所有分布的总和为 $\sum_s \mu(s) = 1$。

● 当遵循参数化策略 π_θ 时，$q_\pi(s,a)$ 是行动价值函数。

- $\nabla_\theta \pi(a \mid s, \theta)$ 是参数化策略函数相对于 θ 的导数。
- $\propto$ 表示"成正比例"。

本书不提供该定理的形式证明，但从中可以得出，梯度 $\nabla_\theta \pi(a \mid s, \theta)$ 取决于状态和行动分布（即环境），以及参数化策略（即其参数 θ）。

9.3.1　REINFORCE 算法

REINFORCE 算法是一种蒙特卡罗策略梯度法，其通过扫描整个环境状态序列来更新策略，这与第 8 章中描述的蒙特卡罗价值近似方法相同。一旦一个状态序列结束，REINFORCE 将使用以下规则为状态序列轨迹的每步 t 更新策略参数 θ：

$$\theta = \theta + \alpha G_t \frac{\nabla_\theta \pi(a_t \mid s_t, \theta)}{\pi(a_t \mid s_t, \theta)}$$

其中，α 是学习率，G_t 是在时间 t 时的总折扣奖励。现在讨论等式的最后一个元素，$\nabla \pi(a \mid s_t, \theta)$（给定状态 s_t 和 θ_t，采取行动 a_t 的概率梯度）除以概率本身。如果梯度 $\nabla \pi(a \mid s_t, \theta)$ 为正，预期是以一种使选择相同行动的可能性更大的方式更新 θ；相反，如果 $\nabla \pi(a \mid s_t, \theta)$ 为负，预期选择相同行动的可能性较小。换言之，当希望更新 θ 时使之与梯度成比例，因此它在分子中。但是为什么要除以概率呢？如果行动有很高的概率，它将更频繁地接收更新，可能会导致行动的概率更高。要阻止这种行为，因此概率在分母中。

 表达式 $\frac{\nabla_\theta \pi(a_t \mid s_t, \theta)}{\pi(a_t \mid s_t, \theta)}$ 有一个紧凑的表示形式 $\nabla_\theta \ln \pi(a_t \mid s_t, \theta)$，并且两者相等（本书不提供形式证明）。

以下是 REINFORCE 算法的使用步骤：

（1）该算法将参数化策略 $\pi(a \mid s, \theta)$ 作为输入。

（2）以任意方式初始化参数 θ（如使用随机值）。

（3）对多个状态序列重复以下步骤：

- 遵循策略 π 生成一个新状态序列：$s_0, a_0, r_1, s_1, a_1, r_2, s_2, a_2, r_3, \cdots, a_{T-1}, r_T, s_T$。
- 从 0 开始到 $T-1$，迭代状态序列的每步 t。
  - ◆ 计算在 t 步的总折扣回报 $G_t = \sum_{j=t}^{T} \gamma^{j-t} r_{j+1}$，其中 r_j 是在状态序列 j 步的奖励，而 γ 是折扣因子。
  - ◆ 更新参数 $\theta = \theta + \alpha G_t \frac{\nabla_\theta \pi(a_t \mid s_t, \theta)}{\pi(a_t \mid s_t, \theta)}$。

9.3.2　玩家-评委算法策略梯度

玩家-评委（Actor-Critic，AC）是一类策略梯度算法，类似于时序差分方法。与蒙特卡罗法不同，玩家-评委算法无须扫描整个状态序列即可更新策略参数 θ。玩家-评委算法有以下两个组成部分：

- 玩家，即参数化策略 $\pi(a\,|\,s,\theta)$。玩家（代理）将使用策略决定下一步采取的行动。
- 评委，即状态-价值函数或行动-价值函数近似 $\hat{v}$ 或 $\hat{q}$。评委将使用时序差分误差（TD 误差）作为对玩家行动的反馈。

玩家-评委算法是基于策略和基于价值的方法之间的混合体，因为它试图同时学习策略和价值函数。

玩家-评委算法的示意图如图 9.7 所示。

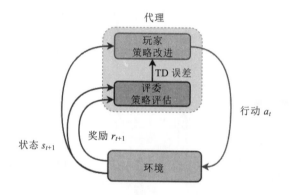

图 9.7　玩家-评委算法

玩家-评委算法的执行与 REINFORCE 相似，但不是扫描整个状态序列，而是在每个状态序列步之后更新策略参数 θ。因此，将无法获得总折扣回报 G_t，将用价值函数近似 $\hat{v}$[如 TD（0）]或 $\hat{q}$（如 Sarsa 和 Q 学习）代替它。读者也可以以相反的方式将玩家-评委算法视为一种时序差分算法，其中使用参数化策略而不是 ε-贪婪策略。这将在算法中引入一个额外步骤，必须为 $\hat{q}(s,a,w)$ 或 $\hat{v}(s,w)$ 学习一组额外参数 w。

首先，介绍玩家-评委算法如何与状态价值函数近似 $\hat{v}$ 一起工作。将从 w 和 θ 的权重更新规则开始，公式如下：

$$\theta = \theta + \alpha_\theta \underbrace{\hat{v}(s_t,w)}_{\text{net output t}} \frac{\nabla_\theta \pi(a_t\,|\,s_t,\theta)}{\pi(a_t\,|\,s_t,\theta)}$$

$$w = w - \alpha_w (\underbrace{r_{t+1} + \gamma \overbrace{\hat{v}(s_{t+1},w)}^{\text{net output t+1}}}_{\text{target}} - \underbrace{\hat{v}(s_t,w)}_{\text{net output t}}) \nabla_w \hat{v}(s_t,w)$$

其中，α_w 和 α_θ 是学习率。希望以某种方式更新 w，将使时序差分误差最小化。另外，θ 更新的目标是最大化回报。

以下是 $\hat{v}$ 的玩家-评委算法的操作步骤：

（1）输入以下内容：

● 价值函数估计器 $\hat{v}(s,w)$（神经网络）。

● 参数化策略 $\pi(a\,|\,s,\theta)$。

（2）对多个状态序列，重复以下步骤：

● 开始一个新状态序列，其初始状态为 $s_{t=0}$。

● 重复以下步骤直到达到终止状态：

◆ 遵循策略 $\pi(a_t\,|\,s_t,\theta)$，为当前状态 s_t 选择行动 a_t。

◆ 采取行动 a_t，转移到新状态 s_{t+1}，并观察奖励 r_{t+1}。

◆ 更新参数：

$$\theta = \theta + \alpha_\theta \hat{v}(s_t,w)\frac{\nabla_\theta \pi(a_t\,|\,s_t,\theta)}{\pi(a_t\,|\,s_t,\theta)}$$

$$w = w - \alpha_w(r_{t+1} + \gamma\hat{v}(s_{t+1},w) - \hat{v}(s_t,w))\nabla_w\hat{v}(s_t,w)$$

● 将当前状态设置为 s_{t+1}：$s_t = s_{t+1}$。

接下来，介绍行动价值近似 $\hat{q}$ 的玩家-评委算法。权重更新规则如下：

$$\theta = \theta + \alpha_\theta \underbrace{\hat{q}(s_t,a_t,w)}_{\text{net output t}}\frac{\nabla_\theta \pi(a_t\,|\,s_t,\theta)}{\pi(a_t\,|\,s_t,\theta)}$$

$$w = w - \alpha_w(\underbrace{r_{t+1} + \gamma\overbrace{\hat{q}(s_{t+1},a_{t+1},w)}^{\text{net output t+1}}}_{\text{target}} - \underbrace{\hat{q}(s_t,a_t,w)}_{\text{net output t}})\nabla_w\hat{q}(s_t,a_t,w)$$

以下是 $\hat{q}$ 的玩家-评委算法的操作步骤：

（1）输入以下内容：

● 价值函数估计器 $\hat{q}(s,a,w)$（神经网络）。

● 参数化策略 $\pi(a\,|\,s,\theta)$。

（2）对多个状态序列，重复以下步骤：

● 开始一个新状态序列，其初始状态/行动对为 $s_{t=0}$、$a_{t=0}$。

● 重复以下步骤直到达到终止状态：

◆ 采取行动 a_t，转移到新状态 s_{t+1}，并观察奖励 r_{t+1}。

◆ 遵循策略 $\pi(a_{t+1}\,|\,s_{t+1},\theta)$，选择下一个行动 a_{t+1}。

◆ 更新参数：

$$\theta = \theta + \alpha_\theta \hat{q}(s_t,a_t,w)\frac{\nabla_\theta \pi(a_t\,|\,s_t,\theta)}{\pi(a_t\,|\,s_t,\theta)}$$

$$w = w - \alpha_w(r_{t+1} + \gamma\hat{q}(s_{t+1}, a_{t+1}, w) - \hat{q}(s_t, a_t, w))\nabla_w\hat{q}(s_t, a_t, w)$$

◆ $s_t = s_{t+1}$，$a_t = a_{t+1}$。

使用优势函数的玩家-评委算法

玩家-评委算法（以及通常基于策略的方法）的缺点之一是 $\nabla_\theta J(\theta)$ 的高方差。要理解这一点，请注意，通过观察多个状态序列的奖励更新策略参数 θ，要集中关注一个状态序列。代理从初始状态 s 开始，然后遵循策略 π_θ 采取一系列行动。这些行动导致新状态及其相应的奖励。当达到终止状态时，该状态序列已经累积了一些总奖励。将使用这些奖励在线（AC）或在状态序列结束时（REINFORCE）更新策略参数 θ。接下来，假设一个状态序列结束，代理将以相同的初始状态 s 开始另一个状态序列。新状态序列将与上一状态序列有相同的轨迹。然而，情况可能并非如此。

在某个状态序列步中，随机策略可能会指示代理采取与之前不同的行动。不仅如此，即使代理执行与以前相同的行动，随机环境也可能呈现不同的状态。这种效果特别明显，因为它可以发生在许多状态序列步中的任何一步上。一旦发生这种情况，状态序列的剩余轨迹可能会与以前完全不同，这可能导致完全不同的奖励。因此，即使策略或环境的一个微小变化也可能会导致完全不同的结果，这就是所说的高方差。这种不可预测性对学习过程很不利。

接下来介绍一个解决该问题的方法。从每个状态序列的奖励中减去一个（最好是）恒定的基准值。下面尝试用一个例子解释，假设在同一状况下有两个状态序列从相同的初始状态开始，但轨迹不同。第一个状态序列 $\nabla_\theta J(\theta)_1 = 0.7$，第二个状态序列 $\nabla_\theta J(\theta)_2 = 0.3$。接下来，假设第一个状态序列的总奖励是 200，第二个状态序列的总奖励是 190。在本例中，第一个状态序列的更新规则（如在 REINFORCE 中）将包括 $\theta = \theta + \alpha_\theta \times 0.7 \times 200\ldots = \theta + \alpha_\theta \times 140\ldots$，第二个状态序列的更新规则将包括 $\theta = \theta + \alpha_\theta \times 0.3 \times 190\ldots = \theta + \alpha_\theta \times 57\ldots$。正如所见，权重更新将相差很大。然而，通过从两个奖励中减去一个恒定值可以缓解这个问题。例如，如果该恒定值是 180，那么将分别得到 $0.7 \times (200 - 180) = 14$ 和 $0.3 \times (190 - 180) = 3$。虽然结果仍不同，但它们比以前更接近了。

在实践中通过使用所谓的优势函数解决该问题，其中使用状态-价值函数 v 作为基准。以下是与行动价值一起使用时的优势函数：

$$A(s, a) = q(s, a) - v(s)$$

$q(s, a)$ 可以分解为以下两个分量：

● 采取行动 a_t 并在 $s_t \to s_{t+1}$ 转移时获得的即时奖励 r_{t+1}。

● 新状态 s_{t+1} 的折扣状态-价值函数。

因此，优势公式可以转换为以下等式：

$$A(s_t, a_t) = q(s_t, a_t) - v(s_t) - \underbrace{r_{t+1} + \gamma v(s_{t+1})}_{\text{TD target}} - v(s)}_{\text{TD error}}$$

这只是状态-价值函数的 TD 误差。使用优势函数的 AC 方法缩写为 A2C。

A2C 的成功应用之一是通过 OpenAI Five 算法玩"刀塔 2（Dota 2）"。它是一个多人在线的战斗游戏，其中 2 个团队[各由 5 个玩家（英雄）组成]相互对决。每个团队的目标是摧毁对方团队的"远古遗迹（位于团队基地的大型建筑）"。游戏非常复杂，状态序列平均可以持续 45min，英雄只能观察部分周围环境（用大地图表示），每个英雄可以采取许多行动。在 OpenAI Five 中，其中 1 个团队的英雄受 5 个 LSTM 网络的组合控制。使用一种基于 A2C 的算法对网络进行训练，该算法称为近端策略优化（Proximal Policy Optimization，PPO）。该算法的性能是通过测试一场比赛（三局两胜制）得出的，对手是一支由 5 名优秀的"刀塔 2"人类玩家组成的团队。尽管 OpenAI Five 最终输掉了 2 场比赛，但这仍然值得铭记。

9.3.3 使用 A2C 玩手推车立杆游戏

本小节将实现一个代理，该代理尝试在 A2C 的帮助下玩手推车立杆游戏。将使用熟悉的工具：OpenAI Gym 和 TensorFlow 进行操作。回顾前面章节，手推车立杆环境的状态是由手推车与杆的位置和角度描述的。对于玩家和评委，将使用含有一个隐藏层的前馈网络。

（1）进行模块导入，代码如下：

```
from collections import namedtuple

import gym
import matplotlib.pyplot as plt
import numpy as np
import tensorflow as tf
```

（2）创建环境，代码如下：

```
env = gym.make('CartPole-v0')
```

（3）添加一些描述训练的超参数。从环境中获取 INPUT_SIZE 和 ACTIONS_COUNT。此外，从三个状态序列中为玩家创建一个训练小批量，代码如下：

```
DISCOUNT_FACTOR = 0.9
LEARN_RATE_ACTOR = 0.01
LEARN_RATE_CRITIC = 0.01
TRAIN_ACTOR_EVERY_X_EPISODES = 3
INPUT_SIZE = env.observation_space.shape[0]
ACTIONS_COUNT = env.action_space.n
```

（4）创建 TensorFlow 会话，代码如下：

```
session = tf.Session()
```

（5）定义 build_actor 函数，该函数将创建参数化策略（Actor）网络，它有一个隐藏层（20个神经元）、Tanh 激活和一个 Softmax 输出（两个神经元）。输出表示采取两种可能行动（左或右）的概率，代码如下：

```python
def build_actor():
    """Actor 网络定义"""

    input_placeholder = tf.placeholder("float", [None, INPUT_SIZE])

    # 隐藏层定义
    hidden_weights = tf.Variable(tf.truncated_normal([INPUT_SIZE, 20],
stddev=0.01))
    hidden_bias = tf.Variable(tf.constant(0.0, shape=[20]))
    hidden_layer = tf.nn.tanh(tf.matmul(input_placeholder,
hidden_weights) + hidden_bias)

    # 输出层定义
    output_weights = tf.Variable(tf.truncated_normal([20,
ACTIONS_COUNT], stddev=0.01))
    output_bias = tf.Variable(tf.constant(0.1, shape=[ACTIONS_COUNT]))
    output_layer = tf.nn.softmax(tf.matmul(hidden_layer,
output_weights) + output_bias)

    action_placeholder = tf.placeholder("float", [None, ACTIONS_COUNT]
    advantage_placeholder = tf.placeholder("float", [None, 1])

    # 训练
    policy_gradient = tf.reduce_mean(advantage_placeholder *
action_placeholder * tf.log(output_layer))
    train_op = tf.train.AdamOptimizer(LEARN_RATE_ACTOR).minimize(-
policy_gradient)
    return Actor(train_op=train_op, input_placeholder=
input_placeholder, action_placeholder=action_placeholder,
advantage_placeholder=advantage_placeholder, output=output_layer)
```

请注意，该函数的结果是一个命名元组 Actor，其定义如下：

```python
Actor = namedtuple("Actor", ["train_op", "input_placeholder",
"action_placeholder", "advantage_placeholder", "output"])
```

（6）定义 critic 网络。它有一个隐藏层（20 个神经元）和一个状态价值回归输出（单个神经元），代码如下：

```python
def build_critic():
    """critic 网络定义"""

    input_placeholder = tf.placeholder("float", [None, INPUT_SIZE])

    # 隐藏层
    hidden_weights = tf.Variable(tf.truncated_normal([INPUT_SIZE, 20],
stddev=0.01))
```

· 224 ·

```
    hidden_bias = tf.Variable(tf.constant(0.0, shape=[20]))
    hidden_layer = tf.nn.tanh(tf.matmul(input_placeholder,
hidden_weights) + hidden_bias)

    # 输出层
    output_weights = tf.Variable(tf.truncated_normal([20, 1], stddev=0.01))
    output_bias = tf.Variable(tf.constant(0.0, shape=[1]))
    output_layer = tf.matmul(hidden_layer, output_weights) + output_bias

    target_placeholder = tf.placeholder("float", [None, 1])

    # 代价和训练
    cost = tf.reduce_mean(tf.square(target_placeholder - output_layer))
    train_op = tf.train.AdamOptimizer(LEARN_RATE_CRITIC).minimize(cost)

    return Critic(train_op=train_op, cost=cost, input_placeholder=
input_placeholder, target_placeholder=target_placeholder,
output=output_layer)
```

与玩家类似，函数的结果是命名元组 Critic，其定义如下：

```
Critic = namedtuple("Critic", ["train_op", "cost", "input_placeholder",
"target_placeholder", "output"])
```

（7）定义 choose_next_action 方法，该方法通过玩家网络生成下一个行动概率，然后基于这些概率作出随机决策，代码如下：

```
def choose_next_action(actor: Actor, state):
    """玩家选择下一个动作"""

    probability_of_actions = session.run(actor.output, feed_dict=
{actor.input_placeholder: [state]})[0]
    try:
        move = np.random.multinomial(1, probability_of_actions)
    except ValueError:
        # 有时由于舍入误差
        # 得出的行动概率总和大于 1
        # 在这种情况下，需要将其略微减小以使其有效
        move = np.random.multinomial(1, probability_of_actions /
(sum(probability_of_actions) + 1e-6))
    return move
```

（8）实现 A2C 函数，它是程序的核心。它执行以下操作：

● 建立 Actor 网络和 Critic 网络并初始化环境 env。

● 通过扫描状态序列和训练 Actor 网络和 Critic 网络来开始训练。在每个训练步中，将执行以下操作：

◆ 将在 episode_states、episode_rewards 和 episode_actions 列表中收集一个状态序列的轨迹。一旦该状态序列结束，将使用这些列表为 Critic 网络生成一个训练小批量，并使用所述小批量执行一个训练。注意，尽管等待状态序列结束后才执行一个训练，但这只是为了方便起见，并不会改变 A2C 算法的本质。换言之，与 REINFORCE 不同，仍计算每个状态序列步的 state_values 和 advantages，就像未知完整的轨迹一样。

◆ 还将在 batch_states、batch_advantages 和 batch_actions 列表中收集多个状态序列（TRAIN_ACTOR_EVERY_X_EPISODES）的组合轨迹。使用这些列表为 Actor 网络创建单个训练小批量。

◆ 一旦有 10 个连续状态序列的长度达到最大值，将停止训练。希望 A2C 足够智能能及时停止，否则将陷入无限循环。

● 显示一张图，其中包含状态序列长度（平均超过 10 个状态序列）。

具体实现代码如下：

```python
def a2c():
    """A2C 实现"""

    actor = build_actor()
    critic = build_critic()

    session.run(tf.initialize_all_variables())

    time = 0

    last_state = env.reset()

    # 当前状态序列的轨迹
    episode_states, episode_rewards, episode_actions = [], [], []

    # 一个小批量的多个状态序列轨迹组合
    batch_states, batch_advantages, batch_actions = [], [], []

    episode_lengths = list()

    while True:
        # env.render()

        # 玩家(策略)选择下一个行动
        last_action = choose_next_action(actor, last_state)
        current_state, reward, terminal, info = env.step(np.argmax
(last_action))

        if terminal:
            reward = -.10
```

```
        else:
            reward = 0.1

        episode_states.append(last_state)
        episode_rewards.append(reward)
        episode_actions.append(last_action)

        # 等待终止状态
        # 然后创建一个包含所有状态序列步的小批量
        # 这样做是为了方便起见，但这仍然是在线方法
    if terminal:
        episode_lengths.append(time)
        print("Episode: {} reward {}".format(len(episode_lengths), time))
        # 当最后 10 个状态序列的长度最大时停止
        if len(episode_lengths) > 10 and sum(episode_lengths[-10:])
/ 10 == env._max_episode_steps - 1:
            break

        # 获取每步的时序差分值
        cumulative_reward = 0
        for i in reversed(range(len(episode_states))):
            cumulative_reward = episode_rewards[i] +
DISCOUNT_FACTOR * cumulative_reward
            episode_rewards[i] = [cumulative_reward]

        # 估计状态序列每个状态的状态价值
        state_values = session.run(critic.output,
feed_dict={critic.input_placeholder:episode_states})

        # 计算状态序列每种状态的优势函数
        advantages = list()

        for i in range(len(episode_states) - 1):
            advantages.append([episode_rewards[i][0] +
DISCOUNT_FACTOR * state_values[i + 1][0] - state_values[i][0]])
            advantages.append([episode_rewards[-1][0] -
state_values[-1][0]])

        # 通过状态序列的所有步训练评委 (策略)
        session.run([critic.train_op], {critic.input_placeholder:
episode_states, critic.target_placeholder: episode_rewards})

        # 将当前状态序列添加到小批量
        batch_states.extend(episode_states)
        batch_actions.extend(episode_actions)
        batch_advantages.extend(advantages)
```

```
            # 训练玩家(状态-价值估计)
            if len(episode_lengths) % TRAIN_ACTOR_EVERY_X_EPISODES == 0:
                # 使用 z 标准化对数据进行标准化
                batch_advantages = np.array(batch_advantages)
                normalized_rewards = batch_advantages -
 np.mean(batch_advantages)
                normalized_rewards /= np.std(normalized_rewards)

                # 训练玩家(策略)
                session.run(actor.train_op, feed_dict={actor.input_
placeholder: batch_states, actor.action_placeholder: batch_actions,
actor.advantage_placeholder:normalized_rewards})
                # 重置批量轨迹
                batch_states, batch_actions, batch_advantages = [], [], []

            time = 0

            # 重置状态序列轨迹
            episode_states, episode_rewards, episode_actions = [], [], []

            # 开始新状态序列
            last_state = env.reset()
        else:
            # 如果不是终止状态，则继续
            last_state = current_state
            time += 1

    # 显示状态序列长度，移动平均值为 10
    cumsum = np.cumsum(np.insert(episode_lengths, 0, 0))
    episode_lengths = (cumsum[10:] - cumsum[:-10]) / float(10)

    plt.xlabel("Episode")
    plt.ylabel("Length (steps)")
    plt.plot(episode_lengths, label='Episode length')
    plt.show()
```

（9）通过以下代码运行整个过程：

```
a2c()
```

如果一切按计划进行，该程序将在很短的训练时间内生成如图 9.8 所示的结果。

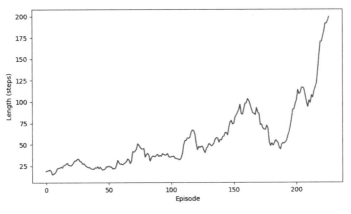

图 9.8　手推车立杆任务的 A2C 训练结果

这项任务相当简单，在大约 200 个状态序列处就达到了最大状态序列长度。

9.4　有模型的方法

诸如蒙特卡罗、Sarsa、Q 学习或 Actor-Critic 等强化学习方法是无模型的。代理的主要目标是学习对真实价值函数（蒙特卡罗、Sarsa、Q 学习）或最优策略（AC）的（不完全）估计。随着学习的进行，代理需要有一种探索环境的方法，以便为其训练收集经验。通常，它是通过试错法实现的。例如，仅出于环境探索的目的，一个 ε-贪婪策略将在某些时间采取随机行动。

本节将介绍有模型（Model-Based）的强化学习方法，其中代理在采取新行动时将不会遵循试错法。相反，它将在环境模型的帮助下计划新行动。该模型将尝试模拟环境对给定行动的反应。然后，代理将根据仿真结果作出决策。

接下来，学习有模型的方法之一，即蒙特卡罗树搜索。

9.4.1　蒙特卡罗树搜索

在蒙特卡罗树搜索（Monte Carlo Tree Search，MCTS）中，环境模型由搜索树表示。假设代理处于某个状态 s。直接目标是选择下一个行动（而主要目标是使总奖励最大化）。为此，将创建一个具有单个节点（根）的新搜索树：状态 s。然后，通过扫描模拟的状态序列逐节点地构建树。树的边表示行动，而节点表示代理结束的状态。在构建树的过程（即扫描模拟）中，将为每个行动（边）分配一些性能值。构建完成后，就可以选择具有最优性能值的行动（从根节点 s 开始）。本小节将在表格（完全已知）环境中工作。

为了更好地理解此过程，假设已经构建了树的一部分，并希望对其扩展。使用新节点（行动/状态）对树进行扩展的示意图如图 9.9 所示。

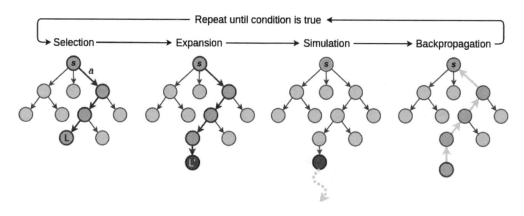

图 9.9　使用新节点对树进行扩展

该过程分为以下四个步骤：

（1）选择（selection）：从根节点 s 开始，然后递归选择子节点，直到到达叶节点 L。如何在递归的每步中选择要选择的子节点？通过使用一个特殊的贪婪树策略来实现，该策略将根据与每个行动相关的性能值进行选择。在整个树构建过程中，还将维护选择每个行动的次数。

（2）扩展：如果叶节点 L 不是终止状态，通过选择一些新行动并转移到结果状态 L' 以向 L 添加一个或多个子节点。行动可以随机选择。

（3）模拟：从 L' 开始，代理将继续采取行动，直到到达终止状态。但是，在模拟过程中，它不会参考搜索树，因为尚未针对该轨迹建立搜索树。相反，它将遵循一个特殊的推出策略。这一步与第 8 章介绍的蒙特卡罗法非常相似。

（4）反向传播：步骤（3）中的模拟状态序列产生了一些总奖励。在此步骤中，将奖励传播回树，并更新行动的性能值，直到到达根节点为止。仅更新在选择步骤中生成的路径。

重复这四个步骤，直到满足某些条件为止，如在某个超时之后停止。一旦树准备就绪，将从根节点 s 开始选择下一个行动，然后转移到下一个状态 s'。对 s' 重复相同的过程，但不是从头开始构建树，而是从一个子树开始，子树的根 s' 是前一个状态（根节点 s）。

接下来，重点讲解选择步骤。尽管比较复杂，但这仍然是一个强化学习问题，这意味着将面临探索/利用难题。换言之，如果始终选择最优行动，那么可能会错过树上的一些路径，这些路径的估计回报较低，但实际回报较高。借助一个名为"上限置信区间（Upper Confidence Bounds for Trees，UCT）"算法在两者之间取得平衡。使用该算法计算搜索树中状态/行动对的性能值。假设正在构建搜索树，并且已经进行了许多模拟。然后，从搜索树中的状态 s 开始的行动 a 的 UCT 公式如下：

$$u(s,a) = \bar{r}_{sa} + c\frac{\sqrt{\ln N_s}}{n_{sa}}$$

该公式有以下组成部分：

- $\bar{r}_{sa}$ 是所有先前模拟所收到的平均奖励，其中包括表示 (s,a) 状态/行动对的边。公式的这一部分表示平均奖励越高，选择行动的可能性就越大。
- N_s 是访问状态 s 的总次数。
- n_{sa} 是包含行动 a 的模拟次数。此数小于 N_s，因为每个包含 (s,a) 的模拟也将包含状态 s。但是，并非每个包含 s 的模拟都将包含 (s,a)。
- 对于参与较少模拟的行动，$\dfrac{\sqrt{\ln N_s}}{n_{sa}}$ 会更大，因为 n_{sa} 在分母中。公式的这一部分表示探索。
- c 为勘探参数。它描述探索和利用之间的比率。

9.4.2 使用 AlphaZero 玩棋盘游戏

采用 UCT 的 MCT 是 DeepMind 一系列突破开发的基础。其中包括围棋游戏 AlphaGo、改进版 AlphaGo Zero 以及最新版 AlphaZero（网址为 https://arxiv.org/abs/1712.01815）。AlphaZero 是 AlphaGo Zero 的改进，可以玩多种游戏，如国际象棋和将棋（日本）。下面介绍 AlphaZero，为了简单起见，假设要教代理下棋。环境的每种状态将是棋盘的某种配置（棋子的位置）。通过改变棋子位置（移动棋子），玩家将环境从一种状态转移到另一种状态。

该游戏的核心是一个神经网络。该神经网络将棋盘的当前状态作为输入，并有两个输出（网络权重用 θ 表示）：

- $v_\theta(s) \in [-1,1]$ 是标量状态-价值近似。[-1, 1]范围象征着当前玩家在一个状态序列结束时（一场游戏的结束）获胜的机会。如果玩家获胜，则值为 1，否则值为-1。
- $p_\theta(s)$ 是在给定当前状态 s 时采取每个行动的概率。它是网络的策略估计。

接下来，讲解 AlphaZero 的 MCTS 部分，它使用了 UCT 的修改版本，公式如下：

$$u(s,a) = q(s,a) + cp_\theta(s,a)\frac{\sqrt{N_s}}{1+n_{sa}}$$

该公式包含以下组成部分：

- $q(s,a)$ 是行动-价值估计，采用表格形式，仅对搜索树的状态/行动对（而不是整个环境）维护。它与原 UCT 公式中的 $\bar{r}_{sa}$ 具有相同的含义。
- $p_\theta(s,a)$ 是在给定状态 s 时，网络指定选择行动 a 的概率。

AlphZero 的一个重要特性是用 $v_\theta(s)$ 替换了 MCTS 的整个模拟步骤。当 MCTS 到达叶节点 s 时，直到终止状态，它才继续进行模拟。相反，它将简单地用 $v_\theta(s)$ 状态-价值网络输出估计一个状态序列的总奖励。然后，在反向传播步骤中，该值通过树传播回去。一旦搜索树准备就绪，就可以选择下一个行动。使用 $\pi(s)$ 表示 MCTS 策略。从根状态开始，每个行动 a 的得分很简单，公式如下：

$$\pi(s,a) = \frac{N_s}{n_{sa}}$$

其中，s 是根节点（当前状态），N_s 是模拟总数，n_{sa} 是包含行动 a 的模拟数。将选择得分最高的行动。

观察 AlphaZero 中两种不同的策略估计：网络 $p_\theta(s)$ 和 MCTS 策略 $\pi(s)$ 的行动概率。为了了解其背后原理，先观察神经网络的训练。在训练过程中，网络与自己对战（自玩）；此算法操纵两个玩家。使用自玩状态序列的轨迹作为训练集。对于一个状态序列的每步，都有一个训练元组 (s_t, π_t, z_t)，其中 s_t 是 t 步的棋盘状态，π_t 是所有行动的 MCTS 策略，z_t 表示玩家是否获胜[-1, 1]。然后，一个状态序列的网络损失函数如下所示：

$$J(\theta) = \sum_{t=0}^{T} ((z_t - v_\theta(s_t))^2 - \pi_t \log(p_\theta(s_t)))$$

等式左侧部分是预测结果和实际结果之间的均方误差。右侧部分是 MCT 行动预测与网络输出之间的交叉熵损失。注意，网络策略估计 $p_\theta(s)$ 的"标签"实际上是 MCTS 行动概率 $\pi(s)$（假设它们更精确），这说明了这两种估计的必要性。

AlphaZero 比 AlphaGo 更简单，同时它在国际象棋、将棋（日本）和围棋中轻松击败了以前先进的模型（以前最好的围棋模型实际上是 AlphaGo）。

如果读者有兴趣尝试 AlphaZero，则可以在网上找到任何棋类游戏的通用实现，网址为 https://github.com/suragnair/alpha-zero-general。

9.5 小结

本章从深度 Q 学习入手，介绍了一些先进的强化学习技术。然后，使用深度 Q 学习教一个代理玩"雅达利突围游戏"，并取得了一定的成功。还介绍了基于策略的强化学习方法，该方法近似最优策略而不是实际价值函数。接下来，使用 A2C 教一个代理如何玩"手推车立杆游戏"。最后，详细介绍了有模型的强化学习方法和蒙特卡罗树搜索。

第 10 章将介绍如何将深度学习应用于具有挑战性和振奋性的自动驾驶领域。

第 *10* 章

自动驾驶深度学习

思考一下自动驾驶汽车（Autonomous Vehicles，AV）是如何影响人们的日常生活的。首先，旅行者可以在旅途中做其他事情，而不必把注意力完全集中在驾驶汽车上。迎合这类旅行者的需求本身可能会催生一个完整的行业，这只是一个意外收获。如果在旅途中可以提高效率或放松身心，那么人们可能会开始尝试更多的旅行。此外，对驾驶能力有限的人也带来许多益处。使诸如运输工具这样的基本必需品变得更容易获得，这将有可能改变人类的生活。以上只是对个人的影响。从交付服务到即时生产，自动驾驶汽车也可以对经济产生深远影响。简而言之，将自动驾驶汽车落地运行是一项高风险高收益游戏。因此，近年来，该领域的研究已经从学术领域转移到实体经济领域。从 Waymo、优步（Uber）和 NVIDIA 到大多数汽车制造商，几乎都在争先研发自动驾驶汽车。

然而，目前还没有达到真正的自动驾驶水平。其中一个原因是，自动驾驶是一项复杂的任务，由多个子问题组成，每个子问题本身又是一项重大任务。为了成功导航，汽车的"大脑"需要一个精确的环境 3D 模型，构建这种模型的方法是融合来自多个传感器的信号。一旦有了模型，还需要解决实际的驾驶问题。将驾驶员在不撞车的情况下需要处理的许多意外和特殊情况考虑在内，即使制定了驾驶策略，自动驾驶汽车也需要几乎 100%的时间都是准确的。假设自动驾驶汽车经过 100 个红绿灯，其中有 99 个成功停止或通过。对于任何其他机器学习（ML）任务而言，99%的准确率是一个巨大的成功。但对于自动驾驶而言，情况并非如此，因为即使是一个小错误也可能导致意外发生。

本章将介绍深度学习在自动驾驶汽车中的应用，介绍如何使用深度网络帮助汽车了解其周围环境，以及如何在实际操控车辆中使用自动驾驶。

本章将涵盖以下内容：

- 自动驾驶研究简史。
- 自动驾驶简介。
- 模仿驾驶策略。
- ChauffeurNet 驾驶策略。
- 云端深度学习。

10.1　自动驾驶研究简史

在 20 世纪 80 年代，欧洲的一些国家和美国开始了第一次认真尝试实施自动驾驶汽车。自 21 世纪前十年以来，进展迅速加快。以下是一些自动驾驶研究历史节点和里程碑的时间表：

● 该领域的第一个重大尝试是 Eureka Prometheus 项目，该项目从 1987 年持续到 1995 年。它在 1995 年告终，当时一辆梅赛德斯奔驰 S 级（Mercedes-Benz S-Class）自动轿车利用计算机视觉行程 1600 千米（从慕尼黑到哥本哈根再返回）。在某些情况下，这辆车在德国高速公路上达到了 175 千米每小时的速度（高速公路的一些路段没有速度限制）。这辆车能够凭自己的力量超越其他汽车。人类干预的平均距离为 9 千米，在无干预的情况下可以行驶 158 千米。

● 1989 年，卡内基梅隆大学的院长 Dean Pomerleau 发表了论文《基于神经网络的自动驾驶汽车》（ALVINN：*An Autonomous Land Vehicle in a Neural Network*）（网址为 https://papers.nips.cc/paper/95-alvinn-an-autonomous-land-vehicle-in-a-neural-network.pdf），这是一篇关于自动驾驶汽车使用神经网络的开创性论文。这项工作特别有趣，因为它将在本书中介绍的近 30 年的许多主题应用于自动驾驶汽车领域。

ALVINN 的重要特性：

● 它使用简单的神经网络确定车辆的转向角（它不控制加速和制动）。

● 该网络由一个输入层、一个隐藏层和一个输出层完全连接。

● 输入由以下组成：

◆ 安装在车辆上的前置摄像头拍摄的 30×32 单色图像（使用 RGB 图像中的蓝色通道）。

◆ 激光测距仪拍摄的 8×32 图像。它只是一个网格，每个单元格都包含到视野中该单元格覆盖的最近障碍物的距离。

◆ 一个标量输入，表示道路强度，即道路是否比摄影机图像中的非道路亮或暗。该值从网络输出递归得到。

● 一个由 29 个神经元组成的全连接隐藏层。

● 一个由 46 个神经元组成的全连接输出层。其中 45 个神经元表示道路的曲率，其方式类似于独热编码。如果中间的神经元有最高激活，那么这条路就是笔直的。相反，左侧和右侧神经元表示道路曲率增加。最终输出单元表示道路强度。

● 该网络在 1200 张图像的数据集中训练了 40 个 epoch。

ALVINN 的网络架构如图 10.1 所示。

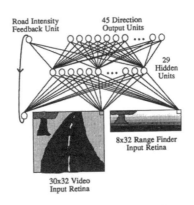

图 10.1　ALVINN 网络架构

- DARPA 挑战赛分别于 2004 年、2005 年和 2007 年举办。在 2004 年的挑战赛中，参赛的自动车辆必须在莫哈韦沙漠中行驶 240 千米，表现最佳的自动车辆只在那条路线上行驶了 11.78 千米，然后陷入困境；在 2005 年的挑战赛中，参赛车辆必须在加州和内华达州之间的越野赛道上行驶 212 千米，这一次，五辆车成功地行驶了整条路线；2007 年的挑战是在一个空军基地内建造的模拟城市环境中行驶，路线全长 89 千米，参赛车辆必须遵守交通规则，六辆车跑完了全程。
- 2009 年，谷歌开始研发自动驾驶技术。这项工作促成了 Alphabet（Google 的母公司）的子公司 Waymo 的创建。2018 年 12 月，Waymo 在亚利桑那州凤凰城推出了首个带有自动驾驶的商业按需乘车服务。
- Mobileye（网址为 https://www.mobileye.com/）使用深度神经网络提供驾驶员辅助系统（如辅助保持车道）。该公司已经开发了一系列片上系统（System-on-Chip，SoC）设备，这些设备经过专门优化以运行汽车使用所需的低能耗神经网络，许多主要的汽车制造商使用该产品。2017 年，英特尔以 153 亿美元收购 Mobileye。从那时起，宝马、英特尔、菲亚特-克莱斯勒和汽车供应商德尔福以合作形式共同开发自动驾驶技术。
- 2016 年，通用汽车以 5 亿多美元（具体数字不详）收购了自动驾驶技术开发商 Cruise Automation（网址为 https://getcruise.com/）。从那以后，Cruise 在旧金山驾驶并测试和演示了多种 AV 原型。2018 年 10 月，本田宣布投资 7.5 亿美元以换取 5.7% 的股份，从而与该合资企业合作。
- 奥迪的自动智能驾驶子公司有 150 多名员工在慕尼黑街头开发和测试 AV 原型。

10.2　自动驾驶简介

当谈到自动驾驶汽车时，人们通常会联想到完全无人驾驶的汽车。但在现实中，汽车仍需要驾驶员，只是提供一些自动化功能而已。

汽车工程师协会（The Society of Automotive Engineers，SAE）已将自动化程度分为以下六个等级：

- 0 级：驾驶员控制车辆的转向、加速和制动。这一级别的功能只能为驾驶员的行为提供警告和即时帮助。此级别的功能示例包括：
  ◆ 车道偏离警告仅在车辆越过车道标记时警告驾驶员。
  ◆ 当另一辆车位于车辆的盲点区域（即车辆尾部左侧或右侧的区域）时，盲点警告会向驾驶员发出警告。
- 1 级：为驾驶员提供转向或加速/制动辅助的功能。目前车辆中流行的此类功能包括：
  ◆ 车道保持辅助（Lane Keeping Assist，LKA）：车辆可以检测到车道标记，并使用转向装置使自己保持在车道中心。
  ◆ 自适应巡航控制（Adaptive Cruise Control，ACC）：车辆可以检测到其他车辆，并根据情况使用制动器和加速器保持或降低预设速度。
  ◆ 自动紧急制动（Automatic Emergency Braking，AEB）：如果车辆检测到障碍物并且驾驶员没有反应，则车辆可以自动停车。
- 2 级：为驾驶员提供转向和加速/制动辅助的功能。其中一个特点是 LKA 和自适应巡航控制系统的结合。在此级别上，车辆可以随时将控制权交还给驾驶员，而无须提前警告。因此，车辆必须保持对道路状况的持续关注。例如，如果车道标记突然消失，则 LKA 系统可以提示驾驶员立即控制转向。
- 3 级：这是真正自动驾驶的第 1 级。它在某种程度上类似于 2 级，即车辆可以在某些有限的条件下自行驾驶，并且可以提示驾驶员采取控制措施。但是，它必须提前提示以有充足的时间让粗心大意的驾驶员熟悉道路状况。例如，假设汽车在高速公路上自行行驶，但云导航获得了有关前方施工的信息。在到达施工区域之前，将提示驾驶员进行控制。
- 4 级：与 3 级相比，此级别的车辆在更大范围内是完全自动驾驶的。例如，本地有地理保护的（即仅限于某个区域）出租车服务可以处于 4 级。驾驶员不需要进行控制。如果车辆离开该区域，则应该能够安全地中止行程。
- 5 级：在任何情况下都是自动驾驶。方向盘是可选的。

目前所有商用车辆的功能最多为 2 级。唯一的例外（据制造商介绍）是 2018 款 Audi A8，其具有名为 AI Traffic Jam Pilot 的 3 级功能。它负责在高速公路和多车道道路上（两个方向的交通之间有物理屏障）以高达 60 千米每小时的速度在行车缓慢的道路上行驶。它提前 10 秒发出警告以提示驾驶员进行控制。

10.3 自动驾驶系统组件

自动驾驶系统有很多组件，如传感器、车辆定位、规划等，接下来分别对它们进行介绍。

1. 传感器

为了使任何自动化系统正常工作，车辆需要对周围环境有良好的感知。建立良好环境模型的第一步是配置车辆传感器。以下列出了一些重要的传感器。

- 摄像头：其图像用于检测路面、车道标记、行人、骑行者和其他车辆等。在车辆环境中，摄像头的一个重要属性是视野（除分辨率外）。它测量摄像头在给定时刻内可观察到周围物体的范围大小。例如，在一个 180°的视野中，它能看到前方的所有物体，但不能看到后方任何物体。在一个 360°的视野中，它可以同时看到前方和后方（全景观察）物体。存在不同类型的摄像头系统，具体如下：
    - ◆ 单目摄像头：使用单个前置摄像头，通常安装在挡风玻璃的顶部。大多数自动化功能都依赖于此类型的摄像头工作。单目摄像头的视野通常为 125°。
    - ◆ 立体摄像头：两个前置摄像头（彼此稍微分开）组成的系统。摄像头之间的距离使它们可以从略微不同的角度捕获相同的图片，并将它们组合为 3D 图像（与人类使用眼睛的方式类似）。立体摄像头系统可以测量到图像中某些物体的距离，而单目摄像头只能依靠启发式方法完成距离测量。
    - ◆ 某些车辆有一个由四个摄像头（前、后、左和右）组成的系统，可以构成 360°的环境全景。
    - ◆ 夜视摄像头。
- 雷达：使用发射器向不同方向发射电磁波（在无线电或微波频谱中）的系统。当电磁波到达物体时，它们通常会被反射，其中一些会朝着雷达本身的方向反射。雷达可以使用特殊的接收器天线检测到它们。因为无线电波以光速传播，所以通过测量发射和接收信号之间经过的时间便可以计算雷达到被反射物体的距离。通过测量出射波和入射波的频率差（多普勒效应）也可以计算物体（如另一辆车）的速度。与摄像头图像相比，雷达的"图像"噪声更大、视野更窄、分辨率更低。例如，远程雷达可以在 160 米的距离内探测到物体，但是在 12°的狭窄视野内。雷达可以检测其他车辆和行人，但无法检测路面或车道标记。它通常用于 ACC 和 AEB，而 LKA 系统使用摄像头。大多数车辆都有一个或两个前置雷达，偶尔也有一个后置雷达。
- 激光雷达（光探测和测距）：这种传感器有点类似雷达，但它不是发射无线电波，而是发射近红外光谱的激光。正因为如此，发射一个脉冲就可以精确地测量雷达到单点的距离。激光雷达以一种模式（如传感器快速旋转）快速发出多个信号，从而创建了环境的 3D 点云。车辆通过激光雷达观察世界的示意图如图 10.2 所示。

多个传感器的数据可以通过一个称为传感器融合（Sensor Fusion）的过程合并到一个环境模型中。传感器融合通常使用卡尔曼滤波器（Kalman Filters）实现。

现在已经了解了车辆使用的传感器，接下来学习如何对原始传感器数据应用深度学习。首先，对摄像头进行操作。第 5 章介绍了如何在两个高级视觉任务中使用卷积神经网络：对象检测和语义分割。简而言之,对象检测会在图像中检测到的不同类别的对象周围创建一个边界框；语义分割为图像的每个像素分配一个类别标签。语义分割可用于检测道路表面的确切形状和摄像头图像上的车道标记。对象检测可用于对环境中感兴趣的对象进行分类和定位。这些对象包括其他车辆、行人、自行车、交通标志、交通信号灯等。

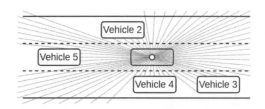

图 10.2　车辆通过激光雷达观察世界

接下来介绍一下激光雷达。3D CNN（第 4 章中提到的）可用于进行激光雷达点云数据的目标检测和分割。这与使用 2D CNN 进行摄像头输入的方式类似。这些技术的一个示例是《使用全卷积网络从 3D 激光雷达进行车辆检测》（网址为 https://arxiv.org/abs/1608.07916）。

2．车辆定位

车辆定位是确定车辆在地图上确切位置的过程。它为什么很重要？诸如 HERE（网址为 https://www.here.com/）之类的公司专注于创建极其精确的路线图,在几厘米的范围内就可以知道整个区域的路面。因此,如果已知车辆在道路上的确切位置,就不难计算出最优路线。一种显而易见的解决方案是使用 GPS。然而,在理想条件下,GPS 的精度可以达到 1～2 米。在高楼大厦或山脉地区,精度可能会受到影响,因为 GPS 接收器将无法从足够数量的卫星中获取信号。解决此问题的一种方法是使用同步定位与地图构建（Simultaneous Localization and Mapping,SLAM）算法。此算法不在本书讲解的范围内,如果读者感兴趣,可以自行研究。

3．规划

规划（或驾驶策略）是计算车辆路线和速度的过程。尽管有一张准确的地图和一辆车的准确位置,但仍然需要记录环境的动态变化。汽车周围有其他行驶的车辆、行人、交通信号灯等。如果前面的车辆慢速行驶或突然停止,汽车该如何处理？此时自动驾驶汽车必须作出超车的决定,然后执行。规划是机器学习和深度学习特别有用的一个领域。

研究自动驾驶汽车的一个障碍是,建立一个自动驾驶汽车系统并获得必要的测试许可是非常昂贵和耗时的。但是,研究者可以在自动驾驶模拟器上训练算法,这会非常方便。

以下是一些流行的模拟器：
- 基于虚幻引擎构建的 Microsoft AirSim（网址为 https://github.com/Microsoft/AirSim/）。
- 基于虚幻引擎构建的 CARLA（网址为 https://github.com/carla-simulator/carla）。
- 基于 Unity 构建的 Udacity 自动驾驶汽车模拟器（网址为 https://github.com/udacity/auto-

driving-car-sim）。

● OpenAI Gym 的 CarRacing-v0 环境。

10.4 模仿驾驶策略

10.3 节概述了自动驾驶系统所需的组件。本节将讲解如何在深度学习的帮助下实现驾驶策略。实现驾驶策略的一种方法是使用强化学习，其中汽车是代理，汽车的环境就是代理所处的环境；另一种流行的方法是模仿学习，其中模型（网络）学习模仿专家（人类）的行为。自动驾驶场景中模仿学习的特性如下：

● 将使用一种称为行为克隆（Behavioral Cloning）的模仿学习。这只是意味着将以监督方式训练网络。或者，使用称为逆向强化学习（Inverse RL）在强化学习场景中进行模仿学习。

● 网络的输出是驾驶策略，由期望的转向角度和（或）加速/制动表示。例如，有一个用于转向角度的回归输出神经元和一个用于加速/制动的神经元（因为不能同时有这两个神经元）。

● 网络输入可以是以下两种：

　◆ 原始传感器数据，如来自前置摄像头的图像。从原始传感器输入开始并输出驾驶策略的单一模型的自动驾驶系统称为端到端（End-to-End）。

　◆ 在传感器融合技术的帮助下创建中间环境模型。在这种情况下，合并来自不同传感器的数据以产生环境的俯视（鸟瞰）二维图，类似于激光雷达图像。与端到端模型相比，此方法有多个优点。首先，使用模拟器（而不是使用传感器数据）生成俯视图像。这样就更容易收集训练数据，因为不必驾驶真实汽车。更重要的是能够模拟在现实世界中很少发生的情况。例如，自动驾驶必须不惜一切代价避免撞车，但是现实世界中的训练中很少（如果有）发生撞车。如果仅使用真实的传感器数据，那么最重要的驾驶情况将被严重低估。

● 在专家的帮助下创建训练数据集。专家可以在真实世界或模拟器中手动驾驶车辆。在旅程的每一步，记录以下内容：

　◆ 环境的当前状态。这可以是原始传感器数据，也可以是俯视图表现形式。使用当前状态作为模型的输入。

　◆ 专家在当前环境状态下的行动（转向角度和加速/制动）。这将是网络的目标数据。在训练过程中，简单地使用熟悉的梯度下降法最小化网络预测和驾驶员操作之间的误差。这样便可以教网络模仿驾驶员。

行为克隆场景的示意图如图 10.3 所示。

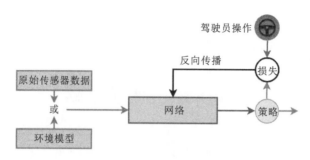

图 10.3　行为克隆场景

最近 Bojarski 等人介绍了类似行为克隆的系统，它使用一个 5 层卷积的 CNN，而不是一个全连接网络。在他们的实验中，车辆的前置摄像头图像作为 CNN 的输入。CNN 的输出是单个标量值，表示汽车所需的转向角度。网络不能控制加速和制动。为了建立训练数据集，研究人员收集了大约 72 小时的真实驾驶视频。在评估期间，该车 98%的时间都能在郊区自行驾驶[不包括换道（从一条道路到另一条道路）和转弯]。此外，它还成功地在多车道分隔高速公路上无须干预地行驶了 16 千米。

使用 PyTorch 实现行为克隆

下面将使用 PyTorch 实现一些有趣的行为克隆。将在 CarRacing-v0 OpenAI Gym 环境的帮助下进行此操作，如图 10.4 所示。

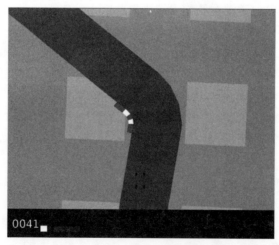

图 10.4　在 CarCaring-v0 环境中，代理是一辆赛车（全程使用俯视图）

本示例包含多个 Python 文件。本节将只涉及最重要的部分。完整的源代码请参考网址 https://github.com/ivan-vasilev/Python-Deep-Learning-SE/tree/master/ch10/ imitation_learning 上的内容。

目标是使赛车在不滑出路面的情况下尽可能快地在赛道上行驶。通过四个行动控制汽车：加速、制动、左转和右转。每个行动的输入都是连续的。例如，将全油门的值指定为 1.0，将半油门的值指定为 0.5（其他控件也是如此）。为了简单起见，假设只能指定两个离散的行动值：0 表示无行动，1 表示完全行动。由于最初是强化学习环境，代理会沿着赛道前进，每步都会获得奖励。但是，因为代理将直接从行动中学习，所以不会使用这些行动，而是执行以下步骤：

● 通过赛车在赛道上行驶以创建训练数据集（使用键盘方向键进行控制）。换言之，操作员将成为专家，代理试图模仿。在状态序列的每步，记录当前的游戏帧（状态）和当前按下的键，并将它们存储在一个文件中。有关此步骤的完整代码，请参考网址 https://github.com/ivan-vasilev/Python-Deep-Learning-SE/blob/master/ch10/imitation_learning/keyboard_agent.py 上的内容。读者所要做的就是运行该文件，游戏就会开始。玩游戏时，状态序列将被记录（每五个状态序列一次）在 imitation_learning/data/data.gzip 文件中。如果需要重新开始，将其删除即可。按 Esc 键退出游戏，按空格键暂停游戏。按 Enter 键开始新的状态序列，在这种情况下，当前状态序列将被丢弃，其序列不会被存储。建议至少生成 20 个状态序列，以获得足够大的训练数据集。最好频繁地使用制动，否则数据集将变得过于不平衡。在正常比赛中，加速比制动或方向盘使用得更频繁。如果读者不想玩该游戏，GitHub 仓库已经提供了一个现有的数据文件。

● 使用刚才生成的数据集以监督方式训练 CNN。输入将是单个游戏帧（与 DQN 场景不同，DQN 场景有四个帧）。目标（标签）将是被操作员记录的行动。

● 让 CNN 代理玩游戏，它通过使用网络输出确定要发送到环境的下一行动。只需运行 nn_agent.py 文件（网址为 https://github.com/ivan-vasilev/Python-Deep-Learning-SE/blob/master/ch10/imitation_learning/nn_agent.py）便可完成此操作。如果尚未执行前两步中的任何一步，则此文件将使用现有代理。

介绍完之后，现在开始进行实现（下面的源代码位于 https://github.com/ivan-vasilev/Python-Deep-Learning-SE/blob/master/ch10/imitation_learning/train.py）。

首先，根据以下步骤创建训练数据集。

● read_data 函数读取 imitation_learning/data/data.gzip 文件并将内容存放到两个 Numpy 数组中：一个用于游戏帧，另一个用于与其相关联的按键组合。

● 环境接受行动（一个由三个元素组成的数组），其中满足以下条件：
  ◆ 第一个元素的值在范围[-1, 1]，表示转向角（-1 表示右，1 表示左）。
  ◆ 第二个元素的值在范围[0, 1]，表示油门。
  ◆ 第三个元素的值在范围[0, 1]，表示制动力。

● 使用七个最常见的按键组合：[0, 0, 0]表示无行动（汽车在滑行中）、[0, 1, 0]表示加速、[0, 0, 1]表示制动、[-1, 0, 0]表示向左、[-1, 0, 1]表示向左和制动的组合、[1, 0, 0]表示向右、[1, 0, 1]表示向右和制动的组合。故意避免同时使用加速和向左（或向右）组合，因为汽车将变得非常不稳定。其余的组合更不可取。read_data 会将这些数组转换为从 0 到

6 的单个类标签。通过这种方式简单地解决七个类别的分类问题。

- read_data 函数还将平衡数据集。如前所述，加速是最常见的按键组合，而其他一些组合（如制动）则是最罕见的组合。因此，将删除一些加速样本，并成倍增加一些制动（左/右+制动）。然而，作者以启发式的方式尝试了多种删除/倍增比率的组合，并选择了效果最好的组合。如果读者记录自己的数据集，则驾驶风格可能会有所不同，可能需要修改这些比率。

- 有了 Numpy 数组后，将使用 create_datasets 函数将它们转换为 PyTorch DataLoader 实例。这些类只允许以小批量提取数据并应用数据扩充。

以下是具体代码：

```python
def create_datasets():
    """创建训练和验证数据集"""

    class TensorDatasetTransforms(torch.utils.data.TensorDataset):
        """
        Helper 类允许进行转换
        默认情况下 TensorDataset 不支持它们
        """

        def __init__(self, x, y):
            super().__init__(x, y)

        def __getitem__(self, index):
            tensor = data_transform(self.tensors[0][index])
            return (tensor,) + tuple(t[index] for t in self.tensors[1:])

    x, y = read_data()
    x = np.moveaxis(x, 3, 1)

    # 训练数据集
    x_train = x[:int(len(x) * TRAIN_VAL_SPLIT)]
    y_train = y[:int(len(y) * TRAIN_VAL_SPLIT)]

    train_set = TensorDatasetTransforms(
        torch.tensor(x_train),
        torch.tensor(y_train))

    train_loader = torch.utils.data.DataLoader(train_set,
    batch_size=BATCH_SIZE, shuffle=True, num_workers=2)

    # 测试数据集
    x_val, y_val = x[int(len(x_train)):], y[int(len(y_train)):]

    val_set = TensorDatasetTransforms(
```

```
        torch.tensor(x_val),
        torch.tensor(y_val))

    val_loader = torch.utils.data.DataLoader(val_set,
    batch_size=BATCH_SIZE, shuffle=False, num_workers=2)

    return train_loader, val_loader
```

上面代码实现了 TensorDatasetTransforms 类，以便能够在输入图像上应用 data_transform 转换。在将图像提供给网络之前，将其转换为灰度，并将颜色值归一化在范围[0, 1]，并裁剪帧的底部（黑色矩形框，显示奖励和其他信息）。

具体代码如下：

```
data_transform = transforms.Compose([
    transforms.ToPILImage(),
    transforms.Grayscale(1),
    transforms.Pad((12, 12, 12, 0)),
    transforms.CenterCrop(84),
    transforms.ToTensor(),
    transforms.Normalize((0,), (1,)),
])
```

接下来定义 CNN，它与在第 9 章的双 Q 学习示例中使用的网络非常相似。它具有以下特性：

● 单输入 84×84 切片。

● 三个卷积层，跨步下采样。

● ELU 激活。

● 两个全连接层。

● 七个输出神经元（每个神经元一个输出）。

● 在每一层（甚至是卷积）之后应用批归一化和丢弃以防止过拟合。过拟合在强化学习任务中不是问题，但在监督学习中却是一个实际问题。该问题有些言过其实，因为不能使用任何有意义的数据扩充技术。例如，假设随机水平翻转图像，在这种情况下，还必须更改标签以反转转向值。因此，将尽可能多地依赖正则化。

以下是网络的具体实现的代码：

```
def build_network():
    """构建 torch 网络"""

    class Flatten(nn.Module):
        """
        Helper 类展平
        最后一个 conv 和第一个 fc 层之间的张量
        """
```

```
        def forward(self, x):
            return x.view(x.size()[0], -1)

    # 与 DQN 示例相同的网络
    model = torch.nn.Sequential(
        torch.nn.Conv2d(1, 32, 8, 4),
        torch.nn.BatchNorm2d(32),
        torch.nn.ELU(),
        torch.nn.Dropout2d(0.5),
        torch.nn.Conv2d(32, 64, 4, 2),
        torch.nn.BatchNorm2d(64),
        torch.nn.ELU(),
        torch.nn.Dropout2d(0.5),
        torch.nn.Conv2d(64, 64, 3, 1),
        torch.nn.ELU(),
        Flatten(),
        torch.nn.BatchNorm1d(64 * 7 * 7),
        torch.nn.Dropout(),
        torch.nn.Linear(64 * 7 * 7, 120),
        torch.nn.ELU(),
        torch.nn.BatchNorm1d(120),
        torch.nn.Dropout(),
        torch.nn.Linear(120, len(available_actions)),
    )

    return model
```

接下来借助 train 函数实现训练本身。它以网络和 cuda 设备为参数，并使用交叉熵损失和 Adam 优化器（分类任务的常用组合）。该函数只是简单地迭代 EPOCHS 次，并为每个 epoch 调用 train_epoch 和 test 函数。以下是具体实现代码：

```
def train(model, device):
    """
    训练主方法
    参数模型: network 网络
    参数设备: cuda 设备
    """

    loss_function = nn.CrossEntropyLoss()

    optimizer = optim.Adam(model.parameters())

    train_loader, val_order = create_datasets()  # 读取数据集

    # 训练
    for epoch in range(EPOCHS):
```

```
                print('Epoch {}/{}'.format(epoch + 1, EPOCHS))

                train_epoch(model,
                            device,
                            loss_function,
                            optimizer,
                            train_loader)

                test(model, device, loss_function, val_order)

                # 保存模型
                model_path = os.path.join(DATA_DIR, MODEL_FILE)
                torch.save(model.state_dict(), model_path)
```

然后，为单个 epoch 训练实现 train_epoch。此函数遍历所有小批量，并对每个小批量执行前向和反向传播。以下是具体实现代码：

```
def train_epoch(model, device, loss_function, optimizer, data_loader):
    """一个 epoch 训练"""

    # 将模型设置为训练模式
    model.train()

    current_loss = 0.0
    current_acc = 0

    # 迭代训练数据
    for i, (inputs, labels) in enumerate(data_loader):
        # 将输入/标签发送到 GPU
        inputs = inputs.to(device)
        labels = labels.to(device)

        # 将参数梯度归零
        optimizer.zero_grad()

        with torch.set_grad_enabled(True):
            # 前向
            outputs = model(inputs)
            _, predictions = torch.max(outputs, 1)
            loss = loss_function(outputs, labels)

            # 反向
            loss.backward()
            optimizer.step()

        # 统计
        current_loss += loss.item() * inputs.size(0)
```

```
        current_acc += torch.sum(predictions == labels.data)

    total_loss = current_loss / len(data_loader.dataset)
    total_acc = current_acc.double() / len(data_loader.dataset)

    print('Train Loss: {:.4f}; Accuracy: {:.4f}'.format(total_loss,
total_acc))
```

train_epoch 和 test 函数类似于第 5 章的迁移学习代码示例中实现的函数。为了避免重复，此处将不实现 test 函数，读者可以在 GitHub 仓库找到该函数的具体实现。

将运行大约 100 个 epoch 的训练，但是读者可以缩短到 20 或 30 以快速进行实验。使用默认的训练集，一个 epoch 通常不到一分钟。

接下来实现 nn_agent_play 函数，该函数允许代理玩游戏（在 https://github.com/ivan-vasilev/Python-Deep-Learning-SE/blob/master/ch10/imitation_learning/nn_agent.py 中定义）。该函数将以初始状态（游戏帧）启动 env 环境。使用它作为网络的输入。然后，将 Softmax 网络输出从独热编码转换为基于数组的行动，并将其发送到环境以进行下一步。重复这些步骤，直到这一状态序列结束。nn_agent_play 还允许用户通过按 Esc 键退出。注意，仍然使用与训练相同的 data_transform 转换。

以下是具体实现代码：

```
def nn_agent_play(model, device):
    """
    让代理玩
    参数模型：network 网络
    参数设备：cuda 设备
    """

    env = gym.make('CarRacing-v0')

    # 使用 Esc 退出
    global human_wants_exit
    human_wants_exit = False

    def key_press(key, mod):
        """ 捕获 Esc 键"""
        global human_wants_exit
        if key == 0xff1b:              # 退出
            human_wants_exit = True

    # 初始化环境
    state = env.reset()
    env.unwrapped.viewer.window.on_key_press = key_press
```

```
while 1:
    env.render()

    state = np.moveaxis(state, 2, 0)

    # numpy 到 tensor
    state = torch.from_numpy(np.flip(state, axis=0).copy())
    state = data_transform(state)      # 应用转换
    state = state.unsqueeze(0)          # 添加额外维度
    state = state.to(device)            # 转移到 GPU

    # 前向
    with torch.set_grad_enabled(False):
        outputs = model(state)

    normalized = torch.nn.functional.softmax(outputs, dim=1)

    # 从 net 输出转换为 env 行动
    max_action = np.argmax(normalized.cpu().numpy()[0])
    action = available_actions[max_action]

    # 调整制动力
    if action[2] != 0:
        action[2] = 0.3

    state, _, terminal, _ = env.step(action)  # 一步

    if terminal:
        state = env.reset()

    if human_wants_exit:
        env.close()
        return
```

最后，运行整个过程。有关完整代码，请参阅 https://github.com/ivan-vasilev/Python-Deep-Learning-SE/blob/master/ch10/imitation_learning/main.py。以下代码段构建和还原网络（如果可用），运行训练，并评估网络：

```
# 创建 cuda 设备
dev = torch.device("cuda:0" if torch.cuda.is_available() else "cpu")

# 创建网络
model = build_network()

# 如果为 True，请尝试从数据文件还原网络
restore = False
```

```
if restore:
    model_path = os.path.join(DATA_DIR, MODEL_FILE)
    model.load_state_dict(torch.load(model_path))

# 将模型设置为评估(而不是训练)模式
model.eval()

# 转移到 GPU
model = model.to(dev)

# 训练
train(model, dev)

# 代理玩
nn_agent_play(model, dev)
```

此处无法显示代理的实际运行情况，但读者可以按照本节中的说明轻松地进行演示。尽管如此，在某种程度上它学得很好，能够在正常的基础上（但不总是）在赛道上驾驶一圈。 有趣的是，网络的驾驶风格非常类似于生成数据集的操作员的风格。此外，该示例表明不应低估监督学习。通过监督学习能够以较小的数据集并在相对较短的训练时间内创建表现良好的代理。如果将其作为强化学习问题，则可能需要更长的时间才能达到类似的结果（显然，强化学习不再需要标签数据）。

10.5 ChauffeurNet 驾驶策略

本节将介绍一篇名为《ChauffeurNet：通过模仿最好并综合最差以学习驾驶》的论文（网址为 https://arxiv.org/abs/1812.03079）。它于 2018 年 12 月由自动驾驶领域的领导者之一 Waymo 发布。以下是 ChaufferNet 模型的一些特性：

- 它是两个互连网络的组合。第一个是名为 FeatureNet 的循环网络，它从环境中提取特征。这些特征作为输入提供给第二个名为 AgentRNN 的循环网络，它用于确定驾驶策略。
- 它使用模仿监督学习，类似于在 10.4 节中描述的算法。训练集是基于现实世界中驾驶状态序列的记录生成的。ChauffeurNet 可以处理复杂的驾驶情况，如变道、交通信号灯、交通标志、转弯等（该论文由 Waymo 在 arxiv.org 上发布，此处仅作参考。Waymo 和 arxiv.org 与本书或 Packt 的作者没有任何关联）。

10.5.1 模型的输入和输出

与使用原始传感器数据（如摄像头图像）的端到端方法不同，此处将使用所谓的中间级

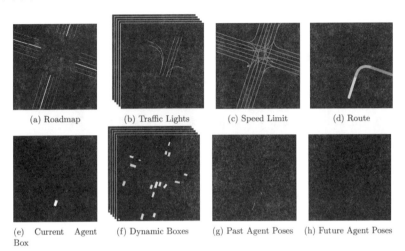

（Middle-Level）输入。它是一系列俯视（鸟瞰）400×400 图像，类似于 CarRacing-v0 环境的图像，但更复杂。一个时刻由多张图像表示，每张图像包含不同的环境元素。

图 10.5 所示为 ChauffeurNet 输入/输出组合的示例（图片来自上述论文）。

      (a) Roadmap   (b) Traffic Lights   (c) Speed Limit   (d) Route

      (e) Current Agent Box   (f) Dynamic Boxes   (g) Past Agent Poses   (h) Future Agent Poses

图 10.5　ChauffeurNet 输入/输出组合

接下来按图 10.5 中的字母顺序介绍输入/输出元素：

（a）是路线图的精确表示。它是一个 RGB 图像，使用不同的颜色表示车道、交叉口、交通标志和路边等各种道路特征。

（b）是交通信号灯灰度图像的时间序列。与（a）的特征不同，交通信号灯是动态的；它们在不同的时间可以是绿色、红色或黄色。为了正确地传达其动态，该算法使用一系列图像，显示每个车道的交通信号灯在过去 T_{scene} 到当前时刻的每一秒的状态。每张图像中线条的灰色表示每个交通灯的状态，其中最亮的颜色为红色，中间的颜色为黄色，最暗的颜色为绿色或未知。

（c）是一张已知每条车道速度限制的灰度图像。不同的颜色强度表示不同的速度限制。

（d）是起点和终点之间的预定路线。可以将其视为谷歌地图生成的路线方向。

（e）是灰度图像，代表代理（显示为白框）的当前位置。

（f）是灰度图像的时间序列，代表环境的动态元素（显示为方框）。这些元素可能是其他车辆、行人或骑行者。当这些对象随时间改变位置时，该算法会通过一系列快照图像传达其轨迹，这些快照图像表示它们在最后 T_{scene} 秒内的位置。其工作方式与交通信号灯（b）相同。

（g）是过去 T_{pose} 秒到当前时刻的代理轨迹的单一灰度图像。代理位置在图像上显示为一系列点。注意，将代理轨迹显示在单个图像中，而不是像其他动态元素那样以时间序列显示。

（h）是算法输出，即表示代理未来轨迹期望位置的一系列点。这些点的含义与过去的轨迹（g）相同。新产生的轨迹提供给车辆的控制模块，该模块会尽力通过车辆控制（转向、加速和制动）执行该轨迹。在时间 $t + 1$ 的未来位置输出是通过使用截至当前时刻 t 的过去轨迹（g）

生成的。一旦拥有 $t+1$，就可以将其添加到过去轨迹（g），并且可以使用它以递归方式在 $t+2$ 生成下一个位置：

$$p_{t+\delta t} = \text{ChauffeurNet}(I, p_t)$$

其中，I 是输入图像，p_t 是时间 t 处的代理位置，δt 是 0.2s 的时间增量。δt 的值是论文作者任意选择的。

10.5.2　模型架构

图 10.6 所示为 ChaufferNet 模型架构（图片来自上述论文）。

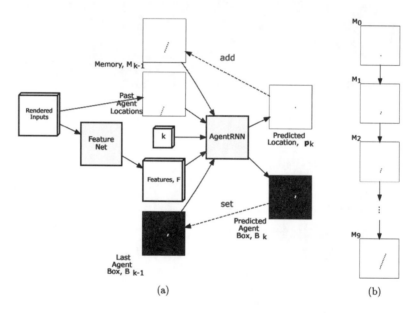

图 10.6　ChauffeurNet 架构（a）和迭代过程中的存储器更新（b）

首先讲解图 10.6（a）中的 FeatureNet。其输入是在 10.5.1 小节定义的中间级俯视图像。FeatureNet 的输出是一个特征向量 F，它表示对当前环境的综合网络理解。此向量充当循环网络 AgentRNN 的输入之一。假设要预测代理轨迹的下一个点（k 步）。然后，AgentRNN 有以下输出：

- p_k 是在 k 步处预测的行驶轨迹的下一点。将 p_k 添加到每步[图 10.6（b）]的过去预测 $(p_k, p_{k-1}, \cdots, p_0)$ 的附加存储器 M 中。M 由图 10.5 中的输入图像（g）表示。
- B_k 是代理在下一步 k 的预测边界框。
- 另外两个输出（图中未显示）：θ_k 表示航向（或方向），s_k 表示所需速度。p_k、θ_k 和 s_k 完整描述了环境中的代理。

输出 p_k 和 B_k 作为下一步 $k+1$ 的输入递归反馈给 AgentRNN，AgentRNN 输出公式如下：

$$p_k, B_k = \text{AgentRNN}(k, F, M_{k-1}, B_{k-1})$$

10.5.3　训练

ChauffeurNet 使用模仿监督学习，接受了 3000 万个专家驾驶案例的训练。中间级俯视输入允许轻松使用不同的训练数据源。一方面，它可以从现实世界的驾驶中生成，并在车辆传感器输入（摄像头、激光雷达）和地图数据（如街道、交通信号灯、交通标志等）之间融合。另一方面，在模拟环境下可以生成相同格式的图像。正如 10.3 节中所述，这可以模拟在现实世界中很少发生的情况，如紧急制动，甚至碰撞。为了帮助代理学习此类情况，论文的作者使用模拟显式地合成了多个罕见的场景。

图 10.7 所示为 ChauffeurNet 训练过程的组成部分：（a）处为模型本身，（b）处为附加网络，（c）处为损失（图片来自上述论文）。

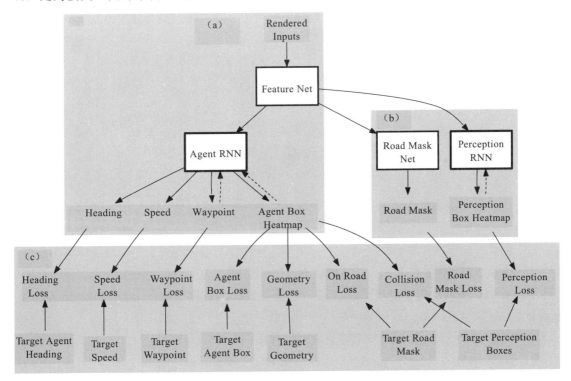

图 10.7　ChauffeurNet 训练过程的组成部分

上面已讲解了 ChauffeurNet 模型本身。现在重点讲解过程中涉及的两个附加网络。具体如下：

● 道路掩膜网络（Road Mask Net）预测当前输入图像上道路表面确切区域的掩膜。

● 感知循环网络（PerceptionRNN）试图预测环境中其他每个动态对象（车辆、骑行者、行人等）的未来位置。

这些网络不参与最终车辆控制，仅在训练期间使用。与简单地从 AgentRNN 获得反馈相比，如果 FeatureNet 网络从树任务（AgentRNN、Road Mask Net 和 PerpcetionRNN）获得反馈，那么 FeatureNet 将学习更好的表示。

最后，集中介绍各种损失函数。该论文的作者观察到，当驾驶情况与专家驾驶训练数据没有显著差异时，模仿学习方法效果良好。但是，代理必须为不属于训练的许多驾驶情况做好准备，如碰撞。如果代理仅依赖训练数据，则必须隐式学习冲突，这并不容易。为了解决此问题，论文提出了针对最重要情况下的显式损失函数，具体如下：

- 路点损失（Waypoint Loss）：ground truth 和预测的代理未来位置 p_k 之间的误差。
- 速度损失（Speed Loss）：ground truth 与预测的代理未来速度 s_k 之间的误差。
- 航向损失（Heading Loss）：ground truth 与预测的代理未来方向 θ_k 之间的误差。
- 代理边界框损失（Agent Box Loss）：ground truth 与预测的代理边界框 B_k 之间的误差。
- 几何损失（Geometry Loss）：强制代理明确遵循目标轨迹，而与速度曲线无关。
- 道路损失（On Road Loss）：强制代理仅在路面区域导航，并避开环境的非道路区域。如果预测的代理边界框与道路掩膜网络预测的图像的非道路区域重叠，则该损失将增加。
- 碰撞损失（Collision Loss）：明确强制代理避免碰撞。如果代理的预测边界框与环境中任何其他动态对象的边界框重叠，则此损失将增加。

10.6 云端深度学习

本节将介绍一个重要的话题，即自动驾驶以及如何在其中应用深度学习技术。思考如何在实践中完成此任务。首先，在深度网络中（与大多数机器学习算法相同）有两个阶段——训练和推理。在大多数生产环境中，网络只训练一次，然后仅在推理模式下用于解决任务。如果在事件过程中获得额外的训练数据，最终可以再次训练网络（如使用迁移学习）。将新模型嵌入生产环境，直到需要再次对其进行重新训练，以此类推。另一种方法是增量学习（Incremental Learning），使模型（网络）不断学习来自环境的新数据。

虽然这种方法良好，但也有一些缺点，具体如下：

- 因为训练是一个不确定的过程，所以不能保证它是否会恶化网络性能。一方面，网络可能开始过拟合。或者，它可以从新数据中学习，却会忘记旧数据。换言之，在生产环境中在线训练网络可能会有风险。
- 与推理相比，训练过程的计算量更大。它包括前向和反向传递以及权重更新，而推理只有前向传递。除了需要更多的计算时间外，训练还需要额外的内存以存储前向传递中每一层的激活，以及反向传递的梯度和权重更新。因此，与训练相比，在硬件较弱的情况下使用推理模型。

将自动驾驶中的训练和推理分开更有意义。一方面，自动驾驶中部署的每一种新网络模型都需要严格的测试，以确保汽车的安全运行。因此，最好离线进行训练和评估。另一方面，如果需要批量生产自动驾驶的数万个深度学习硬件，那么生产低功率的硬件（仅用于推理）将更具成本效益。这些汽车只需在行驶过程中收集环境数据，然后将这些数据发送到中央数据中心（也称为云）。一旦收集到足够多的新数据，新版本的网络模型便在中心进行训练。更新后的模型将通过"空中下载"（Over-The-Air，OTA）更新发送回自动驾驶。通过这种方式，所有汽车的数据可以组合在一个模型中，每个汽车都从所有汽车的经验中独立学习。如果训练需要标记的数据，新数据仍然需要手动标记。

一些汽车制造商已经采取了类似的方法。例如，特斯拉可以更新其 Autopilot（特斯拉提供的一套驾驶辅助功能）OTA。此外，宝马、梅赛德斯和奥迪的最新车型都支持 OTA 更新，目前尚不清楚它们是否也包括驾驶辅助功能。

下面将重点介绍如何在云中运行深度学习算法。在云中运行深度学习算法有两个原因。首先，除非在诸如 Waymo 的公司工作，否则可能无法使用自动驾驶进行修补；其次，基于云的深度学习算法不仅可以解决自动驾驶问题，还可以解决其他问题。由于深度学习算法的流行，许多公司提供了云服务以运行开发者的模型。两个最大的云供应商是亚马逊的 Amazon Web Services（AWS）和 Google 的云 AI 产品。

首先介绍亚马逊。亚马逊最受欢迎的服务称为弹性计算云（Elastic Compute Cloud，EC2）。EC2 与所谓的 Amazon Machine Images（AMI）一起使用。AMI 是模板配置，其中包含虚拟服务器（称为实例）的软件规范。用户可以根据需要启动同一 AMI 的多个实例。假设已经有一个 AWS 账户，启动一个新 EC2 实例需要两个主要步骤：

- 选择所需的 AMI。因为对深度学习算法感兴趣，所以选择一个称为深度学习的 AMI（Ubuntu）。它将启动一个运行 Ubuntu 的虚拟服务器，Ubuntu 附带各种预装的深度学习库，包括 MXNet、TensorFlow、PyTorch、Keras、Chainer、Caffe/2、Theano 和 CNTK，并配置了 NVIDIA CUDA、cuDNN、NCCL 和 Intel MKL-DNN。如果自己的 DL 模型使用了这些库中的某一个，则可以立即在实例上开始使用它们。

- 选择实例硬件配置。AWS 提供了多种不同规格的实例类型，包括虚拟 CPU 的数量、内存大小、存储大小和网络带宽。最关键的是，一些实例提供了多达 16 颗 NVIDIA K80 GPU 和一个 192 GB 的 GPU 内存。注意，要使用 GPU 实例，必须先获得 Amazon 的许可。该过程不是完全自动化的。

启动实例后，其行为就与普通计算机类似。例如，通过 ssh 访问它，安装软件包并在其上运行应用程序。Amazon 将根据实例的使用量向用户收费。或者，使用所谓的 EC2 spot 实例，它们只是未使用的常规 EC2 实例。使用它们更便宜，但有一个小警告，Amazon 可以随时中断 spot 实例，但它会在中断前提供两分钟的警告。这样就可以在实例中断之前保存进度。

假设已经通过 ssh 登录到实例，并且正在使用 bash 终端。读者可以借助本书的源码示例测试实例是否正常工作。

（1）使用命令克隆本书的 GitHub 仓库，代码如下：

```
git clone https://github.com/ivan-vasilev/Python-Deep-Learning-SE/
```

（2）进入任意源代码示例文件，代码如下：

```
cd Python-Deep-Learning-SE/ch10/imitation_learning/
```

（3）运行训练，代码如下：

```
python3 train.py
```

如果一切按计划进行，读者应该可以看到训练在各个 epoch 的进展情况。

亚马逊提供了许多其他 ML 云服务。读者可以在网上找到更多相关信息（网址为 https://aws.amazon.com/machine-learning/）。

接下来介绍谷歌提供的服务。谷歌的 ML 服务之一是 Cloud Deep Learning VM Image。它允许用户配置和启动类似于 Amazon EC2 的虚拟服务器。用户可以选择不同的硬件参数，包括虚拟 CPU 核数、内存大小、磁盘大小和 GPU 数量。它支持多种 GPU 类型，如 NVIDIA K80、P100 和 V100。在编写本书时，DL VM 支持 TensorFlow、PyTorch、Chainer（网址为 https://github.com/chainer/chainer）和 XGBoost（网址为 https://github.com/dmlc/xgboost）。部署配置后，用户就可以像常规服务器一样使用它。

来自谷歌的另一项有趣的 ML 服务是 Cloud TPU，其中 TPU 表示张量处理单元（Tensor Processing Unit）。正如在第 1 章所述，它是由 Google 开发的专用集成电路（Application-Specific Integrated Circuits，ASIC），针对快速神经网络操作进行了优化。用户可以通过 Cloud VM 为其模型使用 TPU，这与 DL VM 类似。目前，TPU 只支持 TensorFlow 模型（以及扩展的 Keras）。

在云中使用深度学习通常很方便，但随着时间的推移，它可能会变得很昂贵。

10.7　小结

本章介绍了深度学习在自动驾驶中的应用。首先简要回顾了自动驾驶研究的历史，然后描述了自动驾驶系统的组件，并确定了何时适合使用深度学习技术，接下来介绍了驾驶策略、行为克隆和 Waymo 的 ChauffeurNet，最后介绍了云端深度学习。

本书至此完结。希望读者喜欢，谢谢！